高职高专规划教材

工 程 力 学

（第二版）

主　编　胡如夫
副主编　周梅芳　郑子军　叶振弘

U0277164

ZHEJIANG UNIVERSITY PRESS
浙江大学出版社

内容简介

本书的应用为目的，以理论适度、讲清概念、突出应用为重点。全书除绪记外，共 13 章，内容包括静力学基础、力矩和力偶理论、力系的合成和平衡、摩擦、杆件轴向拉伸与压缩、剪切与挤压、圆轴扭转、梁的平面弯曲、应力状态分析和强度理论、组合变形强度计算、压杆稳定、运动学基础、动力学基础。

本书可作为高职高专院校机类专业、近机类专业的工程力学课程的教材。还可供有关专业师生及工程技术人员参考。

图书在版编目（CIP）数据

工程力学 / 胡如夫主编. —杭州：浙江大学出版社，
2004.9（2022.1 重印）

高职高专机电类规划教材

ISBN 978-7-308-03860-7

Ⅰ.工⋯　Ⅱ.胡⋯　Ⅲ.工程力学－高等学校：技术学校－
教材　Ⅳ.TB12

中国版本图书馆 CIP 数据核字（2007）第 008833 号

工程力学（第二版）

胡如夫　主编

丛书策划	樊晓燕
封面设计	刘依群
责任编辑	王　波
出版发行	浙江大学出版社
	（杭州市天目山路 148 号　邮政编码 310007）
	（网址：http://www.zjupress.com）
排　　版	杭州青翊图文设计有限公司
印　　刷	广东虎彩云印刷有限公司绍兴分公司
开　　本	787mm×1092mm　1/16
印　　张	16.75
字　　数	408 千
版 印 次	2011 年 7 月第 2 版　2022 年 1 月第 12 次印刷
书　　号	ISBN 978-7-308-03860-7
定　　价	46.00 元

高职高专机电类规划教材

参编学校（排名不分先后）

浙江机电职业技术学院	杭州职业技术学院
宁波高等专科学院	宁波职业技术学院
嘉兴职业技术学院	金华职业技术学院
温州职业技术学院	浙江工贸职业技术学院
台州职业技术学院	浙江水利水电高等专科学校
浙江轻纺职业技术学院	浙江工业职业技术学院
丽水职业技术学院	湖州职业技术学院
浙江工商职业技术学院	

前　言

　　为更好地适应高职高专院校机械类、近机类、土建类等专业工程力学课程的教学需要，根据高职高专应用人才培养对工程力学课程基本要求，在总结多年来教学经验基础上，我们对本教材进行修订。

　　本书内容以静力学和材料力学为主，为满足不同专业的需要，还编入了运动学和动力学的有关内容。

　　在编写中注意吸收其他教材的优点，并结合专业特点，力求做到基本概念、基本理论论述严谨，内容精练。在内容安排、例题和习题的选取等方面，尽量做到符合高职学生的认知特点和教学规律，并强化应用，突出实用。

　　本书中的力学术语、物理量名称及符号等，均执行了最新发布的国家标准的有关规定。

　　本书共14章，参加本书编写工作的有：胡如夫（第1章），郑子军（第2，3章），叶宏武（第4章），叶振弘（第5，6章），刘文耀（第7章），周梅芳（第8，9，10章），李旭平（第11章），毛志伟（第12章），周志宏（第13章）。

　　全书由胡如夫主编，周梅芳、郑子军、叶振弘任副主编。

　　限于水平和时间，书中缺点和错误在所难免，请广大读者批评指正。

编　者

2011 年 6 月

目　　录

绪　论

工程力学是研究物体机械运动一般规律和工程构件的强度、刚度、稳定性的计算原理及方法的科学。它综合了理论力学和材料力学两门课程中的有关内容,是一门理论性和实践性都较强的技术基础课程。

理论力学研究物体机械运动的一般规律。它包括静力学、运动学和动力学三方面的内容。静力学研究物体在力的作用下的平衡规律,研究的对象是体积形状永不变化的刚体;运动学研究物体机械运动的几何规律,研究的对象是速度远小于光速的宏观物体;动力学以牛顿定律为基础,研究物体运动状态变化与作用力之间的关系。

材料力学研究工程构件的强度、刚度和稳定性问题,即研究构件的变形和破坏规律。因此必须把构件看作可变形的固体。研究构件的强度、刚度和稳定性时,为简化计算,略去材料的一些次要性质,并根据与问题有关的主要因素对变形固体作出一些假设,将其抽象成理想模型。材料力学中对变形固体采用了下列基本假设:

1. 连续性假设。认为组成固体的物体不留空隙地充满了固体的体积。固体内即使存在空隙,与构件的尺寸相比也极其微小,可以忽略不计,于是认为固体在其整个体积内是连续的。

2. 均匀性假设。认为在固体内各处有相同的力学性能,即可以认为各部分的力学性能是均匀的,从固体中取出一部分,不论大小,也不论从何处取出,力学性能总是相同的。

3. 各向同性假设。认为无论沿任何方向,固体的力学性能都相同。沿各个方向的力学性能相同的材料称为各向同性材料。

4. 小变形假设。材料力学研究的主要问题是微小的弹性变形问题。这种小变形与构件的原始尺寸相比是微不足道的,在分析和推导中许多简化和近似处理都是以小变形条件为前提的。

学习工程力学要注意观察实际工程设备的工作情况,对力学理论要勤于思考。学习本课程既可以直接解决一些简单的工程实际问题,又可以为后续有关课程的学习打好基础。同时,掌握工程力学的研究方法,将有助于其他科学技术理论的学习,有助于提高分析问题和解决问题的能力,为今后从事科研工作的解决生产实际问题打下基础。

第1章　静力学基础

静力学研究的是刚体在力系作用下的平衡规律。它包括确定研究对象、进行受力分析、简化力系、建立平衡条件求解未知量等内容。刚体是指在力的作用下不变形的物体。在工程中,平衡是指物体相对于地球处于静止状态或匀速直线运动状态,是物体机械运动中的一种特殊状态。

力系是指作用在物体上的一群力。在保持力系对物体作用效果不变的条件下,用另一个力系代替原力系,称为力系的等效替换。这两个力系互为等效力系。若一个力系与一个力等效,则称此力为该力系的合力。

用一个简单力系等效替换一个复杂力系,称为力系的简化。通过力系的简化可以容易地了解力系对物体总的作用效果。在一般情况下,物体在力系的作用下未必处于平衡状态,只有当作用在物体上的力系满足一定的条件时,物体才能平衡。物体平衡时作用在物体上的力系所满足的条件,称为力系的平衡条件。满足平衡条件的力系称为平衡力系。力系的简化是建立平衡条件的基础。平衡力系可以简化,非平衡力系亦可以简化。因此,力系简化方法在动力学中也得到应用。

凡对牛顿运动定律成立的参考系称为惯性参考系,工程中一般可以把固结在地球上或相对地球作匀速直线运动的参考系看作惯性参考系。

1.1　静力学的基本概念

1.1.1　刚体

所谓刚体是指在力的作用下不变形的物体。其特点表现为其内部任意两点的距离都保持不变。它是一个理想化的力学模型。实际物体在力的作用下,均会产生程度不同的变形。但是,许多物体的变形十分微小,对研究物体的平衡问题不起主要作用,可以略去不计,这样可使问题大为简化。在静力学中,所研究的物体只限于刚体和刚体系统,故又称之为刚体静力学。

1.1.2　力

力是人们在劳动和实践活动中逐渐形成的概念。力是物体之间的相互机械作用。这种作用对物体产生两种效应,即引起物体机械运动状态的变化和使物体产生变形,前者称为力

的外效应或运动效应,后者称为力的内效应或变形效应,力对物体的施力方式有两种:一种
是通过物体间的直接接触而施力,另一种是通过力场对物体施力。

实践表明,力对物体的作用效果决定于三个要素,简称为力的三要素。当这三个要素中
有任何一个改变时,力的作用效应也将改变。

1.力的大小

它表示物体之间机械作用的强度。在国际单位制中,力的单位是牛顿(N)或千牛顿
(kN)。

2.力的方向

它表示物体的机械作用具有方向性。力的方向包括力的作用线在空间的方位和力沿作
用线的指向。

3.力的作用点

它是物体间机械作用位置的抽象化。物体相互接触发生机
械作用时力总是分布地作用在一定的面上。如果力作用的面积
较大,这种力称为分布力。如果力作用的面积很小,可以近似地
看成作用在一个点上,这种力称为集中力,此点称为力的作用
点。用力的作用点表示力的方位的直线称为力的作用线。

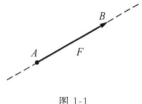

图 1-1

力的三要素表明力是矢量,且为定位矢量。它可以用具有方向的线段表示。如图 1-1 所
示,线段的长度按一定的比例尺表示力的大小,线段的方位和箭头的指向表示力的方向,线段
的起点(或终点)表示力的作用点,而与线段重合的直线表示力的作用线。书上表示矢量的符
号用黑体字(如 F),该矢量的大小(又叫模)用同字母的白体字表示(如 F)。

1.2　静力学公理

静力学公理是人们关于力的基本性质的概括和总结,它们是静力学全部理论的基础。
公理是人们在生活和生产活动中长期积累的经验总结,又经过实践的反复检验,证明是符合
客观实际的普遍规律。它不能用更简单的原理去代替,也无需证明而为大家所公认,并可作
为证明的论据。

公理一(二力平衡公理)　作用在同一刚体上的两个力使刚体平衡的必要与充分条件是:这
两个力大小相等,方向相反,且作用在同一条直线上。即如图 1-2 所示,$F_1 = -F_2$。

这个公理总结了作用在刚体上的最简单的力系平衡
时所必须满足的条件。它是以后推证平衡条件的基础。
对于刚体来说这个条件是必要与充分的;但对变形体这个
条件只是必要的,而不是充分的。

在工程上把只受两个力作用而平衡的构件,称为二力
构件;如果是不考虑自身重力只在两端受力而平衡的杆,
称为二力杆。根据公理一,这两力必作用在它们作用点的
连线上,并且大小相等,方向相反。

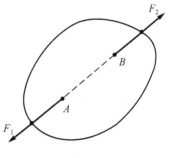

图 1-2

公理二(加减平衡力系公理)　对于作用在刚体上的

任何一个力系,可以增加或去掉任一个平衡力系,这并不会改变原力系对于刚体的作用效应。

这个公理是力系简化的重要理论依据。

推论一(力的可传性原理)　作用在刚体上的力,可沿其作用线移到刚体内任意一点,不改变该力对刚体的作用。

证明　设力作用在刚体上的 A 点,如图 1-3(a)所示。在刚体上力的作用线上任意一点 B 加上一对平衡力 F_1 与 F_2,且使 $F_1=F=-F_2$,如图 1-3(b)所示。由公理二知,这并不改变原力 F 对刚体的作用。根据公理一,F 与 F_2 构成平衡力系,再由公理二,这个平衡力系可以去掉。最后剩下作用于点 B 的力 F_1,如图 1-3(c)所示。可见 F_1 与 F 等效。又因 $F_1=F$,因此可将力 F_1 看作是力 F 从点 A 滑移至点 B 的结果,而点 B 是 F 作用线上任意一点。推论证毕。

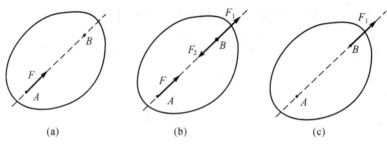

(a)　　　　　　(b)　　　　　　(c)

图 1-3

由此可见,对刚体来说。力的作用效果与力的作用点在作用线上的具体位置无关。因此,作用在刚体上的力的三要素为力的大小、方向和作用线。

力的可传性说明,对刚体而言,力是滑动矢量,它可沿其作用线移至刚体上的任一位置。需要指出的是,此原理只适用于刚体而不适用于变形体。

公理三(力的平行四边形法则)　作用于物体某一点的两个力的合力,作用点也在该点,其大小和方向可由这两个力为邻边所构成的平行四边形的对角线来确定。

如图 1-4(a)所示,设在物体的 A 点作用有力 F_1 和 F_2,如 F_R 表示它们的合力,则合力等于两个分力 F_1 和 F_2 的矢量和。

即　$F_R=F_1+F_2$

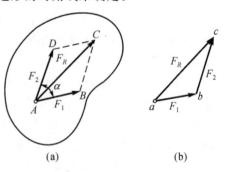

(a)　　　　　(b)

图 1-4

这个公理总结了最简单力系简化的规律,是复杂力系简化的基础。

因为合力 F_R 的作用点亦为 A 点,求合力的大小及方向时无需作出整个平行四边形。如图 1-4(b)所示,在图外任一点 a 开始先画矢量 $\overrightarrow{ab}=F_1$,再从点 b 画矢量 $\overrightarrow{bc}=F_2$。连接起点 a 与终点 c 得到矢量 $\overrightarrow{ac}$,矢量 $\overrightarrow{ac}$ 表示合力 F_R 的大小和方向,而合力 F_R 仍作用于 A 点。此△abc 称为力三角形。这一求合力的方法称为力三角形法则。如果改变分力相加的先后次序作力三角形,并不改变合力 F_R 的大小和方向。

推论二(三力平衡汇交定理)　当刚体在三个力作用下处于平衡时,若其中任何两个力的作用线相交于一点,则第三个力的作用线亦必交于同一点,且三个力的作用线共面。

证明　如图 1-5 所示,在刚体的 A,B,C 三点上分别作用三个力 F_1,F_2,F_3,刚体处于平衡。根据力的可传性,将力 F_1 和 F_2 移至汇交点 O,然后根据力的平行四边形法则,得合力 R_{12}。则力 F_3 应与 R_{12} 平衡。由于两个力平衡必须共线,所以力 F_3 必定与力 F_1 和 F_2 的合力 R_{12} 共线,且通过力 F_1 和 F_2 的交点。证毕。

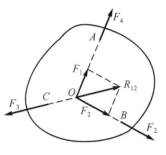

图 1-5

三力平衡汇交定理说明了不平行的三个力平衡的必要条件。若已知两个力的作用线,可用此定理来确定第三个力的作用线方位。但是,三力汇交时,刚体也未必一定平衡。

公理四(作用与反作用公理)　两物体间相互作用的作用力和反作用力总是同时存在,大小相等,方向相反,沿同一直线,分别作用在两个相互作用的物体上。由于作用力和反作用力分别作用在两个不同的物体上,这两个力并不能构成平衡力系,所以必须把作用与反作用公理和二力平衡公理严格区别开来。

这个公理概括了自然界物体间相互作用的关系。它表明作用力反作用力总是成对出现。它是物体受力分析必须遵循的原则,为从一个物体的受力分析过渡到物体系统的受力分析提供了基础。

公理五(刚化原理)　变形体在某一力系作用下处于平衡,如把此变形体刚化为刚体,则平衡状态保持不变。

这个原理提供了把变形体抽象成刚体的条件.建立了刚体力学与变形体力学的联系。刚体的平衡条件对变形体来说只是必要的,而不是充分的。例如,如图 1-6,1-7 所示,一段绳子(弹簧)在两个等值反向的拉力作用下处于平衡。若将其变为刚性体,则平衡状态不受影响;但对刚性杆受两个等值反向压力作用而平衡时,如果将该刚性杆变为绳索(弹簧),则平衡状态不能保持。

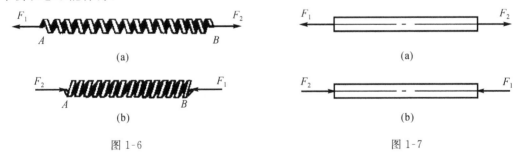

图 1-6　　　　　　　　　　　　　　　　图 1-7

1.3　载荷与约束

物体所受的力可分为两大类,即外力和内力。外力是指物体所受其他物体对它作用的力,内力是指物体各部分之间的相互作用力。

外力包括载荷和约束反力。一般地说,载荷属于主动力,约束力属于被动力。约束力是约束阻止物体因载荷作用产生的运动趋势所起的反作用力,其性质、方向由约束的类型决定,下面将作详细介绍。

1.3.1 载荷的分类

在工程实际中,构件受到的载荷是多种多样的。为便于分析,可分类如下。

1.集中载荷与分布载荷

根据作用在构件上的范围,载荷可分为集中载荷与分布载荷。

(1)集中载荷又称集中力。若载荷作用在构件上的面积远小于构件的表面积,可把载荷看作是集中地作用在一"点"上,这种载荷称为集中载荷。例如火车车轮作用在钢轨上的压力、面积较小的柱体传递到面积较大的基础上的压力等,都可看作是集中载荷。

(2)分布载荷又称分布力。若载荷连续作用于整个物体的体积上,则称其为体载荷,例如物体的重力。若载荷连续作用在物体表面的较大面积上,则称其为面载荷,例如屋面上的积雪、桥面上的人群,都可看作是均匀分布载荷(如图1-8所示)。水坝迎水面、水池池壁所受的水压力都可看作是非均匀分布载荷(如图1-9所示)。若载荷分布于长条形状的体积或面积上,则可简化为沿其长度方向中心线分布的线载荷。

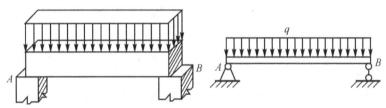

图 1-8 均匀分布载荷

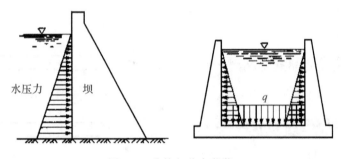

图 1-9 非均匀分布载荷

2.恒载荷和活载荷

根据作用时间的长久,载荷可分为恒载荷和活载荷。

(1)长期作用在结构上的不变载荷称为恒载荷。所谓"不变"是指在结构建成以后载荷的大小和位置都不会发生变化。例如构件的自重就是一种典型的恒载荷。

(2)在施工中和使用期间作用在建筑物和机械上的可变载荷称为活载荷。所谓"可变"是指这种载荷有时存在,有时不存在,其作用位置或范围可能是固定的(如风载荷、雪载荷),也可能是变动的(如吊车载荷、桥梁或路面上的汽车载荷、楼面上人群载荷等)。

3.静载荷与动载荷

根据作用的性质,载荷可分为静载荷与动载荷。

（1）静载荷指缓慢地加到结构上的载荷。静载荷的大小、位置和方向不随时间而变化或变化极为缓慢。在此载荷作用下，构件和零件不会产生显著的加速度。例如结构的自重、土压力和水压力等都属于这一类。

（2）动载荷指构件在运动时产生动力效应所引起的载荷称为动载荷。动载荷的大小、位置和方向均随时间而迅速变化。在这种载荷作用下，结构会产生显著的加速度。例如火车车轮对桥梁的冲击力、锻造气锤对工件的撞击力、地震或其他因素引起的冲击波的压力等都是动载荷。

1.3.2 约束与约束反力

凡位移不受任何限制可以在空间作任意运动的物体称为自由体，如空中飞行的飞机、炮弹和火箭等。如果物体在空间的位移受到一定的限制，使其在某些方向的运动成为不可能，则这种物体称为非自由体。例如，钢索上悬挂的重物、搁置在墙上的屋架、沿钢轨运行的机车、轴承中旋转的轴等，都是非自由体，因为它们都受到某些约束。

所谓约束是指对自由体的位移起限制作用的周围物体。约束通常是通过与被约束体之间相互连接或直接接触而形成的。上述钢索是重物的约束，墙是屋架的约束，钢轨是机车的约束，轴承是轴的约束。这些约束分别阻碍了被约束物体沿着某些方向的运动。

约束作用于被约束物体上的力称为约束反力。正是约束反力阻碍物体沿某些方向运动。在静力分析中，物体上受到的各种载荷，主动力往往都是给定的，而约束反力是未知的，因此，对约束反力的分析就成为物体受力分析的重点。约束反力取决于约束本身的性质、主动力以及物体的运动状态。约束反力的方向总是与约束所能阻止的运动方向相反，这是确定约束反力方向的准则；而它的作用点在相互接触处；至于它的大小，在静力学中可由平衡条件确定。在工程实践中，物体间的连接方式是很复杂的，为分析和解决实际的力学问题，我们必须将物体间各种复杂的连接方式抽象化为几种典型的约束模型。

下面介绍工程中常见的几种典型的约束模型，并根据它们的构造特点和性质，分析约束反力的作用点和方向。

1. 柔性体约束（柔索约束）

胶带、绳索、传动带、链条等均属柔索约束。理想化的柔索柔软而不可伸长，忽略其刚性，不计自身重力，这类约束的特点是只能承受拉力，不能承受压力和弯矩，因而只能限制物体沿着柔性体伸长的方向运动。所以柔性体约束的约束反力只能是作用在连接点，方向沿柔索，指向背离物体。柔索的约束反力只能为拉力。

如图 1-10 所示，起重机用绳起吊大型机械主轴，主吊索及绳上的约束反力都通过它们与吊钩的连接点，沿着各吊索的轴线，指向背离吊钩。

图 1-11 所示的胶带传动轮，其约束反力（张力）沿胶带，均为拉力。其中 F_1 与 F_1'，F_2 与 F_2' 分别是两个等值、反向、作用线沿着胶带轴线的拉力。应该注意：两边的胶带拉力 F_1 和 F_2（F_1' 和 F_2'）的大小通常并不相同。

2. 光滑接触面（线）约束

这类约束瑚略接触处的摩擦，视为理想光滑。其特点是不论接触表面的形状如何，只能承受压力，不能承受拉力，只能限制物体沿两接触表面在接触点处的公法线而趋向支承接触

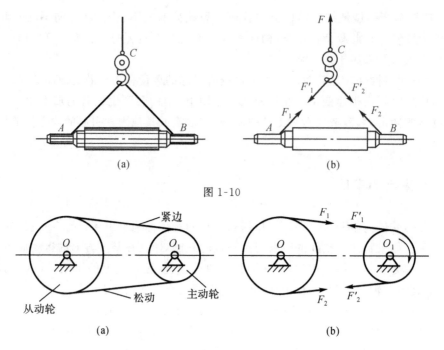

图 1-10

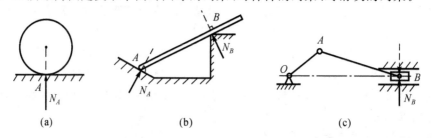

图 1-11

面的运动。所以光滑接触面(线)的约束反力只能是压力,作用在接触处,方向沿接触表面在接触点处的公法线而指向被约束物体。光滑接触面的反力又叫法向反力。

图 1-12 所示为固定支承平面对圆球的约束、对杆件的约束、对滑块的约束。

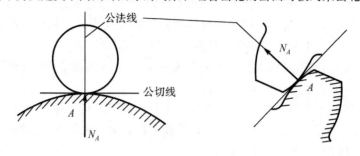

图 1-12

图 1-13 所示为固定支承曲面对圆球的约束和啮合齿轮的齿面对被约束齿轮的约束。

图 1-13

3. 铰链约束

铰链是工程结构和机械中通常用来连接构件或零部件的一种结构形式,指两个带有圆孔的物体,用光滑圆柱形销钉相连接。这类约束的特点是只能限制物体的任意径向移动,不能限制物体绕圆柱销轴线的转动和平行于圆柱销轴线的移动,因此它也称为圆柱形铰链约束。一般根据被连接物体的形状、位置及作用,铰链约束可分为以下几种形式。

（1）中间铰链约束

如图 1-14(a),(b)所示。1,2 分别是两个带圆孔物体,将圆柱形销钉穿入物体 1 和 2 的圆孔中,构成中间铰链,结构简图如图 1-14(c)所示。由于销钉与物体的圆孔表面都是光滑的,两者之间总有缝隙,只产生局部接触,其本质上是光滑面约束,那么销钉对物体的约束力应通过物体圆孔中心。但由于接触点不确定,故中间铰链对物体的约束力特点是:作用线通过销钉中心,垂直于销钉轴线,方向不定,可表示为图 1-14(c)。因中间铰链约束反力 F 的角度未知,用两个正交分力 F_x,F_y 来表示中间铰链约束反力 F,它们是分力与合力的关系。

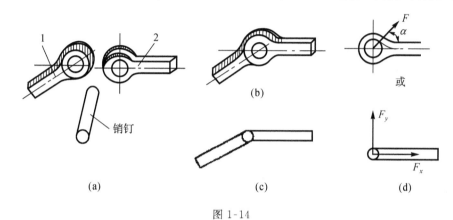

图 1-14

（2）固定铰链支座约束

支座是将构件或结构支承在固定支承物上的装置,如图 1-15(a)所示。用光滑圆柱销将构件与底座连接,并把底座固定在支承物上而构成固定铰链支座约束,结构简图如图 1-15(b)所示。

这种约束的特点是构件只能绕铰链轴线转动,而不能发生垂直于铰轴的任何移动。所以,固定铰链支座反力在垂直于圆柱铰轴线的平面内,通过圆柱销中心,方向不定。通常用两正交的分力 F_x,F_y 表示,如图 1-15(c)所示。

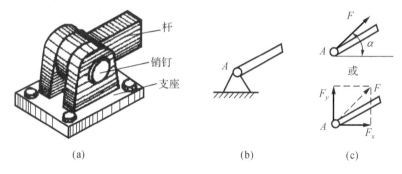

图 1-15

（3）活动铰链支座约束

将固定铰链支座底部安放若干滚子支承在光滑的支承物上,并与支承面接触,则构成活动铰链支座,又称辊轴支座,如图 1-16(a)所示。这类支座常见于桥梁、屋架等结构中,通常用简图 1-16(b)表示。这种约束的特点是只能限制物体与圆柱铰连接处沿支承物法线方向的运动,而不能阻止绕圆柱铰的转动和沿支承面方向的运动。因此活动铰支座的约束力通过销钉中心,垂直于支承面,通常为压力,指向不定,受力图如图 1-16(c)所示。

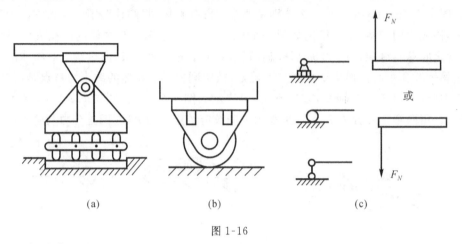

图 1-16

(4)链杆约支

两端用光滑铰链与其他构件连接,不考虑自身重力且不受其他外力作用的杆件称为链杆。如图 1-17 所示的 BC 杆。这种约束的特点能限制物体与直杆连接点沿直杆轴线方向的运动。由于链杆为二力杆,既能受压,又能受拉。根据二力平衡公理,链杆的约束力必沿杆件两端铰链中心的连线,指向不定。一般假设为拉力,受力图如图1-17(b)所示。

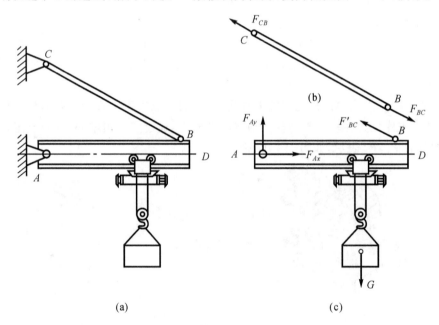

图 1-17

在工程实际中,有些二力构件是曲杆或折杆,如图 1-18 中的 AB 杆为曲杆。作用在曲杆两端的力仍应沿着两端铰心的连线,如图 1-18(b)所示。

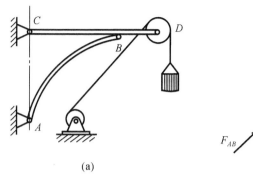
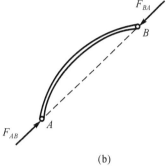

(a) (b)

图 1-18

（5）向心轴承

向心轴承是机械中常见的一种约束,图 1-19（a）所示即为轴承装置,可画成如图 1-19（b）所示的简化图形。轴承是轴的支承部分,轴可在轴承内任意转动,也可以沿轴承孔的轴线移动,但是,轴承阻碍轴沿径向移动。它的约束性质与固定铰链支座性质相同,不同的是这里的轴承是约束,轴则是被约束物体。当作用在轴上的主动力尚未确定时,轴承对轴的约束力的方向不能预先确定。但是,约束力一定在通过轴心且垂直于轴线的平面内,通常用两个大小未知的正交分力 F_x,F_y 表示,指向先假定,如图 1-19（b）所示。

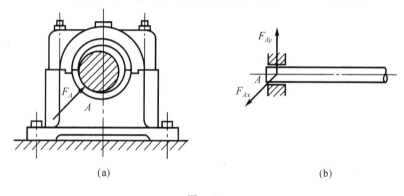

(a) (b)

图 1-19

（6）固定端约束

如图 1-20 所示,建筑物上的阳台、车床上的刀具、立于路边的电线杆等均不能沿任何方向移动和转动,构件所受到的这种约束称为固定端约束,平面问题中一般用图 1-21（a）所示简图符号表示,约束作用如图 1-21（b）所示,两个正交约束分力 F_x,F_y 表示限制构件的移动的约束作用,一个约束力偶 M 表示限制构件转动的约束作用。

1.4　物体的受力分析和受力图

解决力学问题时,首先要选定需要进行研究的物体,即确定研究对象,然后分析其受力情况,这个过程称为物体的受力分析。解除约束,把研究对象从周围物体中分离出来,画出其简图,称为分离体。将研究对象所受的所有的主动力和约束反力用力矢表示在分离体上,

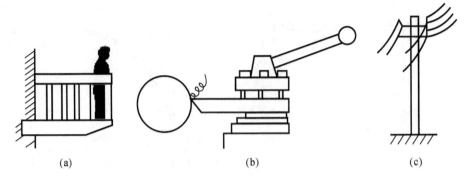

(a)   (b)   (c)

图 1-20

这种图形称为物体的受力图。画出正确的受力图是解决力学问题的关键步骤。受力分析的步骤大体可以归纳如下：

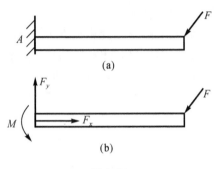

（1）确定研究对象，取分离体。研究对象可以是一个构件或整个物体系统。

（2）在分离体上，画出构件所受的主动力，并标出各主动力的名称。

（3）明确研究对象受周围哪些物体的约束，根据约束的类型确定约束反力的位置与方向，画在分离体上，并标出各约束反力的名称。

图 1-21

（4）有时要根据二力平衡共线，三力平衡汇交等平衡条件确定某些约束反力的指向或作用线的方位。

（5）为计算方便要标明有关的几何关系，并写上各力作用点的名称。

画受力图时要注意：受力图只画研究对象的简图及受到的力。除非特别说明，一般不考虑物体的重力。每画一力都要有依据，不多不漏。研究对象各物体间作用的内力和作用于其他物体上的力不画。两物体间的相互约束力要符合作用与反作用公理。

下面举例说明。

例 1-1 多跨梁用铰链 C 连接。载荷和支座如图 1-22(a) 所示。试分别画出梁 AC, CD 和整体的受力图。

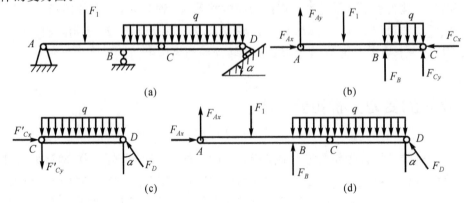

图 1-22

解　以梁 AC 为分离体。画出主动力 $\boldsymbol{F}_1$ 和作用于 BC 梁段的均布荷载,其荷载集度为 q;固定铰支座 A 的约束力为 $\boldsymbol{F}_{Ax}$,$\boldsymbol{F}_{Ay}$;辊轴支座 B 的约束力为 $\boldsymbol{F}_B$;铰链 C 的约束力为 $\boldsymbol{F}_{Cx}$,$\boldsymbol{F}_{Cy}$;受力图如图 1-22(b)所示。图上所有约束力的指向都是假设的。

再画梁 CD 的受力图。作用在梁上的力有:主动力是荷载集度为 q 的均布荷载;辊轴支座 D 的约束力为 $\boldsymbol{F}_D$,方位垂直于支承面,指向假设如图 1-22(c)示;铰链 C 的约束力为 $\boldsymbol{F}_{Cx}{}'$,$\boldsymbol{F}_{Cy}{}'$,其方向应分别与 $\boldsymbol{F}_{Cx}$,$\boldsymbol{F}_{Cy}$ 相反。梁 CD 的受力图如图 1-22(c)所示。

画整体受力图。作用在整体上的力有:主动力 $\boldsymbol{F}_1$ 和作用于梁 BD 段的荷载集度为 q 的均布荷载;约束力为 $\boldsymbol{F}_{Ax}$,$\boldsymbol{F}_{Ay}$,$\boldsymbol{F}_B$ 和 $\boldsymbol{F}_D$。受力图如图 1-22(d)所示。

例 1-2　在图 1-23(a)所示的吊架结构中,物体 H 重为 $\boldsymbol{G}$,滑轮 C 及各杆自重不计。以滑轮 C、杆 AB 和重物 H 为研究对象,画出整个系统的受力图,分别画出杆 AB、杆 BE、滑轮 C 的受力图。

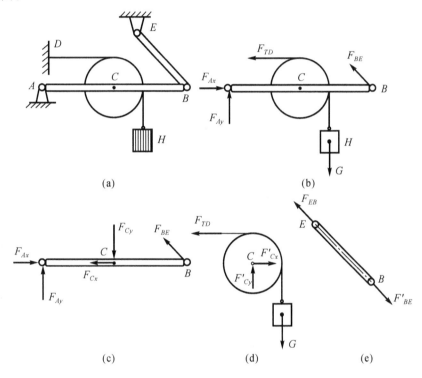

图 1-23

解　(1)以滑轮 C、杆 AB 和重物 H 为研究对象,作受力图。分离体上作用的主动力为重力 $\boldsymbol{G}$。A 处为固定铰支座,其约束力用两个正交分力表示。B 处受连杆 BE 约束,其约束力为 $\boldsymbol{F}_{BE}$,方位沿 B,E 铰心的连线,指向假定如图 1-23(b)所示。绳对滑轮 C 的约束力为 $\boldsymbol{F}_{TD}$,方位沿绳,指向背离滑轮 C。杆 AB 与滑轮 C 之间以及绳与滑轮之间的相互作用力均为内力(或称内约束),内力在受力图上不应画出,受力图如图 1-23(b)所示。

(2)画 BE 杆的受力图。取杆 BE 为分离体,并将杆 BE 单独画出。BE 杆为连杆,其所受约束力为 $\boldsymbol{F}_{BE}{}'$ 和 $\boldsymbol{F}_{EB}$ 依二力平衡原理有,$\boldsymbol{F}_{BE}{}' = -\boldsymbol{F}_{EB}$,受力图如图 1-23(e)所示;铰链 B 处的约束力 $\boldsymbol{F}_{BE}{}'$ 与图 1-23(b)上的 $\boldsymbol{F}_{BE}$ 互为作用力与反作用力,当力 $\boldsymbol{F}_{BE}$ 方向假定后定,力 $\boldsymbol{F}_{BE}{}'$ 的方向不能任意假定,必须满足作用力与反作用力定律。

（3）分别画出杆 AB、滑轮 C 的受力图。受力图如图 1-23(c)，(d)所示。

例 1-3 一多跨梁 ABC 由 AB 和 BC 用中间铰 B 连接而成，支承和载荷情况如图 1-24 (a)所示。试画出梁 AB，梁 BC，销钉 B 及整体的受力图。

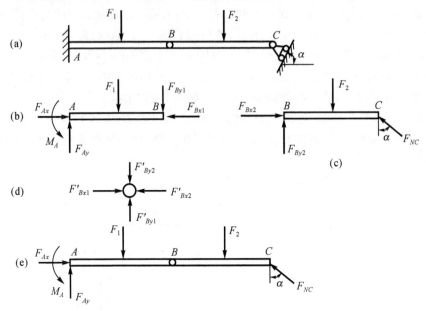

图 1-24

解 （1）取出分离体梁 AB，画受力图，如 1-24(b)所示。中间铰 B 的销钉对梁 AB 的约束力用两个正交分力表示，固定端支座的约束作用表示成两个正交约束力和一个约束力偶 $\boldsymbol{M}_A$。

（2）取出分离体梁 BC，画受力图，如图 1-24(c)所示。中间铰 B 的销钉对梁 BC 的约束力用两个正交分力表示，活动铰支座 C 的约束力垂直于支承面。

（3）以销钉 B 为研究对象，受力情况如图 1-24(d)所示。销钉为梁 AB 和梁 BC 的连接点，其作用是传递梁 AB 和 BC 间的作用力，约束两梁的运动，从图 1-24(d)可看出，销钉 B 的受力呈现等值、反向的关系。因此，在一般情况下，若销钉处无主动力作用，则不必考虑销钉的受力。将梁 AB 和 BC 间点 B 处的受力视为作用力与反作用力。若销钉上有力作用，则应将其同被连接的一个或几个物体一并作为分离体分析受力。

（4）图 1-24(e)所示为 ABC 的整体受力图，铰链点 B 处为内力作用，故不予画出。

1.5 平面汇交力系

力系有各种不同的类型，它们的简化结果和平衡条件也各不相同。作用在物体上的力系一般分为两类，按照力系中各力作用线是否位于同一平面内来分，力系可分为平面力系和空间力系。平面力系又可分为平面汇交力系、平面力偶系、平面平行力系以及平面任意力系。

所谓平面汇交力系就是各力的作用线都在同一平面内且汇交于一点的力系。平面汇交力系是最简单的基本力系之一。平面汇交力系是平面任意力系的特殊情况,平面汇交力系的合成(简化)与平衡是研究复杂力系简化与平衡问题的基础。

平面汇交力系的基本问题是合成和平衡。本章分别用几何法和解析法研究这两个问题。

1.5.1 面汇交力系合成与平衡的几何法

设在某刚体上的点 A 作用一个由力 $\boldsymbol{F}_1,\boldsymbol{F}_2,\boldsymbol{F}_3,\boldsymbol{F}_4$ 组成的平面汇交力系如图 1-24(a) 所示,现求该力系的合成结果。

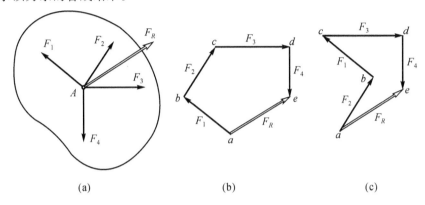

(a)   (b)   (c)

图 1-25

为合成此力系,可在图 1-25(a)中连续应用力的平行四边形法则,依次两两合成各力,最后求得一个作用线也通过力系汇交点 A 的合力 $\boldsymbol{F}_R$。为了用更简便的方法求此合力 $\boldsymbol{F}_R$ 的大小和方向,下面介绍力多边形法则。

在平面汇交力系所在的平面内,任取一点 a,按一定的比例尺,将力的大小用适当长度的线段表示,根据力三角形法则,先作矢量 $\overrightarrow{ab}$ 平行且等于力 $\boldsymbol{F}_1$,再从点 b 作矢量 $\overrightarrow{bc}$ 平行且等于力 $\boldsymbol{F}_2$,连接矢量 $\overrightarrow{ac}$,即代表力 $\boldsymbol{F}_1$ 与 $\boldsymbol{F}_2$ 的合力大小和方向 $\boldsymbol{F}_{R1}$;再过力 $\boldsymbol{F}_{R1}$ 的终点 c 作矢量 $\overrightarrow{cd}$ 平行且等于力 $\boldsymbol{F}_3$,连接矢量 $\overrightarrow{ad}$,即代表力 $\boldsymbol{F}_{R1}$ 与 $\boldsymbol{F}_3$ 的合力大小和方向 $\boldsymbol{F}_{R2}$(也就是 $\boldsymbol{F}_1$,$\boldsymbol{F}_2$,$\boldsymbol{F}_3$ 的合力大小和方向)。依此类推,最后将 $\boldsymbol{F}_{R2}$ 与 $\boldsymbol{F}_4$ 合成得矢量 $\overrightarrow{ae}$,即得到该平面汇交力系的合力大小和方向 $\boldsymbol{F}_R$,如图 1-25(b)所示。多边形 $abcde$ 称为此平面汇交力系的力多边形,矢量 $\overrightarrow{ae}$ 称此为力多边形的封闭边。封闭边矢量 $\overrightarrow{ae}$ 即表示此平面汇交力系合力 $\boldsymbol{F}_R$ 的大小和方向,而合力 $\boldsymbol{F}_R$ 的作用线仍应通过原力系汇交点 A(如图 1-25(a)所示)。上述求合力的作图规则称为力多边形法则,如图1-25(c)所示。

必须注意,作力多边形的矢量规则为:各分力的矢量沿着环绕力多边形边界的某一方向首尾相接,而合力矢量沿相反的方向,由第一个分力矢的起点指向最后一个分力矢的末端。多边形规则是一般矢量相加所遵循的规则,根据矢量相加的交换律,任意变换各力相加先后次序只能改变力多边形的形状,而不会改变合力大小和方向,如图 2-25(c)所示。

上述结果表明:平面汇交力系合成的结果是一个合力,合力作用线通过各力的汇交点,合力的大小和方向等于原力系中所有各力的矢量和,即

$$F_R = F_1 + F_2 + \cdots + F_n = \sum F_i$$

原力系对刚体的作用与该力系的合力 F_R 对刚体的作用等效。如果一个力与一力系等效,则此力称为该力系的合力。

若力系中各力的作用线重合,则该力系称为共线力系。其力多边形是一直线段,合力的作用线与力系中各力的作用线相同。则合力的代数值等于共线力系中所有各力的代数和,即

$$F_R = \sum F$$

由以上平面汇交力系的合成结果可知,平面汇交力系平衡的必要和充分条件是:该力系的合力等于零。若用矢量等式表示,即

$$F_R = \sum F_i = 0$$

若按照力多边形法则,在合力等于零的情况下,力多边形中最后一个力矢的终点与第一个力矢的起点相重合,此时的力多边形称为封闭的力多边形。于是可得如下结论:平面汇交力系平衡的必要和充分条件是该力系的力多边形自行封闭。这就是平面汇交力系平衡的几何条件。

1.5.2 平面汇交力系合成与平衡的解析法

前面讨论了平面汇交力系的合成与平衡问题的几何法。现在讨论用解析法求解平面汇交力系合成与平衡问题。

解析法是通过力矢在坐标上的投影来研究力系的合成及其平衡条件。

1. 力的分解和力在轴上的投影

由力的平行四边形法则可知,两个共点力可以合成为一个具有明确方向与大小合力。但是要把一个已知力分解为两个分力,如果没有足够的条件,则解答不是惟一的。

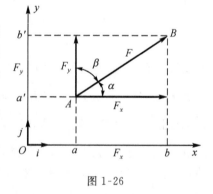

图 1-26

若把力 F 沿直角坐标轴分解,如图 1-26 所示,则沿 x 和 y 轴的两个分力 F_x 和 F_y 的大小分别为

$F_x = F\cos\alpha$

$F_y = F\cos\beta = F\sin\alpha$

其中 α 和 β 分别为力矢 F 与 x 和 y 轴间的夹角。

因为力是矢量,所以力在坐标轴上的投影等于力的模乘以力与投影轴正向间夹角的余弦。力在轴上的投影为代数量,当角 α 为锐角时,F_x 值为正;当角为钝角时,F_x 值为负。同样,投影 F_y 与角 β 也存在这种关系。

必须注意,当力 F 沿正交坐标系 Oxy 分解为两个分力 F_x,F_y 时,这两个分力的模分别等于力 F 在两轴上的投影 F_x,F_y 的绝对值。力在轴上的投影 F_x,F_y 为代数量,而力沿轴的两个分力 $F_x = F_x i$,$F_y = F_y j$ 为矢量,二者概念不同,不可混淆。

由高等数学可知,合矢量在坐标轴上的投影等于各分矢量在同一轴上投影的代数和。将此定理直接应用于平面汇交力系,则有合力在任一轴上的投影等于各分力在同一轴上投

影的代数和,这就是合力投影定理。

$$F_{Rx} = F_{x1} + F_{x2} + \cdots + F_{xn} = \sum F_x$$
$$F_{Ry} = F_{y1} + F_{y2} + \cdots + F_{yn} = \sum F_y$$

$$F_R = \sqrt{(F_{Rx})^2 + (F_{Ry})^2} = \sqrt{\left(\sum F_x\right)^2 + \left(\sum F_y\right)^2}$$

2.平面汇交力系的平衡解析条件

由几何法可知,平面汇交力系平衡的必要和充分条件是:该力系的合力等于零,即

$$|\boldsymbol{F}_R| = \sqrt{\left(\sum \boldsymbol{F}_x\right)^2 + \left(\sum \boldsymbol{F}_y\right)^2} = 0$$

欲使上式成立,必须而且只需

$$\sum \boldsymbol{F}_x = 0$$
$$\sum \boldsymbol{F}_y = 0$$

上式表明,平面汇交力系平衡的必要和充分条件是:该力系中所有各力在直角坐标系各轴上投影的代数和分别等于零。这两个式子就是平面汇交力系平衡的解析条件,又称为平面汇交力系的平衡方程。平面汇交力系只有两个独立方程,所以,应用上式可以求解两个未知量。

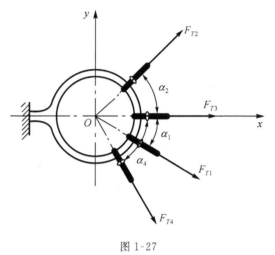

图 1-27

例 1-4　如图 1-27 所示,在同心圆环上作用了四根绳索的拉力,大小分别为 F_{T1} = 200N,F_{T2} = 300N,F_{T3} = 500 N,F_{T4} = 400N,它们与 x 轴的夹角分别为 α_1 = 30°,α_2 = 45°,α_3 = 0°,α_4 = 60°,四个力的作用线共面并汇交于点 O,试求它们的合力大小和方向。

解　(1)以汇交点 O 为原点,直角坐标系 xOy 如图所示。

(2)计算各力分别在 x,y 轴上投影的代数和。

$$\begin{aligned} F_{Rx} &= \sum F_x = F_{x1} + F_{x2} + F_{x3} + F_{x4} \\ &= F_{T1}\cos\alpha_1 + F_{T2}\cos\alpha_2 + F_{T3} + F_{T4}\cos\alpha_3 \\ &= 200\cos30° + 300\cos45° + 500 + 400\cos60° \\ &= 1085.3(N) \end{aligned}$$

$$\begin{aligned} F_{Ry} &= \sum F_y = F_{y1} + F_{y2} + F_{y3} + F_{y4} \\ &= -F_{T1}\sin\alpha_1 + F_{T2}\sin\alpha_2 + 0 - F_{T4}\sin\alpha_3 \\ &= -200\sin30° + 300\sin45° + 0 - 400\sin60° \\ &= -234.3(N) \end{aligned}$$

则合力 $\boldsymbol{F}_R$ 的大小和方向分别为

$$F_R = \sqrt{\left(\sum F_x\right)^2 + \left(\sum F_y\right)^2} = \sqrt{(1085.3)^2 + (-234.3)^2} = 1110.3(N)$$

$$\tan\alpha = \left|\frac{\sum Fy}{\sum Fx}\right| = \left|\frac{-234.3}{1085.3}\right| = 0.2159$$

$$\alpha = 12.2°$$

这是角 α 是合力 $\boldsymbol{F}_R$ 与 x 轴所夹的锐角。由于 F_{Rx} 是正值，F_{Ry} 是负值，所以力 $\boldsymbol{F}_R$ 应指向右下方与 x 轴的夹角为 12.2° 的方向。

例 1-5 建筑工地使用的井架把杆起重装置如图 1-28 所示。把杆的 A 端铰接在井架上，B 端系以钢索与井架连接，把杆的重量不计。设重物重 $G=2\mathrm{kN}$，滑轮的大小和重量均不计，其轴承是光滑的。试求钢索 BC 的拉力和把杆 AB 所受的力。

解 （1）选择研究对象。钢索 BC 所受的拉力和把杆 AB 所受的力都是通过销钉 B 作用的。重物的重力和钢索 BD 的拉力都作用在滑轮 B 上，滑轮不计大小，以上所有的力可视为汇交于销钉 B 上，故以销钉 B 为研究对象。

（2）画受力图。解除约束，单独取出销钉 B 分析其受力。重物通过钢吊索传递到销钉 B 上的重力为 G。钢索 BC 对销钉的约束力 $\boldsymbol{F}_{CB}$ 过

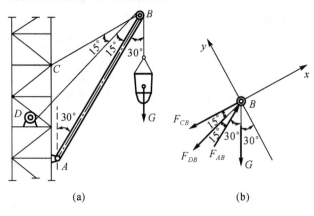

图 1-28

连接点，方向沿绳、背离销钉 B。钢索 BD 对滑轮（或销钉）约束力 $\boldsymbol{F}_{DB}$，方位沿钢索、指向背离滑轮。AB 杆为连杆，对销钉 B 的约束力 $\boldsymbol{F}_{AB}$，方位沿 AB 杆两端铰心的连线，指向假设朝向销钉。销钉 B 的受力图为一平面汇交力系，如图 1-28(b) 所示。

（3）选取投影轴。根据受力图上各力的分布情况，取坐标系 xBy，使 x 轴与未知力 $\boldsymbol{F}_{CB}$ 共线（如图 1-28(b) 所示）。

（4）列平衡方程并求解：

$$\sum F_x = 0, \quad F_{AB}\cos30° - F_{CB} - F_{DB}\cos15° - G\sin30° = 0$$

$$\sum F_y = 0, \quad F_{AB}\sin30° - F_{DB}\sin15° - G\cos30° = 0$$

B 为单滑轮，不计钢索与滑轮之间的摩擦，故

$$F_{DB} = G$$

$$F_{AB} = \frac{F_{DB}\sin15° + G\cos30°}{\sin30°} = G\frac{\sin15° + \cos30°}{\sin30°} = 4.5(\mathrm{kN})$$

力 $\boldsymbol{F}_{AB}$ 为正值，说明 $\boldsymbol{F}_{AB}$ 的指向与假设指向一致。根据作用与反作用定律，销钉 B 作用于把杆 AB 上的力的大小 $F_{AB} = 4.5\mathrm{kN}$，为压力。

$$F_{CB} = F_{AB}\cos30° - G(\cos15° + \sin30°)$$

$$= 4.5 \times 0.866 - 2 \times (0.966 + 0.5) = 0.967(\mathrm{kN})$$

F_{CB} 为正值，表明图中假设 $\boldsymbol{F}_{CB}$ 的指向是正确的，故为拉力。

习　题

1-1　如图 1-29 所示，用解析法求作用在支架 A 点三力的合力（包括大小、方向和作用线位置）。

1-2　如图 1-30 所示，起重架可借绕过滑轮 A 的绳索将重 $G=20\text{kN}$ 的物体吊起，滑轮 A 用不计自重的杆 AB 及 AC 支承，不计滑轮的大小和重量及轴承处的摩擦。求平衡时杆 AB 及 AC 受的力。

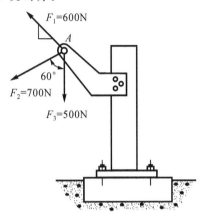

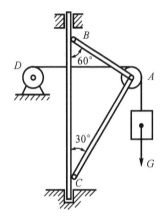

图 1-29 　　　　　　　　　　　　　　　　图 1-30

1-3　如图 1-31 所示，力系使螺栓受有竖直向下的大小为 15kN 的合力。试求力 F_T 的大小和方向 θ。

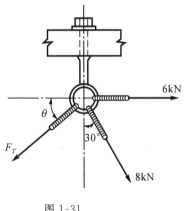

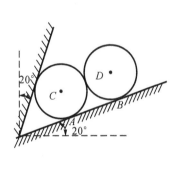

图 1-31 　　　　　　　　　　　　　　　　图 1-32

1-4　如图 1-32 所示，大小相同重量约为 19.6N 的光滑小球，在两光滑平面之间处于平衡。求两球受到光滑平面的反力和两球之间互相作用的力。

1-5 如图 1-33 所示,简易压榨机中各杆重量不计,设 $F=200$N。求当 $\alpha=10°$ 时,物体 M 所受到的压力。

1-6 如图 1-34 所示,铰链四连杆机构 $CABD$ 中 C,D 为固定铰链,在铰链 A,B 处有力 F_1,F_2 作用。该机构在图示位置平衡,杆重略去不计。求力 F_1 与 F_2 的关系。

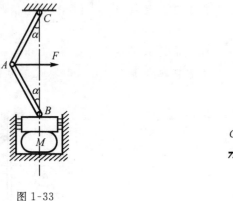

图 1-33

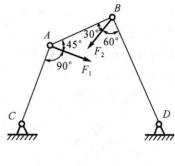

图 1-34

第 2 章　力矩和力偶理论

2.1　力　矩

实践经验表明,力对刚体的作用效应,不仅可以使刚体移动,而且还可以使刚体转动。其中移动效应可用力矢来衡量,而转动效应可用力对点的矩来度量。

2.1.1　力对点之矩

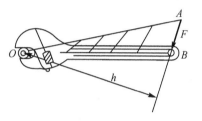

图 2-1　力对点的矩

如图 2-1 所示,当用扳手拧紧螺母时,力 $\boldsymbol{F}$ 对螺母拧紧的转动效应不仅与力 $\boldsymbol{F}$ 的大小有关,而且还与转动中心 O 至力 $\boldsymbol{F}$ 的垂直距离 h 有关。因此,以 $\boldsymbol{F}$ 与 h 的乘积及其转向来度量力使物体绕点 O 的转动效应,称之为力 $\boldsymbol{F}$ 对点 O 之矩,简称为力矩,力矩是代数量,以符号 $M_O(\boldsymbol{F})$ 表示。即

$$M_O(\boldsymbol{F}) = \pm Fh \qquad (2\text{-}1)$$

式中:点 O 称为矩心;h 称为力臂;正负号表示矩在其作用面上的转向。一般规定力 $\boldsymbol{F}$ 使扳手绕 O 点逆时针转动为正,顺时针转动为负。力 $\boldsymbol{F}$ 对点 O 之矩,其值还可以用以力 $\boldsymbol{F}$ 为底边,以矩心 O 为顶点所构成的三角形面积的两倍来表示,如图 2-1 所示。故力矩的表达式又可写成:

$$M_O(\boldsymbol{F}) = \pm 2S_{\triangle OAB} \qquad (2\text{-}2)$$

力矩的单位为 N·m。由力矩的定义和式(2-1)可知:当 $h=0$,即力的作用线通过矩心时,力矩的值为零;当力沿作用线滑动时,力臂不变,因而力对点的矩也不变。

以上用扳手的特例所引出的力矩概念可以进一步推广至一般情形。首先,将"扳手"换成"任意刚体",且矩心 O 也不是固定点,而是可任选一点为矩心。其次,还可以推广到空间分布的力系,如图 2-2(a)所示的空间力 $\boldsymbol{F}$ 对其作用面内点 O 的矩,从 z 轴的正端看去,力 $\boldsymbol{F}$ 绕点 O 的转向是不同的,因

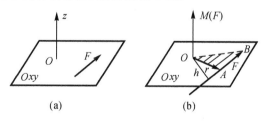

图 2-2　力对点之矩以矢量表示

而在空间,力矩不仅与其大小、转向有关,而且与力和矩心所组成的平面的方位有关。由此可见,在空间,力对点之矩不能只用一个代数量来表示,而必须用矢量表示。如图 2-2(b)所

示，从矩心到力的作用点 A 作一矢径 $\boldsymbol{r}$，则力 $\boldsymbol{F}$ 对 O 点的矩可表示为

$$\boldsymbol{M}_O(\boldsymbol{F})=\boldsymbol{r}\times\boldsymbol{F} \tag{2-3}$$

该矢量通过矩心 O，垂直于力矩的作用面；指向按右手法则，矢量的长度表示力矩的大小，即

$$|\boldsymbol{M}_O(\boldsymbol{F})|=|\boldsymbol{F}|h=2S_{\triangle OAB}$$

当矩心的位置改变时，$\boldsymbol{M}_O(\boldsymbol{F})$ 的大小及方向也随之而改变，因此力矩矢为一定位矢量。

2.1.2 合力矩定理

合力矩定理：平面汇交力系的合力对平面内任一点之矩等于所有各分力对于该点之矩的代数和。即

$$M_O(\boldsymbol{F}_R)=\sum M_O(\boldsymbol{F}_i) \tag{2-4}$$

如图 2-3 所示，已知力 $\boldsymbol{F}$，作用点 $A(x,y)$ 及其夹角 θ。欲求力 $\boldsymbol{F}$ 对坐标原点 O 之矩，可按式(2-4)，通过其分力 $\boldsymbol{F}_x$ 与 $\boldsymbol{F}_y$ 对点 O 之矩而得到，即

$$\begin{aligned}M_O(\boldsymbol{F})&=M_O(\boldsymbol{F}_y)+M_O(\boldsymbol{F}_x)\\&=xF\sin\theta-yF\cos\theta\end{aligned}$$

图 2-3　合力矩定理

或

$$M_O(\boldsymbol{F})=xF_y-yF_x \tag{2-5}$$

上式为平面内力矩的解析表达式。其中，x，y 为力 $\boldsymbol{F}$ 作用点的坐标；F_x，F_y 为力 $\boldsymbol{F}$ 在 x，y 轴的投影。计算时应注意用它们的代数量代入。

例 2-1　力 $\boldsymbol{F}$ 作用在支架上的 B 点，如图 2-4 所示，已知力 $\boldsymbol{F}$ 的大小和 $\boldsymbol{F}$ 与铅垂线间的夹角 α 及长度 L_1，L_2，L_3，求力 $\boldsymbol{F}$ 对点 A 的矩。

解　方法 1：直接按力矩的定义求解。

由式(2-1)可知，$M_A(F)=-Fh$

显然从图 2-4 所示的几何图形上求 h 之值，比较麻烦。

方法 2：用合力矩定理求解。

根据式(2-5)可得

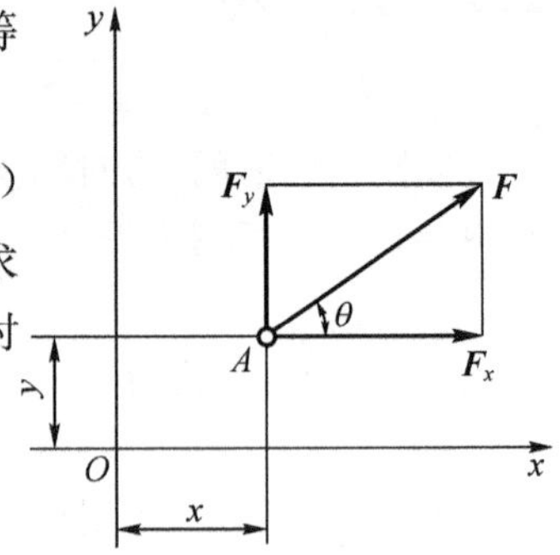

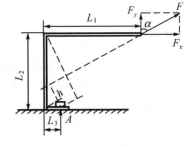

$$\begin{aligned}M_A(\boldsymbol{F})&=M_A(\boldsymbol{F}_x)+M_A(\boldsymbol{F}_y)\\&=-FL_2\sin\alpha+F(L_1-L_3)\cos\alpha\end{aligned}$$

图 2-4

显然，用第二种方法简单易行。

2.1.3 力对轴之矩

1. 力对轴之矩概述

在图 2-1 中，扳手绕点 O 的转动，实际上是绕垂直于扳手平面过点 O 的 z 轴转动。所以由力对点之矩引进力对轴之矩。若以 $M_z(F)$ 表示力 $\boldsymbol{F}$ 对 z 轴之矩，则有：

$$M_z(F) = M_O(F) = \pm Fh$$

这是力的作用面与转轴相垂直的情况。若力 F 与 z 轴平行,则力 F 对 z 轴之矩等于零。

如图 2-5 所示,在门上作用一力 F,使其绕固定轴 z 转动,考察力 F 使门绕 z 轴产生的转动效应。可将力 F 分解为一个平行于 z 轴的力 F_z 和垂直于 z 轴的平面 Oxy 上的分力 F_{xy},只有 F_{xy} 才可使门绕 z 轴转动,因此,力 F 对门的转动效应可用力 F_{xy} 对点 O 之矩来度量,即

$$M_z(F) = M_O(F_{xy}) = \pm F_{xy}h = \pm S_{\triangle OAB} \qquad (2\text{-}6)$$

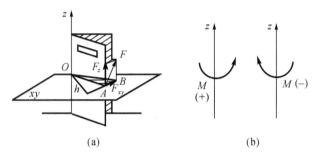

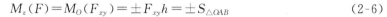

图 2-5 用推门说明力对轴之矩

式(2-6)表明,空间力对轴之矩等于此力在垂直于该轴平面上的分力对该轴与此平面的交点之矩。力对轴之矩是一个代数量,规定为从 z 轴的正向看去,若力在垂直于该轴平面上的分力使刚体绕轴逆时针转动为正,反之为负。也可用右手法则确定其正、负号,如图 2-5(b)所示。

对于空间力系问题,合力矩定理又可写成

$$M_Z(F_R) = \sum M_Z(F) \qquad (2\text{-}7)$$

式(2-7)表明,合力对某轴之矩等于各分力对同一轴之矩的代数和。

2. 力对点之矩与力对通过该点的轴之矩的关系

例 2-2 手柄 ABCD 在平面 Axy 内,E 处作用一力 F,作用在垂直于 y 轴的平面内,与铅垂线的夹角为 α,如图 2-6 所示。已知杆 BC 平行于 x 轴,杆 CD 平行于 y 轴,且 $AB = BC = l$,$CE = a$,试求力 F 对 x,y,z 轴之矩。

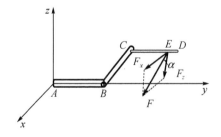

图 2-6

解 将力 F 沿直角坐标轴方向分解为 F_x 和 F_z 两个分力,且

$$F_x = F\sin\alpha,\ F_z = F\cos\alpha$$

应用合力矩定理有

$$M_x(F) = M_x(F_z) = -F_z(AB + CE) = -F(l + a)\cos\alpha$$

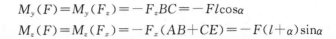
$$M_y(F) = M_y(F_z) = -F_z BC = -Fl\cos\alpha$$
$$M_z(F) = M_z(F_x) = -F_x(AB+CE) = -F(l+\alpha)\sin\alpha$$

2.2 力偶系

2.2.1 力偶及其性质

1. 力偶的概念

在日常生活和工程实践中,常见到作用在物体上的两个大小相等、方向相反、且不共线的一对平行力所组成的力系,它称为力偶,记作$(\boldsymbol{F}, \boldsymbol{F}')$,如司机对方向盘的操作,钳工对丝锥的操作等,如图2-7所示。两个力之间的垂直距离d称为力偶臂,力偶所在的平面称为力偶作用面。力偶对刚体的外效应只能使刚体产生转动。

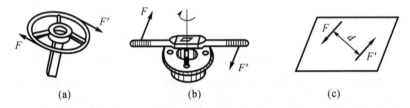

图 2-7　力偶的概念

2. 力偶矩的概念

力偶对刚体的转动效应用力偶矩表示。在同平面内,力偶矩是代数量。以符号$M(\boldsymbol{F}, \boldsymbol{F}')$表示,也可简写成$M$,即

$$M = \pm Fd \tag{2-8}$$

式(2-8)中的正负号一般以逆时针转向为正,顺时针转向为负。力偶矩的单位为$\mathrm{N \cdot m}$,由图2-8(a)可知,力偶矩的大小也可用力偶中的一个力为底边与另一个力的作用线上任一点所构成的三角形面积的两倍表示,即

$$M = \pm 2S_{\triangle OAB} \tag{2-2}$$

在空间,力偶矩也可以用一矢量表示,记作$\boldsymbol{M}$,如图2-8(b)所示,矢量$\boldsymbol{M}$的长度表示力偶矩的大小,矢量$\boldsymbol{M}$的方向垂直于力偶作用面,指向按右手法则。

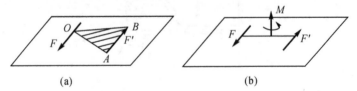

图 2-8　力偶矩

3. 力偶的性质

性质一　力偶既没有合力,也不能用一个力平衡。

力偶是由两个力组成的特殊力系,力偶不能合成为一个力,或用一个力来等效替换;力

偶也不能用一个力来平衡。所以力偶没有合力。力偶对刚体只能产生转动效应,而力能对刚体产生平移效应,或同时产生平移和转动效应。

性质二　力偶对其作用面内任意一点的矩恒等于该力偶的力偶矩,与矩心的位置无关。

证明:设有一力偶$(\boldsymbol{F}, \boldsymbol{F}')$作用在刚体上某平面内,其力偶矩$M = Fd$,如图 2-9 所示。在此平面上任取一点$O$,至力$F$的垂直距离为$x$,则

$$M_O(F, F') = F'(x + d) - Fx = Fd = M$$

可见,力偶矩与矩心无关,因而与力矩不同,计算力偶矩时不需要加下标,简记为M。

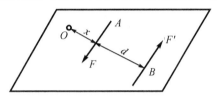

图 2-9　力偶矩与矩心无关

性质三　只要保持力偶矩的大小和转向不变,则可改变力的大小和位置,而力偶对刚体的作用效应不变。

如图 2-10(a)所示,拧紧瓶盖时,可将力偶加在A, B位置或C, D位置,其效果相同。又如图 2-10(b)所示,用丝锥攻螺纹时,若将力增加 1 倍,而力偶臂减少 1/2,其效果仍相同。说明,虽然这两个力偶的力和力偶臂的大小以及它们在平面内的位置都不同,但它们的力偶矩相等,作用效应相同。

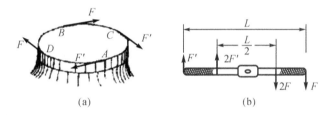

(a)　　　　　　　　(b)

图 2-10　力偶的等效性

由此得出力偶的等效条件是:作用在同一平面内的两个力偶,只要其力偶矩大小相等、转向相同,则此二力偶彼此等效。

力偶在其作用面内可用一弯曲的箭头表示,如图 2-11 所示。箭头表示力偶的转向,M表示力偶矩的大小。

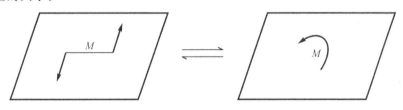

图 2-11　力偶矩的表示方法

2.2.2 平面力偶系的合成

1. 平面力偶系的简化

设在同一平面内作用有两个力偶(F_1,F_2')和(F_2,F_2'),它们的力偶臂各为d_1和d_2,如图 2-12(a)所示,其力偶矩分别为$M_1=F_1d_1$,$M_2=F_2d_2$。在保持力偶矩不变的情况下,将各力偶的臂都化为d,并将它们在平面内移转,使力的作用线重合,如图2-12(b)所示,于是得到与原力偶等效的两个新力偶(F_3,F_3')和(F_4,F_4')。它们的力偶矩为

$$M_3=F_3d, M_4=-F_4d$$

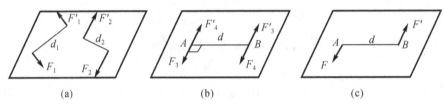

(a)　　　　　　　　(b)　　　　　　　　(c)

图 2-12　平面力偶系的简化

分别将作用在点 A 和点 B 的力合成(设 $F_3>F_4$),得 $F=F_3-F_4$,$F'=F_3'-F_4'$,显然 F 和 F' 构成一与原力偶系等效的合力偶(F,F'),如图 2-12(c)所示,其合力偶的矩为

$$M=Fd=(F_3-F_4)d=F_3d-F_4d=M_1+M_2$$

若作用在同一平面内有 n 个力偶,则它们的合力偶矩为

$$M_1+M_2+\cdots+M_n=\sum M \tag{2-10}$$

式(2-10)表明,平面力偶系简化的结果为一合力偶,合力偶的矩等于各分力偶矩的代数和。

2. 平面力偶系的平衡方程

如上所述,平面力偶系简化的结果为一合力偶,因此平面力偶系平衡的必要与充分条件是合力偶矩等于零,即

$$\sum M=0 \tag{2-11}$$

式(2-11)称为平面力偶系的平衡方程,表明力偶系中各力偶矩的代数和等于零。

3. 空间力偶系的简化与平衡

空间力偶系也可简化为一合力偶,因为在空间,力偶是矢量,合力偶矩矢等于力偶系中所有各力偶矩矢的矢量和,其表达式为

$$\boldsymbol{M}=\boldsymbol{M}_1+\boldsymbol{M}_2+\cdots+\boldsymbol{M}_n=\sum \boldsymbol{M} \tag{2-12}$$

由于力偶矩矢是自由矢量,所以总可以将各力偶矢量滑移,使其汇交于一点,然后按照类似汇交力系的投影法计算其合力偶矩的大小和方向。若空间力偶系的合力偶矩矢等于零,则该力偶系平衡。于是空间力偶系平衡的必要与充分条件是:该力偶系中所有各力偶矩的矢量和等于零,即

$$\sum \boldsymbol{M}=0 \tag{2-13}$$

若向直角坐标轴上投影,有

$$\sum M_x = 0, \sum M_y = 0, \sum M_z = 0 \tag{2-14}$$

式(2-14)称为空间力偶的平衡方程,表明力偶系中各力偶矩分别在三个坐标轴上投影的代数和等于零。三个独立的平衡方程可求解三个未知量。

例 2-3　如图 2-13(a)所示,三铰拱的 AC 部分上作用有力偶,其力偶矩为 M。已知两个半拱的直角边成正比,即 $a \colon b = c \colon a$,略去三铰拱自重,求 A, B 处的约束反力。

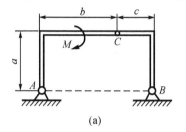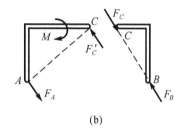

| (a) | (b) |

图 2-13

解　分别选取半拱 BC 和 AC 为研究对象,BC 为二力构件,故约束反力 $\boldsymbol{F}_B, \boldsymbol{F}_C$ 沿 BC 连线。AC 上有一矩为 M 的主动力偶,根据力偶只能与力偶平衡,故 A 处反力 $\boldsymbol{F}_A$ 必与 $\boldsymbol{F}_C{}'$ 构成一力偶,且转向与 M 相反,其受力图如图 2-13(b)所示。

由于 $a \colon b = c \colon a$,可知 $\boldsymbol{F}_A, \boldsymbol{F}_C{}'$ 垂直于 AC,所以力偶矩

$$M(F_A, F_C) = F_A \sqrt{a^2 + b^2}$$

列其平衡方程为

$$\sum M = 0, \quad -M + F_A \sqrt{a^2 + b^2} = 0$$

解得

$$F_A = \frac{M}{\sqrt{a^2 + b^2}}$$

由于 BC 为二力构件,$F_B = F_C{}' = F_C = F_A$,其方向如图 2-13(b)所示。

例 2-4　如图 2-14(a)所示的机构,套筒 A 穿过摆杆 $O_1 B$,用销子连接在曲柄 OA 上。已知 $OA = r$,其上作用一力偶,其力偶矩为 M_1。当 $\hat{\beta} = 30°$ 时,机构维持平衡,不计各杆自重,试求在摆杆 $O_1 B$ 上所加力偶的力偶矩 M_2。

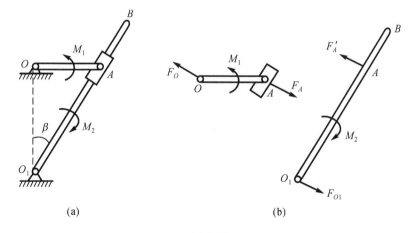

| (a) | (b) |

图 2-14

解　分别选取曲柄 OA(包括套筒)、摆杆 $O_1 B$ 为研究对象。套筒与摆杆为光滑面约束,其约束反力应垂直于摆杆 $O_1 B$。已知 OA 与 $O_1 B$ 分别作用有一矩为 M_1 和 M_2 的力偶,根

据力偶与力偶平衡,可知 O,O_1 处的约束反力必与 A 处反力组成一力偶,与 M_1,M_2 平衡,从而确定了 O,O_1 处的约束力方向,如图 2-14(b)所示。平衡方程为

曲柄 OA: $\quad \sum M = 0 \quad M_1 - F_A r \sin 30° = 0$

曲柄 OB: $\quad \sum M = 0 \quad -M_2 + \dfrac{F_A{}' r}{\sin 30°} = 0$

考虑到 $F_A = F_A{}'$,由以上两方程解得 $M_2 = 4M_1$,转向如图 2-14(b)所示。

习 题

2-1 已知梁 AB 上作用一力偶,力偶矩为 M,梁长为 L,梁重不计。求在图 2-15(a),(b)两种情况下,支座 A 和 B 的约束反力。

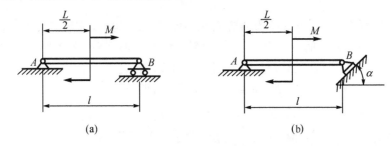

图 2-15

2-2 如图 2-16 所示,直杆 CD 和 T 形杆 AB 在 D 点用光滑圆柱铰链相连。在 A 和 C 端各用光滑圆柱铰接于墙上,$\angle CDA = 45°$。T 形杆的横木上受一力偶作用。其矩 $M = 1000\text{N} \cdot \text{m}$,设杆的重量不计。求铰链 A 和 C 的反力。

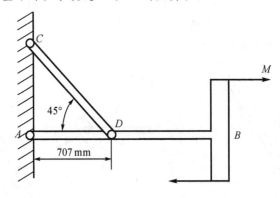

图 2-16

2-3 连杆机构 $OABD$ 在图 2-17 所示位置平衡。已知:$OA = 0.4\text{m}$,$BD = 0.6\text{m}$,作用在 OA 上的力偶的力偶矩 $M_1 = 1\text{N} \cdot \text{m}$。各杆的重量不计。试求力偶矩 M_2 的大小和杆 AB 所受的力。

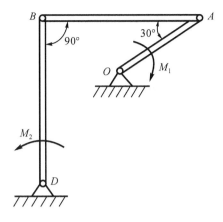

图 2-17

2-4　如图 2-18 所示的结构中,各构件的自重略去不计,在构件 AC 上作用一力偶矩为 M 的力偶,各尺寸如图 2-18 所示。求支座 B 的约束反力。

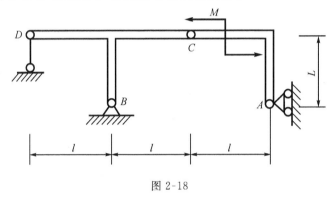

图 2-18

第3章 力系的合成和平衡

3.1 平面一般力系的简化

3.1.1 平面一般力系向一点简化

各力的作用线在同一平面内,且呈任意分布的力系称为平面一般力系。设同一平面内力系 $F_1, F_2, \cdots, F_n$ 分别作用于刚体的 $A_1, A_2, \cdots, A_n$ 各点,如图 3-1(a)所示。在力系所在的平面内任取一点 O,称为简化中心。若在 O 点作用一个力及一个力偶,且令这个力的大小和方向与力系的主矢 $F_R{}'$ 相同,这个力偶的力偶矩 M 与力系对 O 点的主矩 M_O 相同(如图 3-1(b)所示)。由力系等效定理可知,这个作用于 O 点的力和力偶与该平面一般力系等效。因此,平面一般力系可与一个力及一个力偶等效。这个力作用于简化中心 O,其力矢等于原力系的主矢 $F_R{}'$;这个力偶的力偶矩 M 等于原力系对简化中心 O 的主矩 M_O(如图 3-1(b)所示),即

$$F_R{}' = \sum F_i \tag{3-1}$$

$$M = M_O = \sum M_O(F_i) \tag{3-2}$$

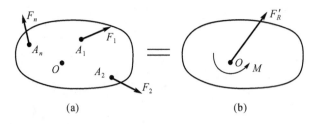

图 3-1

上述以作用于简化中心的一个力及一个力偶等效于平面一般力系的过程,称为平面一般力系向一点(简化中心)的简化。

3.1.2 力系的主矢

设 $F_1, F_2, \cdots, F_n$ 为作用于刚体的某力系(如图 3-2 所示)。力系中各力矢的矢量和称

为力系的主矢,记以 $\boldsymbol{F_R}'$,即

$$\boldsymbol{F_R}' = \boldsymbol{F}_1 + \boldsymbol{F}_2 + \cdots + \boldsymbol{F}_n \tag{3-3}$$

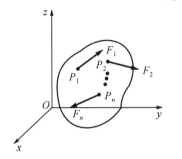

图 3-2

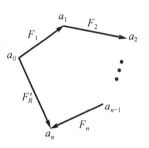

图 3-3

若采用几何法,则可按力多边形法则得到力系的主矢:在空间任选一点 a_0 为起点,首尾相接地作矢量 $a_0, a_1, a_1\ a_2, \cdots, a_{n-1}, a_n$ 使这些矢量的模及方向分别和力系中各力 $\boldsymbol{F}_1, \boldsymbol{F}_2, \cdots, \boldsymbol{F}_n$ 的模及方向相同。一般地可得一"开口"的空间力多边形,则自起点 a_0 至终点 a_n 连接所得的矢量 $\overrightarrow{a_0 a_n}$,即力多边形的封闭边便是该力系的主矢 $\boldsymbol{F_R}'$(如图 3-3所示)。

若采用解析法,则将式(3-3)两边同时向直角坐标轴投影,便得

$$\begin{cases} F_{Rx}' = F_{1x} + F_{2x} + \cdots + F_{nx} = \sum F_x \\ F_{Ry}' = F_{1y} + F_{2y} + \cdots + F_{ny} = \sum F_y \\ F_{Rz}' = F_{1z} + F_{2z} + \cdots + F_{nz} = \sum F_z \end{cases} \tag{3-4}$$

式中:$F_{Rx}', F_{Ry}', F_{Rz}'$ 及 $F_{ix}, F_{iy}, F_{iz}(i=1,2,\cdots,n)$ 分别为主矢 $\boldsymbol{F_R}'$ 及各力 $\boldsymbol{F}_i$ 在坐标轴上的投影,于是主矢的模及方向余弦分别为

$$F_R' = \sqrt{F_{Rx}'^2 + F_{Ry}'^2 + F_{Rz}'^2} = \sqrt{(\sum F_x)^2 + (\sum F_y)^2 + (\sum F_z)^2} \tag{3-5}$$

及

$$\cos(F_R', i) = \frac{\sum F_x}{F_R'}, \cos(F_R', j) = \frac{\sum F_y}{F_R'}, \cos(F_R', k) = \frac{\sum F_z}{F_R'} \tag{3-6}$$

必须指出,力系的主矢和力系的合力是两个不同的概念。力系的主矢是力系经矢量运算后所得的一个几何量,主矢有相应的模及方向,但并不涉及作用点的问题,即主矢为自由矢量,因而并无力的确切含义。而力系的合力则是一物理量,它具有与原力系等效的意义,除了相应的模及方向以外,还需指明其作用点(或线)。

平面一般力系的主矢:

$$F_{Rx}' = \sum F_x, F_{Ry}' = \sum F_y \tag{3-7}$$

$$F_R' = \sqrt{(\sum F_x)^2 + (\sum F_y)^2} \tag{3-8}$$

$$\cos(F_R', i) = \frac{\sum F_x}{F_R'}, \quad \cos(F_R', j) = \frac{\sum F_y}{F_R'} \tag{3-9}$$

主矩:

$$M_O = \sum M_O(F_i) \tag{3-10}$$

不难发现,主矢与简化中心的位置无关,而主矩却与简化中心的位置有关。因为选取不同的简化中心,将改变各力对简化中心之力矩的力臂和转向。因此,凡提到主矩必须指明其相应的简化中心。

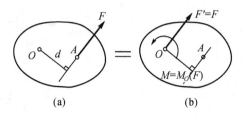

图 3-4

3.1.3 力的平移定理

下面讨论平面一般力系向一点简化的特殊情形——单个力向一点的简化。

设力 F 作用于刚体的 A 点,如图 3-4(a)所示。现将此力向刚体内任一点 O 简化,得到作用于 O 点的力 F' 和矩为 M 的力偶,且 $F' = F$,$M = M_O(F) = F \cdot d$ 如图 3-4(b)所示。上述简化过程可看做是作用于刚体 A 点的力 F 可以移到刚体内任一点 O,但必须附加力偶,此附加力偶的力偶矩等于原力 F 对 O 点之矩。这就是力的平移定理。

一个力可与同一平面内的一个力和一个力偶等效。反之,作用于刚体的一个力和一个力偶也可以合成为同一平面内的一个合力,其合力矢与原力矢相等,但力的作用线应平移一定的距离 $d = M/F$,至于合力作用线在 O 点的哪一侧,应根据原力偶的转向决定,这就是力的平移定理的逆过程。

例 3-1 一力系作用在边长为 a 的正方形板上,如图 3-5(a)所示。且 $F_1 = F_2 = F_3 = F_4 = F_0$,试将该力系分别向 A 点和 B 点简化,并分析两者的简化结果是否等效。

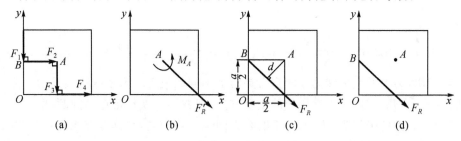

图 3-5

解 (1)将力系向 A 点简化,得到作用于 A 点的一个力和一个力偶。此力矢等于力系的主矢 F_R',此力偶之矩等于力系对 A 点的主矩 M_A。

建立直角坐标系 Oxy 如图示,求出力系主矢

$$F_{Rx}' = \sum F_x = F_2 + F_4 = 2F$$

$$F_{Ry}' = \sum F_y = -F_1 - F_3 = -2F$$

$$F_R' = \sqrt{F_{Rx}'^2 + F_{Ry}'^2} = 2\sqrt{2} F$$

主矢的方向余弦

$$\cos(F_R{}',i) = \frac{F_{Rx}{}'}{F_R{}'} = \frac{\sqrt{2}}{2},\cos(F_R{}',j) = \frac{F_{Ry}{}'}{F_R{}'} = -\frac{\sqrt{2}}{2}$$

力系对 A 点的主矩

$$M_A = \sum M_A(F) = F_1 a \frac{1}{2} + F_4 a \frac{1}{2} = Fa$$

主矢和主矩都不等于零(如图 3-5(b)所示),故力系合成的最终结果为一合力 F_R,A 点到合力作用线的垂直距离

$$d = \frac{M}{F_R{}'} = \frac{Fa}{2\sqrt{2}\,F} = \frac{a}{2\sqrt{2}}$$

根据 $\boldsymbol{F}_R{}'$ 的方向和 M_A 的转向,判断出合力 $\boldsymbol{F}_R$ 位于 A 点左下侧,如图 3-5(c)所示。合力作用线通过 B 点,合力 $\boldsymbol{F}_R$ 的大小、方向与主矢 $\boldsymbol{F}_R{}'$ 相同。

(2)将力系向 B 点简化,其主矢已由(1)给出。力系对 B 点的主矩

$$M_B = \sum M_B(F) = -F_3 \cdot a \frac{1}{2} + F_4 \cdot a \frac{1}{2} = 0$$

主矢不为零,主矩为零,合成结果为一作用于 B 点的合力 $\boldsymbol{F}_R$,合力矢等于力系主矢,如图 3-5(d)所示。可见两种简化结果等效。因此对某个力系而言,若选取不同的简化中心,主矩的值将不同,但最终的简化结果却是惟一的。

3.2　平面力系的平衡问题

3.2.1　平面一般力系的平衡条件和平衡方程

根据力系平衡定理,平面一般力系平衡的充分与必要条件是:该力系的主矢和对任一点的主矩都等于零。即

$$\begin{cases} \boldsymbol{F}_R{}' = 0 \\ M_O = 0 \end{cases}$$

又由式(3-8)和式(3-10),可得

$$\begin{cases} \sum F_x = 0 \\ \sum F_y = 0 \\ \sum M_O(\boldsymbol{F}) = 0 \end{cases} \tag{3-11}$$

即平面一般力系平衡的充分与必要的解析条件是:力系中各力在任选的直角坐标系每一轴上投影的代数和分别等于零,且各力对平面内任一点的矩的代数和也等于零。式(3-11)称为平面一般力系的平衡方程。它包括两个投影方程和一个力矩方程,可求解三个未知量。在求解具体问题时,为了使每个方程中尽可能出现较少的未知量,从而简化计算,通常矩心选取在未知力的交点,投影轴则尽可能与该力系中多个力的作用线垂直或平行。

例 3-2　绞车通过钢丝牵引小车沿斜面轨道匀速上升,如图 3-6(a)所示。已知小车重

$P=10$kN,绳与斜面平行,$a=30°$,$a=0.75$m,$b=0.3$m,不计摩擦。求钢丝绳的拉力及轨道对车轮的约束反力。

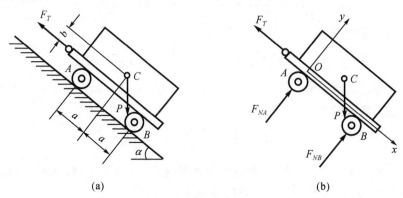

(a)　　　　　　　　　(b)

图 3-6

解　(1)取小车为研靠对象。画出小车的受力图(如图 3-6(b)所示)。小车上作用有重力 P,钢丝绳的拉力 F_T,轨道在 A,B 处的约束反力 F_{NA} 和 F_{NB}。因小车作匀速直线运动,故小车处于平衡状态,作用于小车上的力系满足平面一般力系的平衡条件。

(2)选取如图 3-6(b)所示的坐标系,列出平衡方程:

$$\sum F_x = 0, \quad -F_T + P\sin\alpha = 0$$

$$\sum F_y = 0, \quad F_{NA} + F_{NB} - P\cos\alpha = 0$$

$$\sum M_O(F) = 0, \quad 2F_{NB}a - Pb\sin\alpha - Pa\cos\alpha = 0$$

(3)求解平衡方程,得

$$F_T = 5\text{kN}, F_{NB} = 5.33\text{kN}, F_{NA} = 3.33\text{kN}$$

例 3-3　一端固定的悬臂梁 AB 如图 3-7(a)所示。梁上作用有力偶 M 和载荷集度为 q 的均布载荷,在梁的自由端还受一集中力 F 的作用,梁的长度为 L。试求固定端 A 处的约束反力。

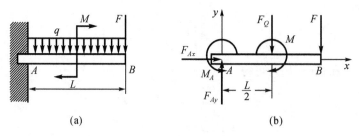

(a)　　　　　　　　　(b)

图 3-7

解　(1)取悬臂梁 AB 为研究对象。分析梁的受力,并作受力图如徒 3-7(b)所示。梁受主动力 $F,F_Q(F_Q=q \cdot L),M$ 和固定端约束反力 F_{Ax},F_{Ay} 和 M_A 作用,这些力构成平面一般力系。

(2)取坐标系 Axy,建立平衡方程:

$$\sum F_x = 0 \qquad F_{Ax} = 0$$

$$\sum F_y = 0 \qquad F_{Ay} - qL - F = 0$$

$$\sum M_A(F) = 0 \qquad M_A - qL \cdot L/2 - FL - M = 0$$

（3）解平衡方程，得

$$F_{Ax} = 0,\ F_{Ay} = ql + F,\ M_A = qL^2/2 + FL + M$$

式（3-11）是平面一般力系平衡方程的基本形式。此外，还有其他两种形式。

（1）二力矩式（由一个投影方程和两个力矩方程组成）

$$\begin{cases} \sum F_x = 0 \\ \sum M_A(\boldsymbol{F}) = 0 \\ \sum M_B(\boldsymbol{F}) = 0 \end{cases} \tag{3-12}$$

其中 A, B 为平面内任意两点，但其连线不能垂直于 x 轴。

（2）三力矩式（由三个力矩方程组成）

$$\begin{cases} \sum M_A(\boldsymbol{F}) = 0 \\ \sum M_B(\boldsymbol{F}) = 0 \\ \sum M_C(\boldsymbol{F}) = 0 \end{cases} \tag{3-13}$$

其中 A, B, C 三点不能共线。

式（3-11），（3-12）和（3,13）都可用来求解平面一般力系的平衡问题，究竟选用哪一组方程，需根据具体情况确定。但每一种形式都只有三个独立的方程，即对于一个受平面一般力系作用而平衡的刚体，只能列出三个独立平衡方程，求解三个未知量。任何第四个方程只能是三个独立方程的线性组合，无法用它来求解第四个未知量，但可用来校核计算的结果。

例 3-4　一重物 W 悬挂如图 3-8(a) 所示。已知 $W = 1.8\text{kN}$，其他重量不计。试求 A, C 两处铰链的约束反力。

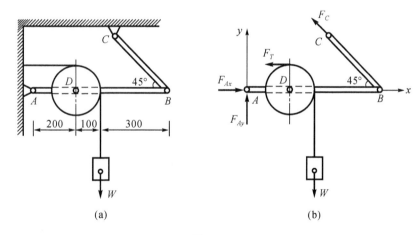

图 3-8

解　（1）取整体为研究对象。画出整体受力图（如图 3-8(b) 所示）。作用在整体上的力有重力 W、绳索拉力 $\boldsymbol{F}_T$（$F_T = W$）、铰链 C 的反力 $\boldsymbol{F}_C$（BC 为二力杆，故反力 F_c 作用线沿 BC 方向）和铰链 A 的反力 $\boldsymbol{F}_{Ax}, \boldsymbol{F}_{Ay}$，它们构成平面一般力系。

（2）取坐标系 Axy，分别以 A,B 为矩心，列平衡方程：

$$\sum F_x = 0 \qquad F_{Ax} - F_T - F_C \cos 45° = 0$$

$$\sum M_A(F) = 0 \qquad F_C \sin 45° \times 0.6 - W \times 0.3 + F_T \times 0.1 = 0$$

$$\sum M_B(F) = 0 \qquad -F_{Ay} \times 0.6 + W \times 0.3 + F_T \times 0.1 = 0$$

（3）求解平衡方程，得

$$F_{Ax} = 2.4\text{kN}, F_{Ay} = 1.2\text{kN}, F_C = 0.85\text{kN}$$

由于矩心往往取在未知力的交点，所以在计算某些问题时，采用力矩投影式更简便。但必须注意，无论是二力矩式还是三力矩式的平衡方程，选择正确的投影轴，都是其成立的条件。如在此例中，若选取与 AB 连线垂直的 y 轴作为投影，得到的投影方程实际上是两个力矩方程的线性组合，并不是所需要的独立方程。

3.2.2 平面平行力系的平衡方程

力系中各力的作用线在同一平面内且相互平行，则称平面平行力系（如图 3-9 所示）。平面平行力系是平面一般力系的特殊情形，其平衡方程可由平面一般力系的平衡方程导出。若取 x 轴与力系中各力的作用线垂直，则无论该平行力系是否平衡，这些力在 x 轴上的投影之和恒等于零也即式（3-11）中 $\sum F_x = 0$ 自然满足。这样，平面平行力系的独立平衡方程只有两个，即

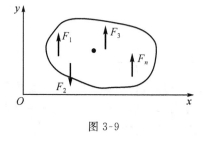

图 3-9

$$\begin{cases} \sum F_y = 0 \\ \sum M_O(F) = 0 \end{cases} \tag{3-14}$$

平面平行力系的平衡方程也有二力矩式

$$\begin{cases} \sum M_A(F) = 0 \\ \sum M_B(F) = 0 \end{cases} \tag{3-15}$$

其中 A,B 两点的连线与各力的作用线不平行。

例 3-5 塔式起重机如图 3-10 所示，已知轨距 b $=3$m，机身重 $G=500$kN，其作用线至右轨的距离 $e=$ 1.5m，起重机的最大载荷 $P=250$kN，其作用线至右轨的距离 $l=10$m。欲使起重机满载荷时不向右倾倒，空载时不向左倾倒，试确定平衡重 W 之值，设其作用线至左轨的距离 $a=6$m。

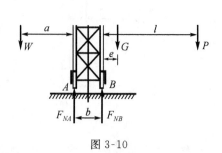

图 3-10

解 （1）先考虑满载时的情况。

取起重机为研究对象。作用于起重机上的力有主动力 G,W,P 和约束力 F_{NA},F_{NB}，这些力组成平面平行力系。满载时，在绕 B 点不向右翻倒的临界情况下，应有 $F_{NA}=0$，此时平

衡重 W 为取值范围的下限 W_{min}，可由平衡重条件求出 W_{min}。列平衡方程

$$\sum M_B(F) = 0 \quad W_{min}(a+b) - Ge - Pl = 0$$

得

$$W_{min} = 361\text{kN}$$

（2）考虑空载时的情况。

空载时（$P=0$）在绕 A 点不向左翻倒的临界情况下应有 $F_{NB}=0$，此时平衡重 W 为取值范围的上限 W_{max}。列平衡方程

$$\sum M_A(F) = 0 \quad W_{max} a - G(b+e) = 0$$

得

$$W_{max} = 375\text{kN}$$

可见，平衡重 W 取在 $361\text{kN} \leqslant W \leqslant 375\text{kN}$ 范围内时，起重机是平衡的。

3.3 静定与静不定问题及物体系统的平衡

3.3.1 静定和超静定的概念

当研究单个物体或物体系统的平衡问题时，由于对于每一种力系的独立平衡方程的数目是一定的，如 n 个物体组成的系统，在平面一般系作用下，只能有 $3n$ 个独立平衡方程。当所研究问题的数目（包括内力和外力）等于或小于独立平衡方程的数目时，则所有未知量都能由平衡方程求出，这样的问题就称为静定问题。如果未知量的数目大于独立平衡方程的数目，则未知量不能全部由平衡方程求出，这样的问题就称为超静定问题，或称静不定问题。而把总未知量数目减去总独立平衡方程数目之差称为超静定次数。如图 3-11(a)，(b)所示的简支梁和三铰拱都是静定问题，而图 3-11(c)，(d)所示的三支梁和两拱都是一次超静定问题。

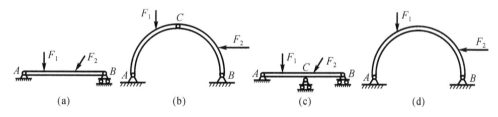

图 3-11

3.3.2 物体系统的平衡

1. 物体系统的内力和外力

前面我们研究的主要是单个物体的平衡问题，但在工程中常常还会遇到许多结构物是由几个物体通过一定的约束组成的系统的平衡问题。对于这类问题，在受力分析时应注意内力和外力。所谓内力就是系统内物体与物体之间相互作用的力；而外力是系统以外的其他物体对此系统作用的力。显然，对于同一物体系统，选不同物体为研究对象时，内力和外力是相对的，是随所选研究对象的不同而改变的。当选整个物体系统为研究对象时，系统内

物体与物体间相互作用的力是内力,而当选其中一物体为研究对象时,内力则变成了外力。根据作用与反作用定律,内力总是成对出现的,因此对分离体进行受力分析时,只画外力而不画内力。

2.物体系统的平衡

当物体系统平衡时,组成该系统的每一个物体都处于平衡,因此在研究这类平衡问题时,可以取整个系统为研究对象,也可以取其中某个物体或某几个物体为研究对象,这就要根据问题的具体情况以便于求解为原则来适当地选取。因此,如何根据解题的需要正确选取研究对象,就成为求解物体系统平衡问题时一个十分重要的问题。但无论怎样选取研究对象,对 n 个物体组成的系统,在平面任意力系作用下,也只能列出 $3n$ 个独立平衡方程。若其中有受平面汇交力系或平面平行力系的作用时,则独立平衡方程数目相应减少。因此,在选择平衡方程时,应注意尽可能避免解联立方程,更不能列出不独立的平衡方程。

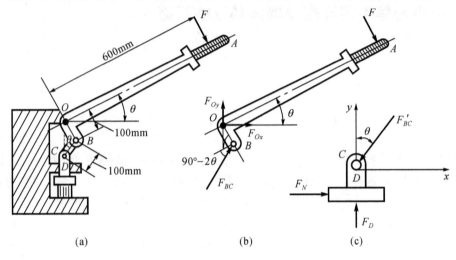

(a)　　　　　　　　(b)　　　　　　　　(c)

图 3-12

例 3-6 肘杆式压力机及其几何尺寸如图 3-12(a)所示。已知力 $F=125\text{N}$,垂直作用在手柄上,O,B,C 均为铰接。求图 3-12 所示位置 $\theta=30°$ 时,工件对压块 CD 的约束反力。

解 (1)选肘杆 AOB 为研究对象。受力图如图 3-15(b)所示,为平面一般力系。由于不需要 O 处反力,故只列对点 O 的力矩方程

$$\sum M_O(F) = 0 \qquad 100F_{BC}\cos(90° - 2\theta) - 600F = 0$$

解得

$$F_{BC} = 6F/\cos\theta$$

(2)再取压块 CD 为研究对象。其受力如图 3-15(c)所示,不计压块 CD 的尺寸大小,该力系为平面汇交力系。由于只求工件对压块 CD 的反力,故只列 y 轴方向的投影方程

$$\sum F_y = 0 \qquad F_D - F_{BC}'\cos\theta = 0$$

注意到

$$F_{BC}' = F_{BC}$$

解得

$$F_D = 6F = 750\text{N}$$

例 3-7 由不计自重的三根直杆组成的 A 字形支架置于光滑地面上,如图 3-13(a)所示,杆长 $AC=BC=L=3\text{m}$,$AD=BE=L/5$,支架上有作用力 $F_1=0.8\text{kN}$,$F_2=0.4\text{kN}$,求横杆 DE 的拉力及铰 C 和 A,B 处的反力。

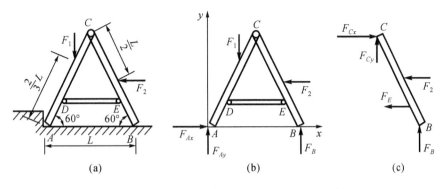

图 3-13

解 A 字形支架由三根直杆组成,要求解横杆 DE 的拉力和铰 C 有反力,必须分开研究。又 DE 为二力杆,所以可分别研究 AC 和 BC 两部分,但这两部分上 A、B、C、D、E 处都有约束反力,且未知量的数目都多于 3 个。用各自的平衡方程都不能直接求得未知量。如果选整个系统为研究对象,则可一次求出系统的外约束反力。

(1)先取整体为研究对象。在其上作用有主动力 F_1 和 F_2,A、B 处均为光滑面约束,而 A 处是两个方向上受到约束,因而约束反力有 F_{AX},F_{AY},F_B,并选取坐标轴如图 3-17(b)所示,列出平衡方程

$$\sum M_A(F) = 0 \quad F_B L + F_2 \frac{L}{2} \sin 60° - F_1 \frac{2L}{3} \cos 60° = 0$$

得
$$F_B = 0.093 \text{kN}$$

$$\sum F_y = 0 \quad F_{Ay} + F_B - F_1 = 0$$

得
$$F_{Ay} = 0.707 \text{kN}$$

$$\sum F_x = 0 \quad F_{Ax} - F_2 = 0$$

得
$$F_{Ax} = 0.4 \text{kN}$$

(2)再取较简易部分 BC 为研究对象,其受力图如图 3-17(c)所示。这里需要注意的是 C 处反力,在整体研究时为内力,在分开研究 BC 时,则变成了外力。列出平衡方程

$$\sum M_C(F) = 0 \quad F_B L/2 - F_E 4/5 L \sin 60° - F_2 L/2 \sin 60° = 0$$

得
$$F_E = -0.182 \text{kN}$$

$$\sum F_y = 0 \quad F_B + F_{Cy} = 0$$

得
$$F_{Cy} = -0.093 \text{kN}$$

$$\sum F_x = 0 \quad F_{Cx} - F_2 - F_E = 0$$

得
$$F_{Cx} = 0.218 \text{kN}$$

F_E,F_{Cy} 均为负值,说明两个力的假设方向与实际方向相反。

本题还可分别取 BC 和 AC 部分为研究对象求解,请读者试与上述方法比较繁简。

3. 解决物体系统平衡问题的方法及注意问题

通过以上例题的分析,总结出解决物体系统平衡问题的方法和需要注意的问题如下:

(1)灵活选取研究对象。

由于物体系是由多个物体组成的系统,所以选择哪个物体作为研究对象是解决物系平

衡问题的关键。

1)如果整个系统外约束力的全部或部分能够不拆开系统而求出,可先取整个系统为研究对象。

2)然后选择受力情形最简单,有已知力和未知力同时作用的某一部分或某几部分为研究对象。

3)研究对象的选择应尽可能满足一个平衡方程解一个未知量的要求。

(2)正确进行受力分析

求解物体系平衡问题时,一般总要选择部分或单个物体为研究对象,由于物体间约束形式的复杂多样,必然对内约束反力的分析带来困难。因此,选择不同研究对象时,特别要分清施力体与受力体、内力和外力、作用力与反作用力关系等等。在整体、部分和单个物体的受力图中,同一处的约束反力前后所画要一致。

3.4 空间力系的平衡问题

3.4.1 力在直角坐标轴上的投影

1. 一次投影法

若已知力 $\boldsymbol{F}$ 与直角坐标系 $Oxyz$ 三轴间的正向夹角分别为 α,β,γ,如图 3-14(a)所示,则力 $\boldsymbol{F}$ 在这三个轴上的投影可表示为

$$F_x = F\cos\alpha, F_y = F\cos\beta, F_z = F\cos\gamma$$

若令 $\boldsymbol{i},\boldsymbol{j},\boldsymbol{k}$ 分别为沿 x,y,z 轴的单位矢量,则力 F 沿三轴的分力就是 $\boldsymbol{F}_x,\boldsymbol{F}_y,\boldsymbol{F}_z$。于是力 $\boldsymbol{F}$ 可表示为

$$\boldsymbol{F} = \boldsymbol{F}_x + \boldsymbol{F}_y + \boldsymbol{F}_z = F_x\boldsymbol{i} + F_y\boldsymbol{j} + F_z\boldsymbol{k}$$

显然,在直角坐标系中,分力的大小和投影的绝对值相等,但投影是代数量,分力是矢量。

2. 二次投影法

当力 $\boldsymbol{F}$ 与坐标轴 Ox,Oy 之间的夹角 α,β 不易确定时,可先把力投影到坐标平面 Oxy 上,得到 $\boldsymbol{F}_{xy}$(力在平面上的投影是矢量),然后再投影到坐标轴 x,y 上。这种方法称为二次投影法。在图 3-14(b)中,若已知角 γ 和力 F 在 xy 平面上的投影 $\boldsymbol{F}_{xy}$ 与 x 轴间的夹角 φ,则力 $\boldsymbol{F}$ 在三个坐标轴上的投影为

$$F_x = F\sin\gamma\cos\varphi, \quad F_y = F\sin\gamma\sin\varphi, \quad F_x = F\cos\gamma$$

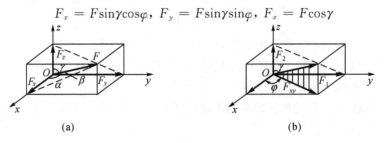

(a)   (b)

图 3-14

3.4.2 空间汇交力系的合成与平衡

1.合力投影定理

将空间力 F 分别向三个坐标轴上投影,有

$$\begin{cases} F_{Rx} = F_{1x} + F_{2x} + \cdots + F_{nx} = \sum F_x \\ F_{Ry} = F_{1y} + F_{2y} + \cdots + F_{ny} = \sum F_y \\ F_{Rz} = F_{1z} + F_{2z} + \cdots + F_{nz} = \sum F_z \end{cases} \qquad (3\text{-}16)$$

式(3-16)称为合力投影定理,它表明力系的合力在某一轴上的投影等于力系在同一轴上投影的代数和。

(1)汇交力系合成的解析法

设在刚体上作用有汇交力系 $F_1, F_2, \cdots, F_n$,由合力投影定理可求得合力 F_R 在三个坐标轴上的投影 F_{Rx}, F_{Ry}, F_{Rz},于是合力的大小和方向可由下式确定:

$$F_R = \sqrt{F_{Rx}^2 + F_{Ry}^2 + F_{Rz}^2} = \sqrt{(\sum F_x)^2 + (\sum F_y)^2 + (\sum F_z)^2} \qquad (3\text{-}17)$$

$$\cos\alpha = \frac{F_{Rx}}{F_R} = \frac{\sum F_x}{F_R}, \cos\beta = \frac{F_{Ry}}{F_R} = \frac{\sum F_y}{F_R}, \cos\gamma = \frac{F_{Rz}}{F_R} = \frac{\sum F_z}{F_R} \qquad (3\text{-}18)$$

式中 α, β, γ 分别表示合力 F_R 与轴 x, y 和 z 之间的夹角。

(2)汇交力系平衡的解析条件和平衡方程

由前所述,空间汇交力系平衡的必要与充分条件是 $F_R = 0$,将此条件代入式(3-17)可得解析表达式为

$$F_R = \sqrt{(\sum F_x)^2 + \sum F_y)^2 + \sum F_z)^2} = 0$$

由此得出
$$\sum F_x = 0, \sum F_y = 0, \sum F_z = 0 \qquad (3\text{-}19)$$

式(3-19)称为空间汇交力系的平衡方程,它表明汇交力系平衡的解析条件是力系中各力在三个直角坐标轴上的投影的代数和分别等于零。这三个平衡方程是互为独立的,因此可解三个未知量。

例 3-8 直杆 AB, AC 交接于 A 点,自重不计,其下悬挂一物体重 $W = 1000\text{N}$,并用绳子 AD 吊住,如图 3-15(a)所示。已知 AB 与 AC 等长且互相垂直,$\angle OAD = 30°$。图中 O, B, A, C 都在同一水平面上,B, C 处均为球铰链,求杆 AB 和 AC 及绳子 AD 所受的力。

解 取销钉 A 为研究对象,其受力图如图 3-15(b)所示,选取坐标系 $Oxyz$,列出平衡方程为

$$\sum F_x = 0, \quad -F_{AC} - F_T\cos30°\sin45° = 0 \qquad (\text{a})$$

$$\sum F_y = 0, \quad -F_{AB} - F_T\cos30°\cos45° = 0 \qquad (\text{b})$$

$$\sum F_z = 0, \quad F_T\sin30° - W = 0 \qquad (\text{c})$$

由式(a),(b),(c)解得
$$F_T = 2000\text{N}, F_{AB} = F_{AC} = -1225\text{N}$$

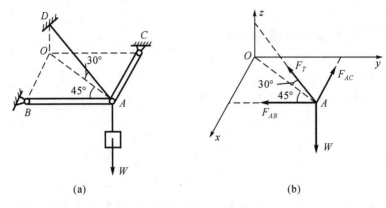

图 3-15

F_{AB}，F_{AC} 均为负值，说明两个力的假设方向与实际方向相反，即两杆均受压力。

3.5 平面力系的重心和形心

3.5.1 重心的概念及其坐标公式

地球附近的物体都受到地球对它的吸引力，即重力的作用。假设物体由无数个微小部分组成，则作用于每个微小部分的力构成一分布的重力系，其合力的大小称为物体的重量，合力作用点称为物体的重心。

重心在工程实际中具有重要意义。重心的位置会影响物体的平衡和稳定。如为了使塔式起重机在不同情况下都不致倾覆（见例 3-5），必须加上配重以使起重机的重心处在恰当的位置。重心位置对于飞机和船舶尤为重要。高速转动的部件，如果转动轴线不通过重心，将会引起强烈的振动，甚至引起破坏等。

分布于物体的重力系可足够精确地认为是一空间平行力系。现在讨论物体重心位置的确定。设物体微小部分所受的重力为 ΔW_i，则整个物体的重量 W 为

$$W = \sum \Delta W_i \tag{3-20}$$

取直角坐标系 $Oxyz$，如图 3-16 所示。

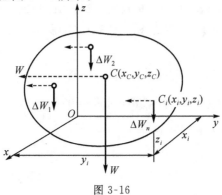

图 3-16

设任一微小部分的坐标为 x_i, y_i, z_i 重心 C 的坐标为 x_C, y_C, z_C。根据合力矩定理,对 x 轴取矩,有

$$W \cdot y_C = \Delta W_1 y_1 + \Delta W_2 y_2 + \cdots + \Delta W_n y_n = \sum \Delta W_i y_i$$

再对 y 轴取矩,有

$$W \cdot x_C = \Delta W_1 x_1 + \Delta W_2 x_2 + \cdots + \Delta W_n x_n = \sum \Delta W_i x_i$$

如果将物体连同坐标系一起绕 x 轴旋转 $90°$,使 y 轴向上,则重心位置应保持不变。此时,重力系及其合力 W 都与 y 轴平行,如图中虚线箭头所示。由合力矩定理,有

$$W \cdot z_C = \Delta W_1 z_1 + \Delta W_2 z_2 + \cdots + \Delta W_n z_n = \sum \Delta W_i z_i$$

由以上三式可得计算重心坐标的公式,即

$$x_C = \frac{\sum \Delta W_i x_i}{W}, \quad y_C = \frac{\sum \Delta W_i y_i}{W}, \quad z_C = \frac{\sum \Delta W_i z_i}{W} \tag{3-21}$$

若物体是均质的,则各微小部分的重力 ΔW_i 与其体积 ΔV_i 成正比,物体的重量 W 也必按相同的比例与物体总体积 $V = \Delta V_i$ 成正比。于是(3-21)式化为

$$x_C = \frac{\sum \Delta V_i x_i}{V}, \quad y_C = \frac{\sum \Delta V_i y_i}{V}, \quad z_C = \frac{\sum \Delta V_i z_i}{V} \tag{3-22}$$

物体分割得越细,即每一小块体积越小,则按上式计算的重心位置越准确。在极限情况下可用积分计算,即

$$x_C = \frac{\int_V x \, dV}{V}, \quad y_C = \frac{\int_V y \, dV}{V}, \quad z_C = \frac{\int_V z \, dV}{V} \tag{3-23}$$

可见,均质物体的重心与物体的重量无关,重心的位置仅决定于物体的几何形状。由式(3-22)、式(3-23)确定的几何点,称为物体的形心。

如果物体是均质薄板,以 A 表示其面积,$\triangle A_i$ 表示各微小部分的面积,则其重心(形心)的坐标公式为

$$x_C = \frac{\sum \Delta A_i x_i}{A}, \quad y_C = \frac{\sum \Delta A_i y_i}{A} \tag{3-24}$$

上式的极限为

$$x_C = \frac{\int_A x \, dA}{A}, \quad y_C = \frac{\int_A y \, dA}{A} \tag{3-25}$$

其中 $\int_A x \, dA, \int_A y \, dA$ 分别定义为平面图形对 y 轴和 x 轴的静矩。

如果物体是均质(空间)线段,以 l 表示其长度,$\triangle l_i$ 表示各微段的长度,则其重心(形心)的坐标公式为

$$x_C = \frac{\sum x_i \Delta l_i}{l}, \quad y_C = \frac{\sum y_i \Delta l_i}{l}, \quad z_C = \frac{\sum z_i \Delta l_i}{l} \tag{3-26}$$

及

$$x_C = \frac{\int_l x \, dl}{l}, \quad y_C = \frac{\int_l y \, dl}{l}, \quad z_C = \frac{\int_l z \, dl}{l} \tag{3-27}$$

3.5.2 确定物体重心的方法

1.利用对称性及积分法

如果均质物体具有对称面、对称轴或对称中心,则物体的重心(形心)一定在对称面、对称轴或对称中心上。例如圆球的球心是对称中心,则它也是圆球的重心。

简单形状物体的重心,可用积分计算。现把常用的简单形状均质物体的重心列于表3-1中。工程中常用的型钢(如工字钢、角钢、槽钢等)的截面的形心可从型钢表中查到,见附录。

表 3-1 简单形状均质物体的重心表

图 形	形心位置	图 形	形心位置
三角形	$y_C=\dfrac{h}{3}$ $A=\dfrac{1}{2}bh$	抛物线	$x_C=\dfrac{1}{4}l$ $y_C=\dfrac{3}{10}b$ $A=\dfrac{1}{3}hl$
梯形	$y_C=\dfrac{h}{3}\dfrac{(a+2b)}{(a+b)}$ $A=\dfrac{h}{2}(a+b)$	扇形	$x_C=\dfrac{2r\sin\alpha}{3\alpha}$ $A=\alpha r^2$ 半圆的 $\alpha=\dfrac{\pi}{2}$ $x_C=\dfrac{4r}{3\pi}$

2.组合法

若物体由若干个较简单的形体组成,其中每一形体的重心又易于确定,则此均质物体的重心(形心)位置分别由式(3-22)、式(3-24)和式(3-26)得到。

(1)分割法

将物体分割成几个简单形状的形体,则整个物体的重心可应用重心坐标公式(3-22),(3-24),(3-26)求出。

例 3-9 试求 Z 形截面重心的位置,其尺寸如图 3-17 所示。

解 将 Z 形截面看作由 Ⅰ,Ⅱ,Ⅲ 三个矩形面积组合而成,每个矩形的面积和重心位置可方便求出。取坐标轴如图 3-17 所示。

Ⅰ: $A_1=300\text{mm}^2$ $x_1=15\text{mm}$ $y_1=45\text{mm}$

Ⅱ: $A_1=400\text{mm}^2$ $x_1=35\text{mm}$ $y_1=30\text{mm}$

Ⅲ: $A_3=300\text{mm}^2$ $x_3=45\text{mm}$ $y_3=5\text{mm}$

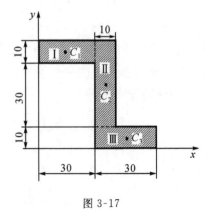

图 3-17

按式(3-24)求得该截面重心的坐标 x_C,y_C 为

$$x_C = \frac{\sum A_i x_i}{A} = (300 \times 15 + 400 \times 35 + 300 \times 45)/(300 + 400 + 300) = 32 \text{(mm)}$$

$$y_C = \frac{\sum A_i y_i}{A} = (300 \times 45 + 400 \times 30 + 300 \times 5)/(300 + 400 + 300) = 27 \text{(mm)}$$

(2)负面积法

若物体内切去一部分,则其重心仍可应用式(3-22),(3-24),(3-26)求得,只是切去部分的体积或面积应取负值。

例 3-10　求图 3-18 所示图形的形心,已知大圆的半径为 R,小圆的半径为 r,两圆的中心距为 a。

解　取坐标系如图 3-18 所示,因图形对称于 x 轴,其形心在轴上,故 $y_C = 0$。

图形可看作由两部分组成,挖去的面积以负值代入,两部分图形的面积和形心坐标为

$A_1 = \pi R^2$, $x_1 = y_1 = 0$

$A_2 = -\pi r^2$, $x_2 = a$, $y_2 = 0$

由公式(3-24)可得

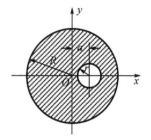

$$x_C = \frac{A_1 x_1 + A_2 x_2}{A_1 + A_2} = \frac{\pi R^2 \times 0 + (-\pi r^2) \times a}{\pi R^2 + (-\pi r^2)} = \frac{-ar^2}{R^2 - r^2}$$

图 3-18

3.**实验方法**

对于形状复杂或质量分布不均匀的物体,当用计算的方法求重心位置较为困难时,工程中常采用实验的方法测定其重心的位置。现介绍两种常见的方法。

(1)悬挂法

设求某零件截面的形心,可用纸板按一定比例做成该截面的形状。先将该纸板悬挂于任意一点 A,根据二力平衡公理,重心必在通过悬挂点 A 的铅垂线上,标出此直线 AB,如图 3-19(a)所示;然后再将纸板悬挂于任意点 D,同样标出另一铅垂线 DE。则 AB 与 DE 的交点 C 即为零件截面的形心,如图 3-19(b)所示。有时也可悬挂两次以上,以提高精度。

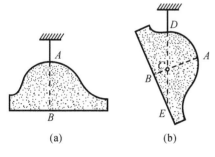

(a)　　　(b)

图 3-19

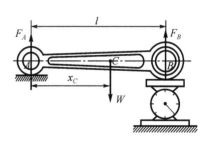

图 3-20

（2）称重法

有些形状复杂、体积庞大的物体可用称重法求重心。例如内燃机的连杆，因它具有对称轴，故只需确定重心在此轴线上的位置 x_C。将连杆的 B 端放在台秤上，A 端搁在水平面上，使中心线 AB 处于水平位置，如图 3-20 所示。设连杆的重量为 W，用台秤测得 B 端反力 F_B 的大小，由 $\sum M_A(F) = 0$，得

$$F_B \times l - W \times x_C = 0$$

故

$$x_C = \frac{F_B \times l}{W}$$

习 题

3-1 如图 3-21 所示的刚架中，已知力 $\boldsymbol{F} = 5\text{kN}$，力偶矩 $M = 1.5\text{kN} \cdot \text{m}$，不计刚架自重，求 A, D 处的支座反力。

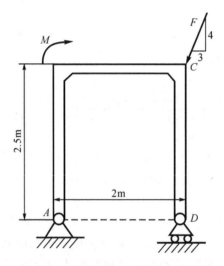

图 3-21

3-2 水平梁的支承和载荷如图 3-22 所示。已知力 $\boldsymbol{F}$、力偶矩为 M 的力偶和载荷集度为 q 的均布载荷，求支座 A 和 B 处的约束反力。

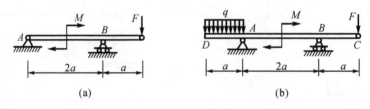

(a)　　　　　　　　　(b)

图 3-22

3-3 如图 3-23 所示的机架上挂一重 W 的物体，各构件的尺寸如图 3-23 所示。不计滑轮及杆的自重与摩擦，求支座 A, C 的反力。

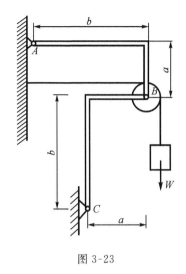

图 3-23

3-4　如图 3-24 所示的结构中,已知载荷 $\boldsymbol{F}$,q 及结构尺寸。求 A,B 处的约束反力。

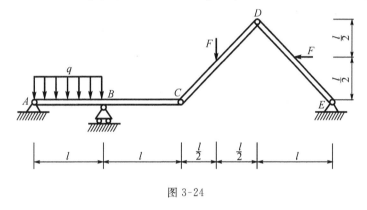

图 3-24

3-5　将图 3-25 所示平面一般力系向原点 O 简化,并求力系合力的大小及其与原点的距离 d。已知 $F_1 = 1\mathrm{kN}$,$F_2 = 1\mathrm{kN}$,$F_3 = 2\mathrm{kN}$,$M = 4\mathrm{kN \cdot m}$,$a = 30°$。图示长度单位为 m。

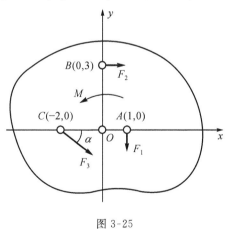

图 3-25

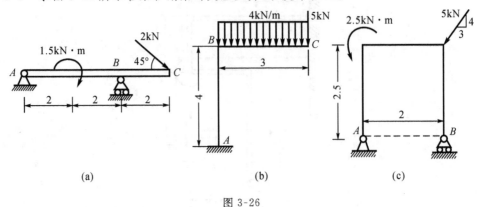

3-6 求图 3-26 所示各梁和刚架的支座反力,长度单位 m。

(a)   (b)   (c)

图 3-26

3-7 如图 3-27 所示均质梁 AB 重 981N,A 端为固定铰支座,B,C 两点处用一跨过定滑轮 D 的绳子吊着,梁上的均布载荷 $q=2.5\times10^3$ N/m。求绳子的拉力和 A 处支座反力的大小。

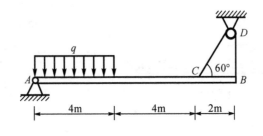

图 3-27

3-8 如图 3-28 所示一构架由杆 AB 和 BC 所组成。载荷 $W=6$kN,如不计滑轮重和杆重,求 A,C 两铰链处的约束反力。

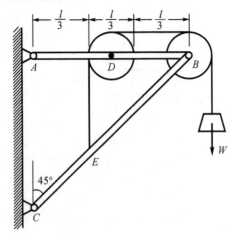

图 3-28

3-9　静定多跨梁的载荷及尺寸如图 3-29 所示,长度单位为 m,求支座反力和中间铰处的反力 。

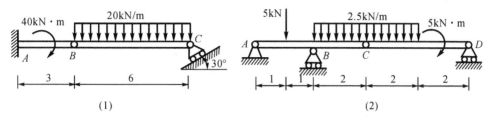

(1)　　　　　　　　　　　　　　　(2)

图 3-29

3-10　求图 3-32 对称工字形钢截面的形心,尺寸如图。

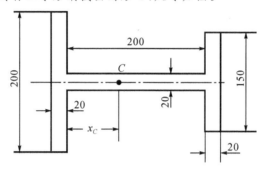

图 3-30

3-11　确定图 3-33 所示均质厚板的重心位置,尺寸如图。

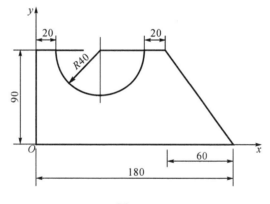

图 3-31

第 4 章 摩 擦

摩擦是一种普通存在于机械运动中的自然现象。在机械运转过程中无一不存在着摩擦,譬如:皮带传动利用皮带与轮的摩擦,起到传动作用;在轴承运转时,由于摩擦存在,会使轴承发热、磨损;车辆行驶时,制动器靠摩擦刹车,等等。

但是前面几章所讨论的平衡问题均未考虑摩擦,即假设物体之间的接触是完全光滑的,这是对实际问题的一种理想化。因为在这些问题中,摩擦对所研究的问题而言微不足道,从而可以忽略不计。但在摩擦成为主要因素时,摩擦力不仅不能忽略,而且应作为重要的方面来考虑。我们研究摩擦,就是要充分利用有利的一面,而减少其不利的一面。

4.1 滑动摩擦

两个相互接触的物体,当它们之间产生了相对滑动或者有相对滑动趋势时,接触面之间就会产生彼此阻碍运动的力,这种阻力就称为滑动摩擦力。

4.1.1 静滑动摩擦

静滑动摩擦是两物体之间具有相对滑动趋势时的摩擦。为了分析物体之间产生静滑动摩擦的规律,可进行如下的实验:如图 4-1 所示,物体重为 W,放在水平面上,并由绳系着。绳绕过滑轮,下挂砝码。显然绳对物体的拉力的大小等于砝码的重量。从实验中可以看到,当砝码重量较小时,亦即作用在物体上的拉力 Q 较小时,这个物体并不滑动,这是因为接触面还存在着一个阻止物体滑动的力 F。此力称为静滑动摩擦力(简称静摩擦力)。它的方向与两物体间相对滑动趋势的方向相反,大小可根据平衡方程求得(如图 4-1(b)所示):

$$\sum X = 0$$
$$F = Q$$

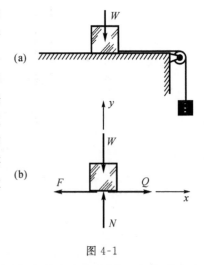

图 4-1

如果逐渐增加砝码重量,也就是增大力 Q,在一定范围内物体仍保持平衡,这表明在此范围内摩擦力 F 随着力 Q 的增大而不断增大。但是,进一步的实验说明,摩擦力 F 不能随着力 Q 无限增大。当力 Q 增加到某个值时,物体处于将动而未动的临界平衡状态,这时摩

擦力 F 达到最大值,称为最大静摩擦力 F_{max}。

静滑动摩擦定律 大量实验证明,最大静摩擦力的大小与法向反力成正比,即

$$F_{max} = f_a N$$

这就是静滑动摩擦定律或库仑定律,其中,比例系数 f_a 是无量纲的量,称为静滑动摩擦系数,它的大小与相互接触的物体材料、接触面的粗糙程度、温度、湿度等情况有关,而与接触面积的大小无关。一般材料的 f_a 值可在机械工程手册中查到。常用材料的 f_a 值见表 4-1。

表 4-1 常用材料的摩擦系数

材料名称	静摩擦系数 f_a		动摩擦系数 f	
	无润滑剂	有润滑剂	无润滑剂	有润滑剂
钢—钢	0.15	0.1~0.12	0.15	0.05~0.1
钢—软钢			0.2	0.1~0.2
钢—铸铁	0.3		0.18	0.05~0.15
钢—青铜	0.15	0.1~0.15	0.15	0.1~0.15
软钢—铸铁	0.2		0.18	0.05~0.15
软钢—青铜	0.2		0.18	0.07~0.15
铸铁—铸铁		0.18	0.15	0.07~0.12
锈铁—青铜			0.15~0.2	0.07~0.15
青铜—青铜		0.1	0.2	0.07~0.1
皮革—铸铁	0.3~0.5	0.15	0.6	0.15
橡皮—铸铁			0.8	0.5
木材—木材	0.4~0.6	0.1	0.2~0.5	0.07~0.15

由上述可见:静摩擦力随着主动力的变化而改变,它的大小由平衡方程确定,但介于零与最大值之间,即

$$0 \leqslant F \leqslant F_{max}$$

静摩擦力的方向与两物体间相对滑动趋势的方向相反。掌握了摩擦规律之后,我们就可以更好地利用摩擦来为我们服务。如当生产中需要增大摩擦力时,可以通过加大正压力或者增大摩擦系数来实现。例如:在带传动中,要增加胶带与胶带轮之间的摩擦力,可以用张紧轮,也可以采用三角胶带代替平胶带等办法来增加摩擦力。又如要减小摩擦时,可以设法减小摩擦系数,如降低接触面的粗糙度、加入润滑油等。

4.1.2 动滑动摩擦

由前面的分析可知,当拉力 Q 增加到略大于 F_{max} 时,最大静滑动摩擦力已不足以阻碍物体向前滑动,物体产生相对滑动。物体相对滑动时出现的摩擦力称为动滑动摩擦力,它的方向与两物体间相对速度的方向相反。通过实验也可得出与静滑动摩擦定律相似的动滑动摩擦定律:

$$F' = fN$$

式中: f 称为动滑动摩擦系数,它除与两接触物体的材料及表面状况等因素有关外,通常还随着物体相对滑动速度的增大而略有减小。但当速度变化不大时,可将它作为常数,其值由实验测定。一般动摩擦系数的值略小于静摩擦系数。在一般工程中,当精确度要求不高时可近似认为动摩擦系数与静摩擦系数相等。

4.1.3 摩擦角与自锁

1.摩擦角

设一物块放在粗糙的水平面上,物块的重力为 G,且受一水平推力 F_P 的作用,此两主动力的合力为 F。当物块保持静止时,水平支承面对物块作用有法向约束力为 F_N,静摩擦力为 F_j,二者的合力 F_R 称为全约束反力或全反力。根据二力平衡原理,主动力的合力 F 与全反力 F_R 大小相等,方向相反,且作用在同一直线上。设全反力 F_R 与法线方向的夹角为 α,如图 4-2(a)所示。推力 F_P 增大,静摩擦力 F_j 也随着增大,夹角 α 也相应增大;当物块达到临界平衡状态时,静摩擦力达到最大值 F_{max},此时全反力 F_R 与法线夹角也达到最大值 φ_m,如图 4-2(b)所示,称为摩擦角。

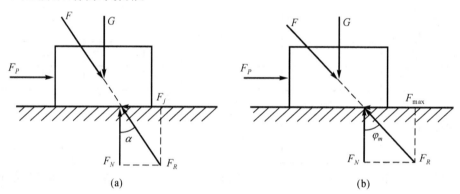

(a)   (b)

图 4-2

由图 4-2(b)可知:

$$\tan\varphi_m = \frac{F_{max}}{F_N} = \frac{f_a F_N}{F_N} = f_a$$

即摩擦角的正切等于静滑动摩擦系数 f_a。可见 φ_m 与 f_a 都是表示两物体滑动摩擦性质的物理量。在图 4-3(b)中,若在水平面内连续改变某一点处的推力 F_P 的方向,则全反力 F_R 的方向也随之改变。假定两物体接触面沿任意方向的静摩擦系数 f_a 均相等,这样,当物块处于临界平衡状态下时,全反力 F_R 的作用线将画出一个以接触点 A 为顶点、顶角为 $2\varphi_m$ 的空间正圆锥面,称为摩擦锥(如图 4-3 所示)。摩擦锥是全反力 F_R 在三维空间内的作用范围,即全反力 F_R 作用线不可能超过这个摩擦锥的范围。

2.自锁

当物体处于平衡状态时,静摩擦力的大小总是介于零和静摩擦力的最大值之间,因而全反力 F_R 与法线间的夹角也总是小于或等于摩擦角 φ_m,即

$$0 \leqslant \alpha \leqslant \varphi_m$$

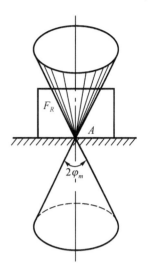

根据这一性质,可得如下结论:如果作用在物体上的全部主动力的合力为 F,不论其大小如何,只要其作用线位于摩擦角(锥)之内,物体便处于平衡状态,这种现象称为自锁现象。

这是因为在这个范围内,全反力 F_R 总能与主动力的合力 F 平衡(如图 4-4(a)所示)。也就是说,当力 F 增大时,法向反力 F_N 也随之增大,最大静摩擦力 F_{max} 也按比例增加,因而力 F 在接触面公切线方向的分力不会大于最大静摩擦力。所以物体保持平衡状态。反之,只要主动力的合力 F 的作用线位于摩擦角(锥)之外,则不论其大小如何,物体都不能保持静止。这是因为在这种情况下全反力 F_R 的作用线不可能超出摩擦角之外而与主动力合力 F 构成平衡力系(如图 4-4(b)所示)。这种与主动力大小无关,而只与摩擦角 φ_m 有关的平衡条件称为自锁条件。

例如螺旋千斤顶举起重物后不会自行下落就是自锁现象。

图 4-3　摩擦锥

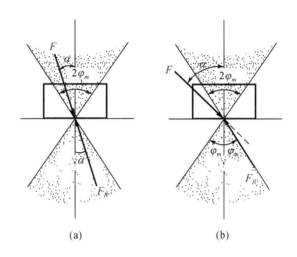

(a)　　　　　　　　(b)

图 4-4　自锁

工程中常用自锁原理设计某些机构和夹具。而在另一些情况下,则要避免自锁现象发生。例如闸门的启闭装置就应避免自锁,以防闸门卡住。

4.2　考虑摩擦时物体的平衡

考虑摩擦时物体的平衡问题,与不考虑摩擦时物体的平衡问题有着共同点,如物体平衡时必须满足平衡条件,解题方法步骤也基本相同。但摩擦问题也有其特点,首先,在画受力图时,要添上摩擦力,摩擦力的方向与相对滑动趋势的方向相反;其次,由于在静滑动摩擦中,摩擦力 F 的大小是有一定的范围,即 $0 \leqslant F \leqslant F_{max}$,因此,物体的平衡同样有一定的范围;同时,在解题过程中,除了列出平衡方程外,尚需列出摩擦关系式。以上便是分析具有摩擦的平衡问题的主要特点。

例 4-1 如图 4-5(a)所示,斜面上放一重为 G 的物块,斜面倾角为 α,物块与斜面间的静摩擦系数为 f_a,$\tan\alpha > f_a$(即角 α 大于摩擦角 φ_m),求使物块平衡的水平力 F_P 的大小。

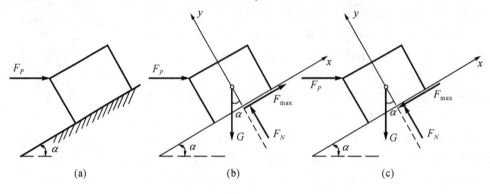

图 4-5

解 要使物块平衡,F_P 值不能太小,也不能过大。F_P 值太小,则物块将沿斜面向下滑动;若 F_P 过大,则物块将向上滑动,

(1)首先求出足以维持物块不致下滑并使物块平衡的最小值 F_{Pmin}。当物块受 F_{Pmin} 作用时,物块仍处于静止,但如果再稍微减小此力,物块就向下滑动,这时物块处于有向下滑动趋势的临界平衡状态,摩擦力沿斜面指向上,并达到最大值 F_{max},物块受力如图 4-5(b)所示,其中力 G 的大小已知,力 F_{Pmin},F_{max},F_N 的大小都是未知的。坐标轴如图 4-5(b)所示,物块平衡方程为

$$\sum F_x = 0 \quad F_{Pmin}\cos\alpha + F_{max} - G\sin\alpha = 0$$

$$\sum F_y = 0 \quad F_N - F_{Pmin}\sin\alpha - G\cos\alpha = 0$$

$$F_{max} = f_a F_N$$

$$F_{Pmin} = \frac{\sin\alpha - f_a\cos\alpha}{\cos\alpha + f_a\sin\alpha} G$$

$$F_{Pmin} = \frac{\sin\alpha - \tan\varphi_m\cos\alpha}{\cos\alpha + \tan\varphi_m\sin\alpha} G$$

$$F_{Pmin} = \frac{\tan\alpha - \tan\varphi_m}{1 + \tan_{\varphi}m\tan\alpha} G$$

$$F_{Pmin} = G\tan(\alpha - \varphi_m)$$

(2)求物块不致向上滑动时,力 F_P 的最大值 F_{Pmax}。物块在力 F_{Pmax} 作用下仍保持静止,但是若再稍微增大此力,物块就开始向上滑动。这时物块处于有向上滑动趋势的临界平衡状态,摩擦力沿斜面指向下,并达到最大值 F_{max}。物块受力图及坐标轴如图 4-5(c)所示。物块的平衡方程为

$$\sum F_x = 0 \quad F_{Pmax}\cos\alpha - F_{max} - G\sin\alpha = 0$$

$$\sum F_y = 0 \quad F_N - F_{Pmax}\sin\alpha - G\cos\alpha = 0$$

$$F_{max} = f_a F_N$$

$$F_{Pmax} = \frac{\sin\alpha + f_a\cos\alpha}{\cos\alpha - f_a\sin\alpha} G$$

$$F_{P\max} = G\tan(\alpha + \varphi_m)$$

综合以上两种情况下所得出的结果可知,使物块平衡的水平力 F_P 的大小范围为

$$G\tan(\alpha - \varphi_m) \leq F_P \leq G\tan(\alpha + \varphi_m)$$

注意　(1)当力 F_P 的值在平衡范围内而不等于极限值 $F_{P\max}$ 或 $F_{P\min}$ 时,物块保持静止,这时物块没有处于临界平衡状态,静摩擦力由平衡方程来确定。

(2)在计算力 F_P 的最小值 $F_{P\min}$ 和最大值 $F_{P\max}$ 时,两个受力图上惟一的区别是摩擦力的指向不同。由此可见,当根据物块的临界平衡状态进行计算时,受力图中最大静摩擦力的指向不能任意假定,一定要按与物体运动趋势相反的方向画出正确的指向,否则会导致错误的结果。因此,在画受力图之前,要正确判断物体在所研究情况中的运动趋势的方向。

例 4-2　攀登电线杆的脚套钩如图 4-6(a)所示。已知电线杆直径为 d,A,B 两接触点的垂直距离为 b,套钩与电线杆间的静摩擦系数为 f_a。欲使套钩不致下滑,问人站在套钩上的最小距离 L 应为多大?

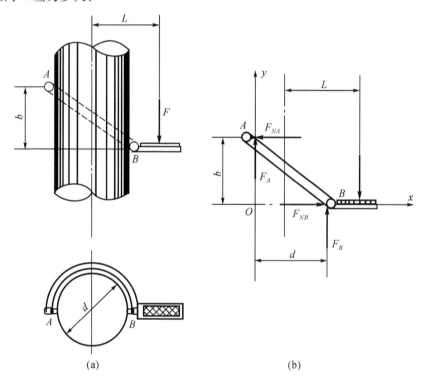

图 4-6

解　所谓人站在套钩上的最小距离,是指套钩不致下滑时脚踏力 **F** 的作用线与电线杆中心线的距离。以套钩为研究对象。考虑套钩处于有向下滑动趋势的临界平衡状态. 这时静摩擦力达到最大值。在受力图中必须画出摩擦力的正确方向,受力图如图 4-6(b)所示。

写出套钩的平衡方程:

$$\sum F_x = 0 \qquad F_{NB} - F_{NA} = 0$$

$$\sum F_y = 0 \qquad F_A + F_B - F = 0$$

$$\sum M_A(F_i) = 0 \quad F_{NB}b + F_B d - F\left(L_{min} + \frac{d}{2}\right) = 0$$

因套钩处于临界平衡状念,还需建立物理方程:

$$F_A = F_{Amax} = f_a F_{NA}$$

$$F_B = F_{Bmax} = f_a F_{NB}$$

解方程组可得:

$$L_{min} = \frac{b}{2f_a}$$

所以,套钩不致下滑时,人站在套钩中的位置到电线杆中心线的最小距离为 $\frac{b}{2f_a}$。

4.3 滚动摩擦简介

在车轮的滚动、轴承中滚珠的滚动等工程实践中,也存在着摩擦阻碍,这就是滚动摩擦。这种阻碍是一种什么样的力系呢?若将一重为 G、半径为 d 的刚性圆轮静止地放置在一刚性的、粗糙的水平地面上,这时地面与圆轮仅在 A 点接触,重力 G 与正压力 F_N 共线(如图4-7所示)。若在轮心 O 上施加力 F_P,在滚子上的 A 点还产生一个阻碍滚子沿水平支承面相对滑动的静滑动摩擦力 F 作用。不难看出,此时,滚子上作用的力系为不平衡力系,因为 F_P 和 F 组成一力偶 $M(F_P, F)$,于是,好像不论 F_P 值多么小,都能使圆轮产生滚动,这与实际情况不相符合,由此表明,在轮上必然会受到一个阻碍轮子滚动的力偶作用。这种阻碍圆轮滚动的力偶是怎样产生的呢?原来圆轮与水平面都不能作为刚体。

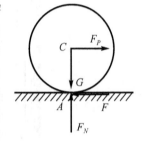

图 4-7

受力后两者产生了微小变形,使接触点变成了偏向轮子相对滚动前方的一小块面积,圆轮受到的约束力,就分布在这一小块面积上(如图4-8(b)所示)。将分布力合成为一个合力 F_R,则合力的作用点也稍稍偏于轮子的前方。将 F_R 沿水平与垂直两个方向分解,则水平方向的分力即摩擦力 F,垂直方向的分力即法向反力 F_N。可见,F_N 向轮子前方偏移了一小段距离 δ_1(如图4-8(c)所示),使 F_N 与 G 组成一个力偶,这个力偶就是滚动摩擦阻力偶矩(F_N, G),以符号 M_f 表示。滚动摩擦阻力偶矩还可以如图4-8(d)这样表示。

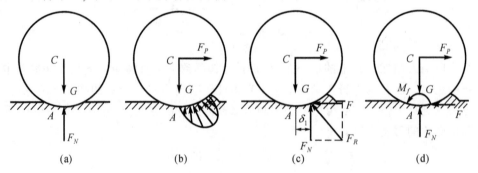

图 4-8

当力 F_P 增大时,若轮子仍能维持静止,表明滚动摩擦阻力偶矩在相应增大。但是滚动摩擦阻力偶矩不能无限增大,而只能达到一定值。当主动力偶矩超过这最大值时,轮子就要开始滚动。滚动摩擦阻力偶矩的最大值称为极限滚动摩擦阻力偶矩,用记号 M_m 表示。可见,滚动摩擦阻力偶矩只能在一定范围内改变,其变化范围为

$$0 \leqslant M_f \leqslant M_m$$

通过大量试验,得出与静摩擦定律相似的滚动摩擦定律:滚动摩擦阻力偶矩的最大值与正压力成正比,即

$$M_m = \delta F_N$$

式中,δ 是比例常数,称为滚动摩擦系数。系数 δ 有长度单位 cm。系数 δ 的物理意义是正压力 F_N 偏离轮子最低点的最大距离,具有力偶臂的作用。系数 δ 主要取决于轮体或支承表面的变形程度。它与材料的硬度有关,而与接触表面的粗糙程度无关。各种材料的滚动摩擦系数 δ 是由实验测定的,可在工程手册上查到。

习 题

4-1 用一不计重量的钢楔劈物(如图 4-9 所示),接触面间的摩擦角为 φ_m。劈入后欲使钢楔不滑出,问钢楔两个平面间的夹角应该多大。

4-2 在考虑摩擦的平衡问题中什么情况下摩擦力的指向可以任意假设? 什么情况下摩擦力的指向不能任意假设? 为什么? 在摩擦力的指向不能假设的情况下,怎样确定摩擦力的指向?

4-3 砖夹的宽度为 $AD=25$cm,曲杆 AIB 与 $ICED$ 由铰链联接于 I,砖重 G,工人施力 F 于 H 点,点 H 在 AD 的中心线上,已知尺寸如图 4-10 所示。砖夹与砖间的摩擦系数为 0.5,问 AI 间的距离 b 为多大才能把砖夹起。距离 b 是点 I 到砖上所受压力的合力作用线之间的垂直距离。

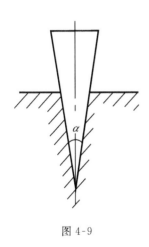

图 4-9

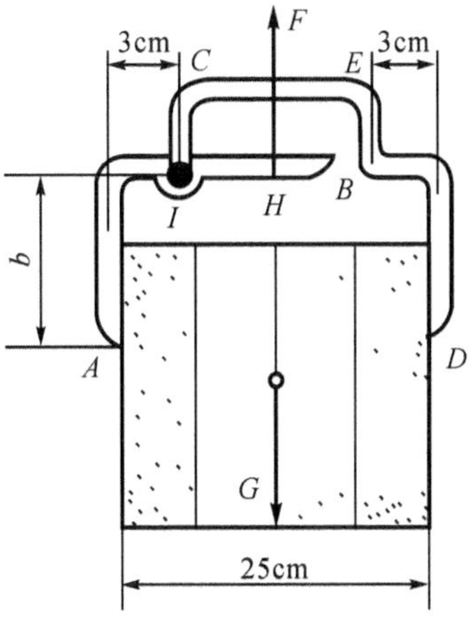

图 4-10

4-4　两物块 A,B 放置如图 4-11 所示。物块 A 重 5kN，物块 B 重 2kN，A,B 之间的静摩擦系数的 0.25，B 与固定水平面之间的静摩擦系数为 0.20。求拉动物块 B 所需力 F 的最小值。

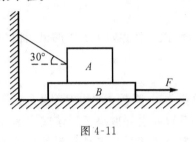

图 4-11

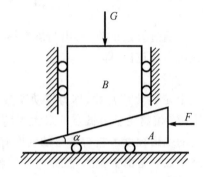

图 4-12

4-5　用一尖劈顶起重物的装置如图 4-12 所示。重物与尖劈间的摩擦系数为 f_a，其他地方的摩擦忽略不计，尖劈顶角为 α，$\tan\alpha > f_a$，被顶举的重物的重量为 G。求：

(1)顶举重物上升所需的力 F_1；

(2)顶住重物不使其下降所需的力 F_2。

第5章 杆件轴向拉伸与压缩

5.1 轴向拉伸(压缩)的概念和内力分析

如果杆件在其两端受到一对沿着杆件轴线、大小相等、方向相反的外力作用,则该杆件将发生轴向的拉伸(或压缩)变形。当两个外力相互背离杆件时,杆件受拉而伸长,称为轴向拉伸(如图5-1(a)所示);当两个外力相互指向杆件时,杆件受压而缩短,称为轴向压缩(如图5-1(b)所示)。

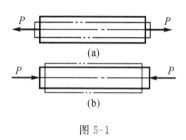

图 5-1

5.1.1 内力

我们知道,即使不受外力作用,为了保持形状,物体的各晶格之间也存在着相互作用的结合力,一般把这种结合力称为固有内力。当物体在外力作用下发生变形时,为了抵抗变形,原有相互作用的结合力将发生变化,这一变化量称为"附加内力",简称"内力"。这里研究的内力就是这种"附加内力"。这样的内力随外力的增加而达到某一限度时就会引起构件破坏,因而内力分析是研究材料强度、刚度的基础。

5.1.2 轴力

用假想平面沿横截面方向将杆件切为两部分,然后任取一部分来研究。因为杆件整体处于平衡状态,所以被取出来考察的这一部分也必须平衡,因此应用静力学平衡方程就可以确定此截面上分布内力的合力,这个方法称为截面法。现在用截面法来求直杆在轴向拉伸和压缩时横截面上的内力。图5-2(a)所示拉杆,两端各作用一轴向外力 P。为了求得横截面 $m\text{-}m$ 上的内力,假想沿此截面将杆分成两部分。任取一部分,例如取左边部分来研究(如图5-2(b)所示)。作用在这部分上的力有轴向外力 P 和截面 $m\text{-}m$ 上的内力 N,

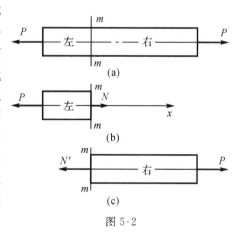

图 5-2

N 是截下的右边部分在此截面上对左边部分的作用力。

由左边部分的平衡条件 $\sum F_x = 0$ 得

$$N - P = 0$$
$$N = P$$

因为外力 P 的作用线与杆的轴线重合,根据二力平衡条件可知,内力的作用线也必然与杆的轴线重合,所以常将轴向拉伸或压缩时,直杆横截面上的内力称为轴力。习惯上,把拉伸时引起的轴力规定为正,压缩时引起的轴力规定为负。

同理,取此杆的右边部分来研究也必然会得到相同的轴力。

截面法是求杆件内力的基本方法,在以后研究剪切、扭转、弯曲时均要用到,这里对截面法的解题步骤作个总结:

(1)截开:在欲求内力的截面处,假想地将构件切成两部分。

(2)选取:取任一部分为分析对象。

(3)代替:用内力代替移去部分对留下部分的作用。

(4)平衡:建立留下部分的平衡方程、确定未知的内力。

5.1.3 轴力图

当杆件受到多个外力作用时,在杆件的不同段内将可能有不同的轴力。为了表明杆内的轴力随截面位置的改变而变化的情况,最好画出轴力图。所谓轴力图就是用平行于杆件轴线的坐标表示横截面的位置,并用垂直于杆件轴线的坐标表示横截面上轴力的数值,从而绘出表示轴力沿杆轴变化规律的图线。下面我们以具体的例子说明轴力图的绘制。

例 5-1 一直杆受外力作用如图 5-3(a)所示,求此杆各段的轴力,并作轴力图。

解 根据外力的变化情况,各段内轴力各不相同,应分段计算。

(1) AB 段

用截面 1-1 假想将杆截开,取左段研究,设截面上的轴力 N_1 为正,受力如图 5-3(b)所示,以杆轴为 x 轴。

由静力平衡条件
$$\sum_{i=1}^{n} F_{xi} = 0$$
$$N_1 - 50 = 0$$

得
$$N_1 = 50 (\text{kN})$$

N_1 为正值,说明轴力方向与假设一致,为拉力。同时,由于在这一段内外力没有变化,所以 AB 段内任一截面上的轴力都是 50kN。

(2) BC 段

在 BC 段内沿任意截面 2-2 把杆假想地切开,并以左段为研究对象,设轴力 N_2 为正,受力如图 5-3(c)所示,以杆轴为 x 轴。

由静力平衡条件
$$\sum_{i=1}^{n} F_{xi} = 0$$
$$N_2 + 80 - 50 = 0$$

得
$$N_2 = -30 (\text{kN}) (\text{压力})$$

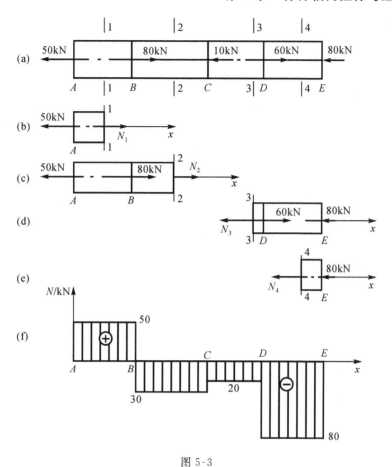

图 5-3

所得轴力 N_2 是负号,表示所设 N_2 的方向与实际方向相反,说明原先假设的轴向拉伸是不对的,应为轴向受压,图 5-3(c)中的指向不符合实际(但不必改画)。我们同样容易得出,BC 段任一截面上的轴力都是 $-30\mathrm{kN}$,全段处于轴向受压状态。

(3) CD 段

用任意截面 3-3 将杆假想地切开,取右段为研究对象,设轴力 N_3 为正,以杆轴为 x 轴,受力分析如图 5-3(d)所示。

由静力平衡条件

$$\sum_{i=1}^{n} F_{xi} = 0$$
$$60 - 80 - N_3 = 0$$

得

$$N_3 = -20(\mathrm{kN})$$

(4) DE 段

同样用任意截面 4-4 将杆假想地切开,取右段为研究对象,设轴力 N_4 为正,以杆轴为 x 轴,受力分析如图 5-3(e)所示。

由静力平衡条件

$$\sum_{i=1}^{n} F_{xi} = 0$$
$$-80 - N_4 = 0$$

得

$$N_4 = -80(\mathrm{kN})$$

（5）画轴力图

用平行于杆轴线的横坐标表示截面的位置，以垂直于杆轴的纵坐标按一定的比例表示对应截面上的轴力，即可绘出全杆的轴力图（如图 5-3(f)所示）。

在运用截面法求轴力和画轴力图时，一般在所求内力的截面上假设轴力为正，然后由静力平衡条件求出轴力 N 的代数值。若求得的 N 为正，说明该截面上的轴力为正（拉力），若求得 N 为负，则说明该截面上的轴力为负（压力）。也就是说，只要在截面上假设正号的内力，由平衡条件所得内力的正负号，就是该截面上内力的实际正负号。这种假设正号内力的方法称之谓"设正法"。应用"设正法"求内力的方便之处在于，最后求得的轴力符号与材料力学中所规定的相一致，免去了根据计算结果再作一次正负判断的步骤。"设正法"是工程上的一种重要分析计算方法，在以后的各章学习中还要用到。

上例计算是根据力的平衡方程计算的，不容易出错，但很繁琐。熟练后可以用直接法求指定截面上轴力，即把轴向拉压杆某截面上的轴力直接等于该截面任一侧轴向外力的代数和，轴向外力背离该截面时取正号，指向该截面时取负号。现用此法再计算本例中各段轴力。

$N_1 = 50\text{kN}$（拉力）（取 1-1 截面左侧研究）

$N_2 = 50 - 80 = -30(\text{kN})$（压力）（取 2-2 截面左侧研究）

$N_3 = 60 - 80 = -20(\text{kN})$（压力）（取 3-3 截面右侧研究）

$N_4 = -80\text{kN}$（压力）（取 4-4 截面右侧研究）

计算过程明显要简单得多。杆上轴向外力越多，越显示出这种方法快捷简单的优点。

由轴力图可确定杆件中的最大拉力及其所在截面，如果再结合横截面的变化情况，便可以确定杆件的危险截面，从而进行杆件的强度计算。另外，还可以利用轴力图进行杆件的变形和位移的计算。

5.2　杆件轴向拉伸与压缩时的变形及虎克定律

5.2.1　虎克定律

我们知道，一般的弹簧，在外力作用下，伸长量与作用力成正比，那么实心的杆件在外力作用下是否有同样的性质呢？人们通过大量的实验发现，在小变形的情况下，该结论仍然成立。而且通过进一步实验，人们发现，伸长量 Δl 与轴力 N 成正比，与杆的原长 l 成正比，与杆件横截面的面积 A 成反比，它们的关系可用代数式表示为

$$\Delta l = \frac{Nl}{EA} \tag{5-1}$$

这就是杆件轴向拉伸与压缩时的虎克定律。式中：N 为横截面上的内力，单位为牛顿（N）；A 为截面面积，单位为平方米（m^2）；l 为杆件长度，单位为米（m），E 称为弹性模量，单位是帕（Pa），工程上常用 GPa（$1\text{GPa} = 10^9\text{Pa}$）。

虎克定律的以上结果同样可以用于轴向压缩的情况，只要把轴向拉力改为压力，把伸长

Δl 改为缩短就可以了。从公式(5-1)可知,对长度相同、受力相等的杆件,EA 越大则变形越小,所以 EA 称为杆件的抗拉(或抗压)刚度。

例 5-2 变截面杆的受力如图 5-4(a)所示,$A_1 = 800\text{mm}^2$,$A_2 = 400\text{mm}^2$,$E = 200\text{GPa}$,求杆的总伸长 Δl。

解 先作杆的轴力图如图 5-4(b)所示,然后确定各段的变形:

$$\Delta l_1 = \frac{N_1 l_1}{EA_1} \quad \Delta l_2 = \frac{N_2 l_2}{EA_2}$$

则总变形

$$\Delta l = \Delta l_1 + \Delta l_2 = \frac{N_1 l_1}{EA_1} + \frac{N_2 l_2}{EA_2}$$

$$= \frac{-20 \times 10^3 \times 0.2}{200 \times 10^9 \times 800 \times 10^{-6}} + \frac{40 \times 10^3 \times 0.2}{200 \times 10^9 \times 400 \times 10^{-6}}$$

$$= 7.5 \times 10^{-5} (\text{m})$$

$$= 0.075 (\text{mm})$$

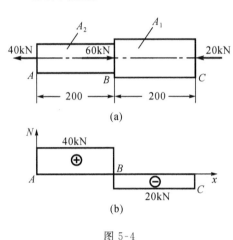

图 5-4

5.2.2 应变

为了评估不同长度杆件的伸长量,采用单位长度的变形量来衡量杆件的变形程度。设等直杆的原长度为 l,在轴向拉力 $\boldsymbol{P}$ 作用下长度由 l 变为 l_1(如图 5-5 所示),杆件在轴线方向的伸长为 Δl

$$\Delta l = l_1 - l$$

令

$$\varepsilon = \frac{\Delta l}{l}$$

称 ε 为纵向线应变或纵向应变,它是一个没有量纲的量。

从图 5-5 可以发现,直杆在轴向拉力作用下在轴向尺寸的增大的同时将引起横向尺寸的缩小,反之,在轴向压力作用下,将引起轴向的缩短和横向的增大。相应地可建立横向应变的概念。

设杆件变形前的横向尺寸为 b,变形后为 b_1,则横向应变

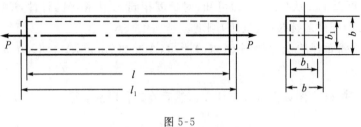

图 5-5

$$\varepsilon' = \frac{b_1 - b}{b}$$

试验结果表明:当应力不超过比例极限时,横向应变 ε' 与纵向应变 ε 之比的绝对值是一个常数,即

$$\left| \frac{\varepsilon'}{\varepsilon} \right| = \mu$$

μ 称为横向变形系数或泊松比,是一个没有量纲的量。

因为当杆件轴向伸长时,横向缩小,而轴向缩短时,横向增大,所以符号是相反的。这样,ε' 和 ε 的关系可以写成

$$\varepsilon' = -\mu\varepsilon$$

和弹性模量 E 一样,泊松比 μ 也是材料固有的常数。表 5-1 摘录了几种常用材料的 E 和 μ 值。

表 5-1　弹性模量和泊松比的参考值

材料名称	弹性模量 E/GPa	泊松比 μ
碳钢	200～220	0.25～0.33
16 锰钢	200～220	0.25～0.33
合金钢	190～220	0.24～0.33
灰口、白口铸铁	115～160	0.23～0.27
可锻铸铁	155	
铜及其合金	74～130	0.31～0.42
铝及硬铝合金	71	0.33
铅	17	0.42
花岗石	49	
石灰石	42	
混凝土	14.6～36	0.16～0.18
木材(顺纹)	10～12	
橡胶	0.008	0.47

5.3　轴向拉伸(压缩)时的应力分析

将虎克定律公式 $\Delta l = \dfrac{Nl}{EA}$ 移项后可得

$$\frac{N}{A} = E\frac{\Delta l}{l} \tag{5-2}$$

令 $\sigma = \dfrac{N}{A}$ 称为正应力。应力就是单位面积上的内力。在国际单位制中,应力的单位是牛顿/米^2(N/m^2),称为帕斯卡(Pa)。由于这个单位太小,使用不便,在材料力学中常用兆帕(MPa)作为应力单位。

$$1\mathrm{MPa} = 10^6\mathrm{Pa} = 10^6\mathrm{N/m^2}$$

对于轴向拉压杆来说,应力在横截面上是均匀分布的,而且方向垂直于横截面,我们把这类方向垂直于截面的应力称为正应力。请注意:正应力指的是应力的方向垂直于截面,而非"+"应力。

式(5-2)可简化为

$$\sigma = E\varepsilon \tag{5-3}$$

(5-3)式是虎克定律的另一表述公式:当应力不超过比例极限时应力与应变成正比。

例 5-3 如图 5-6 所示 M12 螺栓内径 $d_1 = 10.1$mm,拧紧后在 80mm 长度内产生的总伸长为 0.03mm,钢材的弹性模量 $E = 210$GPa,求螺栓内的应力和螺栓的预紧力。

解 (1)分析应变。拧紧后螺栓内的应变

$$\varepsilon = \frac{\Delta l}{l} = \frac{0.03}{80} = 0.000375$$

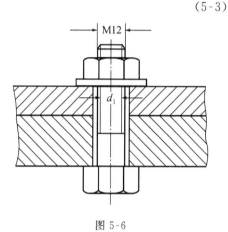

图 5-6

(2)求应力。由虎克定律的应力—应变表达式可以求出横截面上的拉应力

$$\sigma = E\varepsilon = 210 \times 10^9 \times 0.000375 = 78.8 \times 10^6 Pa = 78.8(\mathrm{MPa})$$

(3)求螺栓的预紧力。

$$P = A\sigma = \frac{\pi}{4}d_1^2\sigma = \frac{\pi}{4} \times 0.0101^2 \times 78.8 \times 10^6 = 6.31 \times 10^3(\mathrm{N}) = 6.31(\mathrm{kN})$$

5.4 材料拉伸(压缩)时的力学性能

5.4.1 试验说明

材料的力学性能指材料在外力作用下表现出来的各种特性,材料的力学性能是通过实验测定的。这里作几点说明:我们的试验是在常温下,以缓慢平稳的加载方式进行的,称为常温静载试验,这是测定材料的力学性能的基本试验。为了便于比较不同材料的试验结果,对于试样的形状、加工精度、加载速度、试验环境国家标准都有统一规定。一般金属试样如图 5-7 所示,在试样上取长为 l 的一段作为试验段,l 称为标距。对圆截面试样,标距 l 与直径 d 有两种比例,即 $l = 10d$ 和 $l = 5d$。

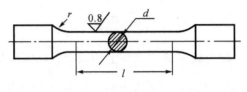

图 5-7

试样装在试验机上,受到缓慢增加的拉力作用。对应着每一个拉力 P,试样标距 l 有一个伸长量 Δl。表示 P 和 Δl 关系的曲线,称为拉伸图或 P-Δl 曲线,如图 5-8(a)所示。P-Δl 曲线与试样的尺寸有关。为了消除试样尺寸的影响,把拉力 P 除以试样截面的原始面积 A,得出正应力 $\sigma = \dfrac{P}{A}$,同时把伸长量 Δl 除以标距的原始长度 l 得到应变 $\varepsilon = \dfrac{\Delta l}{l}$。以应力 σ 为纵坐标,以应变 ε 为横坐标作图表示应力与应变关系(如图 5-8(b)所示),称为应力——应变图或 $\sigma\varepsilon$ 曲线。

工程上常用的材料品种很多,下面以低碳钢和铸铁为主要代表介绍材料拉伸和压缩时的力学性能。

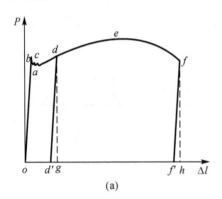
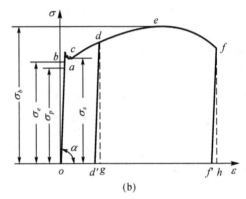

图 5-8

5.4.2 低碳钢拉伸时的力学性能

低碳钢是指含碳量在 0.3% 以下的碳素钢,这类钢材在工程中使用较广,在拉伸试验中表现出的力学性能也最为典型。低碳钢的拉伸曲线如图 5-8 所示,拉伸过程大致分为如下几个阶段:

1. 弹性阶段

在这一阶段,当拉力解除后,变形可完全消失,这种变形称为弹性变形。低碳钢的弹性阶段又可分为两个阶段。在拉伸的初始阶段,即图 5-8(b)曲线上为 o 点至 a 点,应力与应变关系为直线关系,表示在这一阶段内,应力 σ 与应变 ε 成正比,即

$$\sigma \propto \varepsilon$$

或者把它写成等式

$$\sigma = E\varepsilon$$

直线 oa 的斜率值就是拉伸或压缩的虎克定律式中与材料有关的比例常数 E。直线部分的最高点所对应的应力 σ_p 称为比例极限。从图 5-8(b)可见,只有应力低于比例极限时

应力才与应变成正比,材料才服从虎克定律,这时称材料是线弹性的。当应力超过比例极限后,即图 5-8 的曲线上从 a 点到 b 点,σ 与 ε 之间的关系不再是直线,但解除拉力后变形仍可恢复。b 点所对应的应力 σ_e 是材料只出现弹性变形的极限称为弹性极限。在 $\sigma\varepsilon$ 曲线上,a,b 两点非常接近,所以工程上对此没有明确的区分。

如果在应力大于弹性极限后再解除拉力则试样变形就不能全部消失,会遗留下一部分不能消失的变形,这种变形称为塑性变形或残余变形。

2．屈服阶段

当应力超过 b 点后应变有非常明显的增加,而应力先是下降然后作微小的波动,曲线上出现接近水平线的小锯齿形线段。这种应力基本保持不变,而应变显著增加的现象称为屈服或流动。在屈服阶段内的最高应力和最低应力分别称为上屈服极限和下屈服极限。上屈服极限的数值与试样形状、加载速度等因素有关,一般是不确定的。而下屈服极限则有比较稳定的数值,能反映材料的性能,通常就把下屈服极限称为材料的屈服极限或屈服点,用 σ_s 表示。

表面磨光的试样屈服时,表面会出现与轴线大致成 45°的条纹(如图 5-9 所示)。这是由于材料内部晶格的相对滑移而形成的,称为滑移线。这一点将在以后的章节中详细学习。

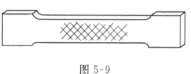

图 5-9

3．强化阶段

当应力超过过屈服阶段,材料又恢复了抵抗变形的能力,要使它继续变形必须增加应力。这种现象称为材料的强化。在图 5-8(b)中,强化阶段中的最高点 e 所对应的应力是材料所能承受的最大应力,称为强度极限 σ_b。它是衡量材料强度的另一重要指标。在强化阶段中,试样的横向尺寸有明显的缩小。

4．局部变形阶段

当应力过 e 点时,在试样的某一局部范围内,横向尺寸会突然急剧缩小,这种现象称为颈缩现象(如图 5-10 所示)。由于在颈缩部分横截面面积迅速减小,使试样继续伸长所需要的拉力也相应减小,在 f

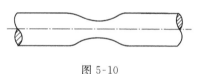

图 5-10

点试样被拉断。这里需要说明的是,由于测量条件的限制,在应力—应变图中,应力仍根据该截面原始面积计算,所以我们看到的 $\sigma\varepsilon$ 曲线也随之下降。

5．延伸率和收缩率

试样拉断后由于保留了塑性变形,试样长度由原来的 l 变为 l_1(如图 5-11 所示)。用百分比表示的比值

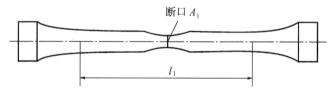

断口 A_1

l_1

图 5-11

$$\delta = \frac{l_1 - l}{l} \times 100\% \tag{5-4}$$

δ 称为延伸率。试样的塑性变形越大，δ 也就越大。因此延伸率是衡量材料塑性的指标。低碳钢的延伸率很高，平均值约为 $20\% \sim 30\%$，这说明低碳钢的塑性性能很好。工程上通常按延伸率的大小把材料分成两大类。$\delta > 5\%$ 的材料称为塑性材料，如碳钢、黄铜、铝合金等。而把 $\delta < 5\%$ 的材料称为脆性材料，如灰铸铁、玻璃、陶瓷等。

衡量材料塑性的另一指标是断面收缩率 ψ，若试样原始横截面面积为 A，拉断后颈缩处的最小截面面积为 A_1，则

$$\psi = \frac{A - A_1}{A} \times 100\% \tag{5-5}$$

6.卸载定律及冷作硬化

如果把试样拉到超过屈服极限的 d 点，如图 5-8(b)。然后逐渐卸除拉力，应力和应变关系将沿着斜直线 dd' 回到 d'，斜直线 dd' 近似地平行于 oa。这说明在卸载过程中，应力和应变按直线规律变化，这就是卸载定律。拉力完全卸除后，应力—应变图中，$d'g$ 表示消失了的弹性变形，而 od' 表示不再消失的塑性变形。

卸载后如果在短期内再次加载，则应力和应变大致上沿卸载时的斜直线 $d'd$ 变化到 d 点，又沿曲线 def 变化。可见在再次加载直到 d 点以前材料的变形是弹性的，过 d 点后才开始出现塑性变形。比较图 5-8(b)中的 $oabcdef$ 和 $d'def$ 两条曲线，可见在第二次加载时其弹性极限得到了提高，这种现象称为冷作硬化。但冷作硬化使材料的塑性降低，也有不利影响，冷作硬化现象经退火后可消除。

工程上经常利用冷作硬化来提高材料的弹性极限。如起重用的钢索和建筑用的钢筋常用冷拔工艺以提高强度，又如对某些零件进行喷丸处理使其表面发生塑性变形，形成冷硬层以提高零件表面的强度。但冷作硬化会使材料变脆变硬，给下一步加工造成困难，且容易产生裂纹。所以在零件的加工工艺中往往就需要在工序之间安排退火以消除冷作硬化的影响。

5.4.3 其他塑性材料拉伸时的力学性能

工程上常用的塑性材料除低碳钢外，还有中碳钢、高碳钢、合金钢、铝合金、青铜、黄铜等。图 5-12 是几种塑性材料的拉伸曲线。

曲线中有些材料如 16Mn 和低碳钢一样有明显的弹性阶段、屈服阶段、强化阶段和局部变形阶段，有些材料如黄铜，没有屈服阶段，但其他三阶段却很明显。还有些材料如 35CrMnSi 没有屈服阶段和局部变形阶段，只有弹性阶段和强化阶段。

各类碳素钢中，随含碳量的增加屈服极限和强度极限相应提高，但延伸率降低。例如合金钢、工具钢等高强度钢材，屈服极限较高，但塑性性能却较差。

对没有明显屈服极限的塑性材料可以将产生 0.2% 塑性变形时的应力作为屈服指标，并用 $\sigma_{r0.2}$ 来表示(如图 5-13 所示)。

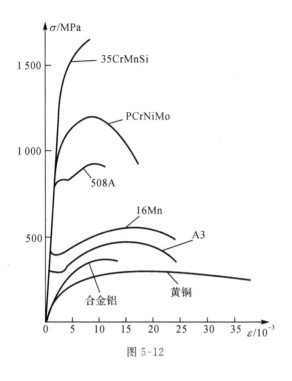

图 5-12

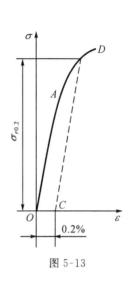

图 5-13

5.4.4 脆性材料拉伸时的力学性能

脆性材料拉伸时的应力—应变关系是一段微弯曲线,没有明显的直线部分。如图 5-14 所示,灰口铸铁在较小的拉应力下就被拉断,没有明显的屈服和颈缩现象,拉断前的应变很小,拉断后延伸率也很小。灰口铸铁是典型的脆性材料。

由于铸铁的应力—应变图没有明显的直线部分,弹性模量 E 的数值随应力的大小而变。但在工程中铸铁承受的拉应力一般不是很高,而在较低的拉应力下可近似地认为服从虎克定律,通常取 $\sigma\varepsilon$ 曲线的割线代替曲线的开始部分,并以割线的斜率值作为弹性模量,称为割线弹性模量。

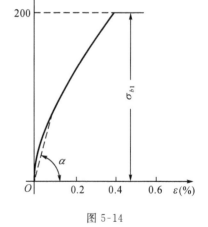

图 5-14

铸铁拉断时的最大应力即为其强度极限。因为没有屈服现象,所以强度极限 σ_b 是衡量脆性材料强度的惟一指标。铸铁等脆性材料的抗拉强度很低,所以不宜作为抗拉零件的材料。铸铁经可球化处理成为球墨铸铁,使其力学性能有显著变化,不但有较高的强度,还有较好的塑性性能。现在已成功地用球墨铸铁代替钢材制造曲轴等零件。

5.4.5 材料压缩时的力学性能

金属的压缩试样一般制成很短的圆柱,以免压弯。圆柱高度约为直径的 $1.5\sim3$ 倍。混凝土、石料等则制成立方形的试块。

低碳钢压缩时的情况如图 5-15 所示。试验表明:低碳钢压缩时的弹性模量和屈服极限都与拉伸时大致相同,屈服阶段以后试样越压越扁,横截面面积不断增大,试样抗压能力也持续增加,因而得不到压缩时的强度极限,由于可从拉伸试验测定低碳钢压缩时的主要性能,所以不一定要进行压缩试验。

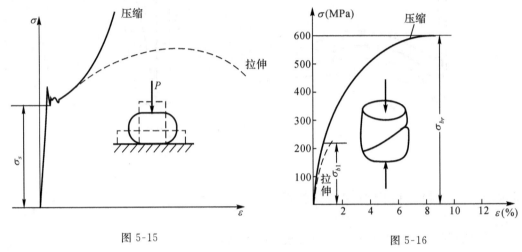

图 5-15 图 5-16

图 5-16 表示铸铁压缩时的曲线。试样仍然在较小的变形下突然破坏。破坏断面的法线与轴线大致成 $45°\sim55°$ 的倾角。表明试样沿斜截面因相对错动而破坏。铸铁的抗压强度极限比它的抗拉强度极限高几倍。其他脆性材料如混凝土、石料,抗压强度也远高于抗拉强度。

脆性材料抗拉强度低,塑性性能差,但抗压能力强,且价格低廉,宜于作为抗压构件的材料。而且铸铁坚硬耐磨,易于浇铸成比较复杂的零部件,所以广泛用于制造机床床身、机座、缸体及轴承座等受压零部件。因此其压缩试验比拉伸试验更为重要。

综上所述,衡量材料力学性能的指标主要有比例极限 σ_p、屈服极限 σ_s、强度极限 σ_b、弹性模量 E、延伸率 δ 和断面收缩率 ψ。对很多金属来说,这些量往往受温度、热处理等条件的影响。表 5-2 列出了几种常用材料在常温、静载下的力学性能数值。

表 5-2 几种常用材料的主要机械性能

材料名称	牌号	σ_s/MPa	σ_b/MPa	$\delta_5/10^{-2}$
普通碳素钢	A3	$216\sim235$	$373\sim461$	$25\sim27$
	A5	$255\sim275$	$490\sim608$	$19\sim21$
优质碳素结构钢	40	333	569	19
	45	353	598	16
普通低合金结构钢	16Mn	$274\sim343$	$471\sim510$	$19\sim21$
	15MnV	$333\sim412$	$490\sim549$	$17\sim19$

续表

材料名称	牌号	σ_s/MPa	σ_b/MPa	$\delta_5/10^{-2}$
合金结构钢	20Cr	539	834	10
	40Cr	785	981	9
铸钢	ZG270-500	270	500	18
球墨铸铁	QT450-10	310	450	10
灰铸铁	HT150		拉 150 压 640	

注:表中 δ_5 是指 $l = 5d$ 的标准试样的延伸率。

5.4.6　温度和时间对材料力学性能的影响

前面两节讨论了材料在常温、静载下的力学性能。但有些零件例如汽轮机的叶片长期在高温中运转,又如液态氢或液态氮容器则在低温下工作。材料在高温和低温下的力学性能与常温下并不相同。现在简略介绍温度和时间对材料力学性能的影响。

1.温度对材料力学性能的影响

温度对低碳钢的力学性能影响如图 5-17 所示,在高温下钢材的屈服极限迅速下降;在低温状况下,碳钢的延伸率则相应降低,倾向于变脆。因此在实践中应根据构件的工作温度,查找设计手册,选择参数。

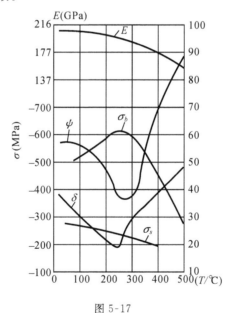

图 5-17

2.长期载荷下材料的力学性能

试验结果表明,如果低于一定温度(例如对碳钢来说,温度在 $300 \sim 350℃$ 以下),虽长期作用载荷,材料的力学性能并无明显的变化。但如果高于一定温度,且应力超过某一限度,则材料即使在固定应力和不变温度下,随着时间的延长变形将缓慢加大,这种现象称为蠕变。蠕变变形是塑性变形,卸载后不再消失。设备安装时,依靠弹性变形,有一定的预紧力,随着时间的增加因蠕变而逐渐发展的塑性变形将逐步地代替了原来的弹性变形从而使零件内的预紧力逐渐降低,这种现象称为松弛。靠预紧力密封的联接件,往往会因松弛而引起漏气或松脱。例如汽轮转子与轴的紧密配合可能因松弛而松脱,汽轮机的叶片可能因蠕变发生过大的塑性变形以至于与轮壳相碰而打碎。解决这类问题就需要了解材料有关蠕变的性质。

5.5　拉(压)杆的强度计算

5.5.1　极限应力、许用应力、安全系数

工程上的极限应力并不仅指材料的拉伸极限。塑性材料制成的构件在拉断之前先已出现塑性变形,由于不能保持原有的形状和尺寸,它已不能正常工作。一般把断裂和出现塑性变形统称为失效。这时的应力统称为**极限应力**。由脆性材料制成的构件在拉力作用下,当变形很小时就会突然断裂,所以脆性材料极限应力是强度极限 σ_b,塑性材料的极限应力是到达屈服时的屈服极限 σ_s。

为保证构件有足够的强度,在载荷作用下构件的实际应力(以后称为工作应力),显然应低于极限应力,在强度计算中,以大于1的系数除极限应力所得的结果称为**许用应力**,用$[\sigma]$来表示。

对于塑性材料

$$[\sigma] = \frac{\sigma_s}{n_s} \qquad\qquad (5-6)$$

对于脆性材料

$$[\sigma] = \frac{\sigma_b}{n_b} \qquad\qquad (5-7)$$

式中, n_s, n_b 称为**安全系数**。许用应力$[\sigma]$作为构件工作应力的最高限度,即要求工作应力不超过许用应力$[\sigma]$。从安全的角度考虑,应加大安全系数,降低许用应力,这就难免要增加材料的消耗和机器的重量,造成浪费;相反如果从经济的角度考虑,应减小安全系数,提高许用应力,这样可以少用材料,减轻自重,但又有损安全。所以应合理地权衡安全与经济两方面的要求,不应偏重于某一方面的需要。

至于确定安全系数应考虑的因素,一般有以下几点:

(1)材料的素质,包括材料的均匀程度、是塑性的还是脆性的、质量等。

(2)载荷情况,包括对载荷的估计是否准确,是静载荷还是动载荷。

(3)实际构件简化过程和计算方法的简化程度和方向。

(4)零件在设备中的重要性,工作条件,损坏后造成后果的严重程度,制造和修配的难易程度等。

(5)对减轻设备自重和提高设备机动性的要求。

在一般机械设计中,在静载的情况下,对塑性材料可取 $n_s = 1.2 \sim 2.5$。脆性材料由于

均匀性较差且断裂总是突然发生的,有更大危险性,所以取 $n_b = 2 \sim 3.5$,甚至取到 $3 \sim 9$。安全系数的选择是一项科学性很强的工作,由于人类对自然的认识有限,目前所取的安全系数在多数场合偏高,在有的地方又显不足。对一线工作的工程技术人员,许用应力和安全系数的数值应严格根据相关行业的标准和规范确定。

5.5.2 拉(压)杆的强度条件及应用

构件的强度条件就是使构件的最大工作应力小于许用应力。轴向拉伸或压缩时的构件强度条件可表示为

$$\sigma_{max} = \frac{N}{A} \leqslant [\sigma] \qquad (5-8)$$

根据强度条件我们可以对构件进行三种不同情况的强度计算。

(1)强度校核

已知载荷、杆件的截面尺寸和材料的许用应力 $[\sigma]$,校核构件的强度是否满足要求。一般由式 $\sigma_{max} = \frac{N}{A} \leqslant [\sigma]$ 来检验,若成立,则构件安全可靠具有足够的强度,若不成立,则强度不够。

(2)截面设计

如果已知载荷情况和材料的许用应力 $[\sigma]$,则构件所需的横截面面积可用下式计算

$$A \geqslant \frac{N}{[\sigma]} \qquad (5-9)$$

(3)计算许用载荷

如果已知构件的横截面面积及材料的许用应力 $[\sigma]$,则构件能承受的轴力可按下式确定

$$N \leqslant [\sigma]A \qquad (5-10)$$

从而即可计算许用载荷。

例 5-4　拉紧钢丝绳的张紧器(如图 5-18 所示),工作时可能出现的最大拉力 $F = 30kN$,拉杆的材料为 Q235 钢,$[\sigma] = 160MPa$,螺纹内径 $d_1 = 17.3mm$,截面 I-I 面积 $300mm^2$,其他尺寸如图 5-18 所示,试校核张紧器的强度。

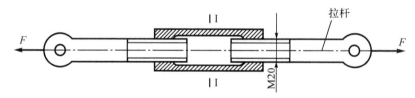

图 5-18

解　(1)受力分析、求轴力。各截面轴力均相等,为

$$N = F = 30(kN)$$

(2)分析危险截面。各截面的轴力处处相等,故截面积最小的截面为危险截面。

拉杆螺纹根部截面积

$$A_1 = \frac{\pi}{4} \cdot d_1^2 = \frac{\pi}{4} \times 17.3^2 = 235.1(mm^2)$$

比截面 I - I 的面积 300mm^2 小,所以,拉杆螺纹根部截面为危险面。

(3) 校核强度。由式(5-8)可得

$$\sigma_{max} = \frac{N}{A_1} = \frac{30 \times 10^3}{235.1} = 127.6(\text{MPa}) < [\sigma]$$

所以,张紧器的强度足够。

例 5-5 在图 5-19 所示的三角架中,AB 为圆截面钢杆,BC 为正方形截面木杆,已知 $G = 12\text{kN}$,钢材的许用应力 $[\sigma]_钢 = 160\text{MPa}$,木材的许用应力 $[\sigma]_木 = 10\text{MPa}$,试求 AB 杆所需的直径和 BC 杆所需的截面尺寸。

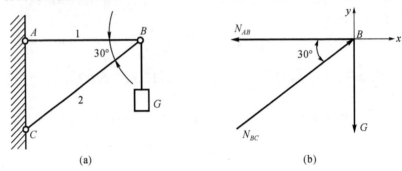

图 5-19

解 (1) 设 AB 杆受拉,BC 杆受压。以结点 B 为平衡对象,可求出两杆的轴力。由平衡条件

$$\sum F_x = 0 \quad -N_{AB} + N_{BC}\cos30° = 0$$

$$\sum F_y = 0 \quad N_{BC}\sin30° - G = 0$$

解得

$$N_{BC} = 2G \quad N_{AB} = \sqrt{3}G$$

(2) 设 AB 杆的直径为 d,BC 杆截面的边长为 a。由强度条件

$$\sigma_{AB} = \frac{N_{AB}}{A_{AB}} \leqslant [\sigma]_钢 \quad 即 \quad \frac{\sqrt{3}G}{\frac{1}{4}\pi d^2} \leqslant [\sigma]_钢$$

$$\sigma_{BC} = \frac{N_{BC}}{A_{BC}} \leqslant [\sigma]_木 \quad 即 \quad \frac{2G}{a^2} \leqslant [\sigma]_木$$

解得 $d \geqslant \sqrt{\frac{4\sqrt{3}G}{\pi[\sigma]_钢}} = \sqrt{\frac{4 \times \sqrt{3} \times 12 \times 10^3}{\pi \times 160 \times 10^6}} = 0.0129(\text{m}) = 12.9(\text{mm})$

$a \geqslant \sqrt{\frac{2G}{[\sigma]_木}} = \sqrt{\frac{2 \times 12 \times 10^3}{10 \times 10^6}} = 0.0490(\text{m}) = 49.0(\text{mm})$

(3) 结论:钢杆直径取 13mm,木杆边长取 49mm。

例 5-6 卧式拉床的油缸如图 5-20 所示,内径 $D = 186\text{mm}$,活塞杆直径 $d_1 = 65\text{mm}$,材料为 20Cr 并经过热处理,$[\sigma]_杆 = 130\text{MPa}$。缸盖由 6 个 M20 的螺栓与缸体连接,M20 螺栓的内径 $d = 17.3\text{mm}$,材料为 35 钢,经热处理后 $[\sigma]_螺 = 110\text{MPa}$。试按活塞杆和螺栓强度确定最大油压 P。

解 (1)按活塞杆的强度要求确定最大油压 P。

活塞杆的受力如图 5-20(b)所示,由平衡条件可得活塞杆的轴力

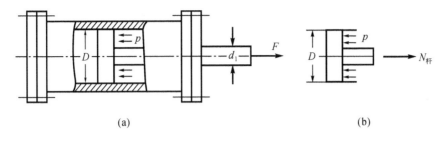

图 5-20

$$N_{\text{杆}} = P \frac{\pi}{4}(D^2 - d_1^2)$$

根据活塞杆的强度条件

$$\sigma_{\text{杆}} = \frac{N_{\text{杆}}}{A_{\text{杆}}} = \frac{P \frac{\pi}{4}(D^2 - d_1^2)}{\frac{\pi}{4}d_1^2} \leqslant [\sigma]_{\text{杆}}$$

解得最大油压为

$$P \leqslant \frac{[\sigma]_{\text{杆}} d_1^2}{D^2 - d_1^2} = \frac{130 \times 10^6 \times 0.065^2}{0.186^2 - 0.065^2} = 1.81 \times 10^7 (\text{Pa}) = 18.1(\text{MPa})$$

(2)按螺栓的强度要求确定最大油压 P。

设缸盖受的压力由 6 个螺栓平均分担,每个螺栓所承受的轴力为

$$N_{\text{螺}} = \left[P \frac{\pi}{4}(D^2 - d_1^2) \right] / 6$$

根据螺栓的强度条件

$$\sigma_{\text{螺}} = \frac{N_{\text{螺}}}{A_{\text{螺}}} = \frac{P \frac{\pi}{4}(D^2 - d_1^2)}{6 \times \frac{\pi}{4}d^2} \leqslant [\sigma]_{\text{螺}}$$

解得最大油压为

$$P \leqslant \frac{6[\sigma]_{\text{螺}} d^2}{D^2 - d_1^2} = \frac{6 \times 110 \times 10^6 \times 0.0173^2}{0.186^2 - 0.065^2} = 6.5 \times 10^6 (\text{Pa}) = 6.5(\text{MPa})$$

比较以上两种强度条件所确定的许用油压值可知,最大油压为 $P=6.5\text{MPa}$。

5.6   拉压静不定问题

5.6.1   静不定概念及其解法

在以前讨论的问题中杆件的轴力可由静力平衡方程求出,这类问题称为静定问题。但有时杆件的轴力并不能全由静力平衡方程解出,这就是静不定问题。

例 5-7   两端固定的杆件受力如图 5-21(a)所示,求两端的反力。

解   这是典型的一次静不定问题。设上下两端的反力如图 5-21(b)所示,在刚体静力

学中只能得到一个方程

$$\sum F_y = 0 \qquad R_1 + R_2 = P$$

我们可以借助变形协调方程求解。因为杆的总长不变,所以

$$\Delta l_a - \Delta l_b = 0$$

即

$$\Delta l_a = \Delta l_b$$

应用虎克定律确定 AC, BC 的长度变化量,得

$$\Delta l_a = \frac{R_1 a}{EA}, \quad \Delta l_b = \frac{R_2 a}{EA}$$

代入变形协调方程得 $\qquad \dfrac{R_1 a}{EA} = \dfrac{R_2 b}{EA}$

与力平衡方程 $\qquad R_1 + R_2 = P$

联立求解得 $\qquad R_1 = \dfrac{Pb}{a+b} \quad R_2 = \dfrac{Pa}{a+b}$

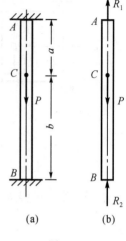

图 5-21

5.6.2 装配应力

加工构件时,尺寸上的一些微小误差是难以避免,对静定结构来说,加工误差只不过会造成结构几何形状的轻微变化,不会引起内力。但对静不定结构来说,加工误差却往往要引起内力。就以两端固定的杆件为例,若杆件的名义长度为 l,加工误差为 δ,结果杆件的实际长度为 $l + \delta$。把长为 $l + \delta$ 的杆件装进距离为 l 的固定支座之间,必然引起杆件内的压应力,这种应力称为装配应力。

例 5-8 如图 5-22(a)所示结构,杆 3 应装配在刚体上,但制造时杆 3 短了 0.8mm,已知杆 1,2,3 长 $l = 1\text{m}$,横截面面积均为 200mm^2,材料弹性模量 $E = 200\text{GPa}$,求装配后各杆的轴力。

解 (1)静力平衡方程。

假设装配以后横梁的位置如图 5-22(b)所示,杆 1,3 受拉伸长,杆 2 受压缩短,横梁的受力情况如图 5-22(c)所示。由 N_1, N_2, N_3 组成的平面平行力系必定是平衡的,可得到两个平衡方程

$$\sum M_A = 0 \qquad N_2 a - 2N_3 a = 0 \Rightarrow N_2 = 2N_3$$

$$\sum M_B = 0 \qquad N_1 a - N_3 a = 0 \Rightarrow N_1 = N_3$$

(2)变形协调方程。

由图 5-22(b)可知 $\qquad \Delta l_1 + \Delta l_2 = \delta - \Delta l_3 - \Delta l_2$

所以 $\qquad \Delta l_1 + 2\Delta l_2 + \Delta l_3 = \delta$

(3)物理方程。

由虎克定律知

$$\Delta l_1 = \frac{N_1 l}{EA} \quad \Delta l_2 = \frac{N_2 l}{EA} \quad \Delta l_3 = \frac{N_3 l}{EA}$$

其中杆 3 的长度应为 $l - \delta$,但 δ 和 l 相比可以忽略不计,所以仍以 l 计算,这是小变形原理的具体体现。

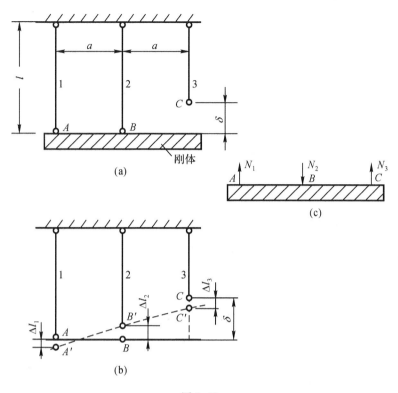

图 5-22

（4）补充方程。

将物理方程的结果代入变形协调方程即可得

$$N_1 + 2N_2 + N_3 = EA\delta/l$$

与静力方程

$$N_2 = 2N_3$$

$$N_1 = N_3$$

联立解得

$$N_1 = N_3 = 5.33(\text{kN})$$

$$N_2 = 10.6(\text{kN})$$

解答均为正值，说明与预设方向一致。

5.6.3 温度应力

温度变化会引起物体的膨胀或收缩。静定结构可以自由变化，当温度均匀变化时并不会引起构件的内力。但如果静不定结构的变形受到部分或全部约束，则当温度变化时往往就会引起内力。

如在图 5-23 中，我们用 AB 杆代表蒸汽锅炉与原动机间的管道。与锅炉和原动机相比管道刚度很小，故可把 A,B 两端简化成固定端，当管道中通过高压蒸汽时，温度发生了变化。杆件的膨胀势必引起作用于两端的约束反力 R_A 和 R_B，这将引起杆件内的压应力，这种应力称为热应力或温度应力。

对上述两端固定的 AB 杆来说由平衡方程只能得出

$$R_A = R_B \tag{1}$$

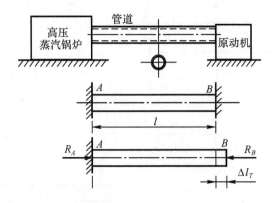

图 5-23

这并不能确定约束反力的数值,必须再补充一个变形协调方程。设想拆除右端支座,允许杆件自由膨胀,当温度变化为 ΔT 时,杆件的温度变形(伸长)应为

$$\Delta l_T = \alpha \Delta T l \qquad (2)$$

式中,α 为材料的线膨胀系数。

然后再在右端作用 R_B,杆件因 R_B 而产生的缩短是

$$\Delta l = \frac{R_B l}{EA} \qquad (3)$$

实际上,由于两端固定,长度不能变化,必有

$$\Delta l_T = \Delta l \qquad (4)$$

这就是补充的变形协调方程。以(2)式和(3)式代入(4)式得

$$\alpha \Delta T l = \frac{R_B l}{EA}$$

由此求出

$$R_B = EA\alpha \Delta T$$

所以温度应力

$$\sigma_T = \frac{R_B}{A} = \alpha E \Delta T$$

对碳钢有 $\alpha = 12.5 \times 10^{-6} / ℃$,$E = 200 \text{GPa}$,所以

$$\sigma_T = 12.5 \times 10^{-6} \times 200 \times 10^3 \Delta T = 2.5 \Delta T (\text{MPa})$$

可见当 ΔT 较大时,σ_T 的数值便非常可观。为了避免过高的温度应力,在管道中有时增加伸缩节或弯头,以降低温度应力。钢轨各段之间留有伸缩缝,也是因为这个道理。

5.7 应力集中的概念

等截面杆件受轴向拉伸或压缩时,横截面上的应力是均匀分布的。由于实际需要,有些零件必须有切口、孔、螺纹、轴肩等结构,以至于在这些部位上截面尺寸发生突然变化。实验结果和理论分析表明,在零件尺寸突然改变处的横截面上应力并不是均匀分布的。例如开有圆孔的板(如图 5-24 所示)受拉力在圆孔附近的局部区域内,应力剧烈增加但在离开圆孔

或切口稍远处应力就迅速降低而趋于均匀,这种因杆件外形突然变化而引起局部应力急剧增大的现象,称为应力集中。

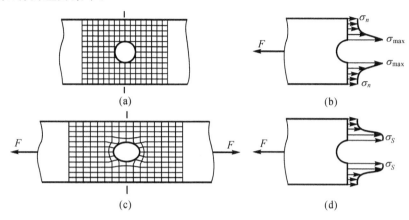

图 5-24

设发生应力集中的截面上的最大应力为 $\sigma_{\max}$,平均应力为 σ_a,取比值

$$k = \frac{\sigma_{\max}}{\sigma_a}$$

k 称为理论应力集中系数,它反映了应力集中的程度是一个大于 1 的系数。实验结果表明:截面尺寸改变得越急剧、角越尖,应力集中的程度就越严重,因此零件上应尽可能地避免带尖角的孔和槽,在阶梯轴的轴肩处要用圆弧过渡,而且应尽量使圆弧半径大一些。

各种材料对应力集中的敏感程度并不相同。塑性材料有屈服阶段,当局部的最大应力 $\sigma_{\max}$ 达到屈服极限 σ_s,该处变形可以继续增长而应力却不再加大,增加的力就由截面上尚未屈服的材料来承担,使截面上相近点的应力相继增大到屈服极限,如图 5-24(d)所示,这就使截面的应力逐渐趋于平均,降低了应力不均匀程度,也限制了最大应力 $\sigma_{\max}$ 的数值。因此用塑性材料制成的零件在静载作用下可以不考虑应力集中的影响。脆性材料没有屈服阶段,当载荷增加时,应力集中处的最大应力 $\sigma_{\max}$ 首先达到强度极限 σ_b,该处首先产生裂纹。所以对于脆性材料制成的零件,应力集中的危害性显得更严重,因此即使在静载荷作用下,也应考虑应力集中对零件承载能力的影响。至于灰铸铁,其内部的不均匀性和缺陷往往是产生应力集中的主要因素,而零件外形改变所引起的应力集中就可能成为次要因素,对零件的承载能力不一定造成明显的影响。

当零件受周期性变化的应力或受冲击载荷作用时,不论是塑性材料还是脆性材料,应力集中对零件的强度都有严重影响。

习　题

5-1　何谓截面法?用截面法求内力的方法和步骤如何?

5-2　简述低碳钢拉伸试验中的四个阶段,其应力—应变图上四个特征点的物理意义是什么?

5-3　阶梯杆 AD 如图 5-25 所示,受三个集中力 P 作用,设 AB,BC,CD 段的横截面面

积分别为 $A,2A,3A$,则三段杆的横截面上轴力和应力是否相等?

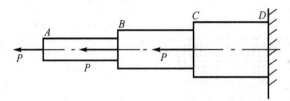

图 5-25

5-4 三根杆的横截面面积及长度相等,其材料的应力—应变曲线分别如图 5-26 所示,其中强度最高、刚度最大、塑性最好的分别是哪条?

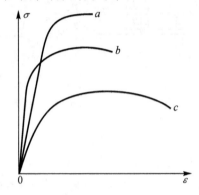

图 5-26

5-5 求如图 5-27 所示阶梯杆的总变形 Δl。

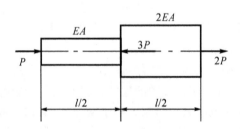

图 5-27

5-6 求如图 5-28 所示的各杆横截面 1-1,2-2,3-3 上的轴力。

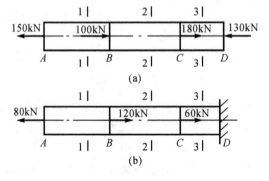

(a)

(b)

图 5-28

5-7　试作如图 5-29 所示各杆的轴力图。

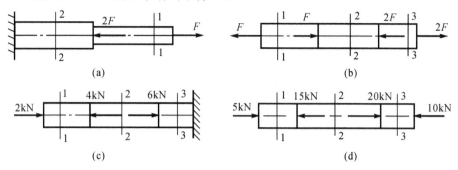

(a)　　　　　　　　　　　　　(b)

(c)　　　　　　　　　　　　　(d)

图 5-29

5-8　阶梯轴横截面 1-1，2-2，3-3 上的外力如图 5-30 所示，试作轴力图。若横截面面积 $A_1=200\text{mm}^2$，$A_2=250\text{mm}^2$，$A_3=300\text{mm}^2$，求各横截面上的应力。

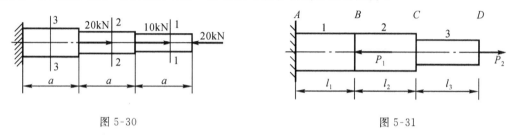

图 5-30　　　　　　　　　　　图 5-31

5-9　钢制阶梯杆如图 5-31 所示。已知沿轴线方向外力 $P_1=50\text{kN}$，作用于 B 截面；$P_2=20\text{kN}$，作用于 D 截面。各段杆长 $l_1=100\text{mm}$，$l_2=l_3=80\text{mm}$，横截面面积 $A_1=A_2=400\text{mm}^2$，$A_3=250\text{mm}^2$，钢的弹性模量 $E=200\text{GPa}$，试求各段杆的纵向变形、杆的总变形量及各段杆的线应变。

5-10　如图 5-32 所示的三角架，杆 AB 及 AC 均为圆截面钢杆，杆 AB 的直径为 $d_1=16\text{mm}$，杆 AC 的直径为 $d_2=20\text{mm}$，设负荷 $G=40\text{kN}$，钢材料的许用应力 $[\sigma]=120\text{MPa}$，问此三角架是否安全？

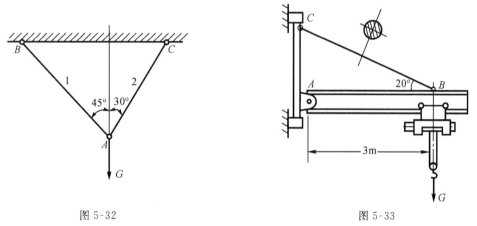

图 5-32　　　　　　　　　　　图 5-33

5-11　悬臂吊车如图 5-33 所示。最大起重载荷 $G=20\text{kN}$，杆 BC 为 Q235A 圆钢，许用应力 $[\sigma]=120\text{MPa}$。试设计 BC 杆的直径。

5-12 如图 5-34 所示三角架由钢杆 AB 和 BC 通过铰链联接组成，杆 AB 直径 $d_1 =$ 20mm，杆 BC 直径 $d_2 = 16$mm，许用应力 $[\sigma] = 80$MPa，求三角架能承担的最大负荷 G。

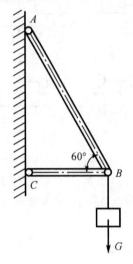

图 5-34

第6章　剪切与挤压

6.1　剪　切

6.1.1　基本概念

1. 剪切变形

我们先以图 6-1 剪床上钢板受剪的情形为例,介绍剪切的概念。上、下两个刀刃以大小相等、方向相反的两个力作用于钢板上,迫使在截面左、右的两部分发生沿 m-n 截面相对错动的变形,直到最后被剪断,这类似于生活中"剪"的概念。工程上把构件在大小相等、方向相反、作用线相距很近的一对平行力的作用下,沿着力的方向发生相对错动的变形,称为**剪切变形**,发生相对错动的截面称为**剪切面**。事实上,工程上很多零件受剪切作用,如销、键、铆钉、螺栓等(如图 6-2,6-3 所示)。剪床上钢板被"剪断"是剪床的工作目的,对联接件来说"剪断"是它们的破坏形式,但变形形式是一致的。

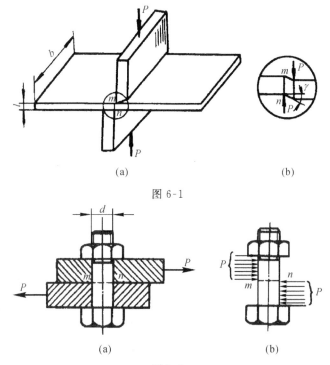

(a)　　　　　　　　　　(b)

图 6-1

(a)　　　　　　　　　　(b)

图 6-2

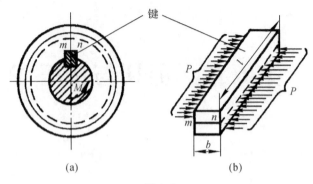

图 6-3

2. 剪力

研究剪切的内力时,以剪切面 m-n 将受剪构件分成两部分,并以其中一部分为研究对

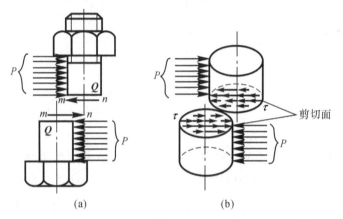

图 6-4

象,如图 6-4 所示。m-n 截面上的内力 Q 与截面相切称为**剪切力**,简称**剪力**。由平衡方程容易求得

$$Q = P$$

工程力学中规定,剪力 Q 对研究的脱离体内任一点的力矩是顺时针转向者为正,逆时针转向者为负。这与前一章轴力问题类似,我们无论以上半部分脱离体还是下半部分脱离体计算,剪力 Q 的正负应该是一致的。

3. 剪应力

在构件的剪切面上,平行于剪切面的应力称为**剪应力**或**切应力**。剪应力的实际分布情况比较复杂,在实用计算中,假设在剪切面上剪应力是均匀分布的。若以 A 表示剪切面面积,则剪应力

$$\tau = \frac{Q}{A} \tag{6-1}$$

由(6-1)式算出的只是剪切面上的平均剪应力,是一个名义剪应力。剪应力的单位与应力一样,为 Pa,常用 MPa。

4. 剪应变

为分析物体受剪力作用后的变形情况,我们从剪切面上取一直角六面体分析。如图 6-5 所示在剪力的作用下,相互垂直的两平面夹角发生了变化,即不再保持直角,则此角度的

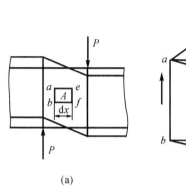 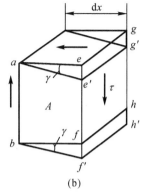 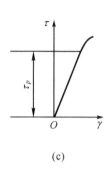

(a) (b) (c)

图 6-5

改变量 γ 称为**剪应变**,又称**切应变**。它是对剪切变形的一个度量标准,通常用弧度(rad)来度量。在小变形情况下,γ 可用 $\tan\gamma$ 来近似,即

$$\gamma \approx \tan\gamma \frac{ee'}{ae}$$

这一近似处理是材料力学小变形假设的具体体现,以后的许多公式都是以此为前提推导的,在以后的实践中切不可盲目套用公式,而忘了小变形假设的前提。

5.剪应力互等定理

在受力物体中,我们可以围绕任意一点,用六个相互垂直的平面截取一个边长为 dx,dy,dz 的微小正六面体,作为研究的单元体(如图 6-6 所示)。在单元体中的相互垂直的两个平面上,剪应力(绝对值)的大小相等,它们的方向不是共同指向这两个平面的交线,就是共同背离这两个平面的交线。即

$$\tau = \tau' \quad (\text{证明略})$$

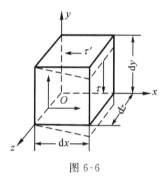

图 6-6

6.剪切虎克定律

实验证明:当剪应力不超过材料的剪切比例极限 τ_p 时,剪应力 τ 与剪应变 γ 成正比例,这就是剪切虎克定律,可以写为

$$\tau = G\gamma \tag{6-2}$$

式中的比例常数 G 称为材料的剪切弹性模量。它的常用单位是 GPa。钢的剪切弹性模量 G 值约为 80GPa。对各向同性材料,G 值也可由下式得出:

$$G = \frac{E}{2(1+\mu)} \tag{6-3}$$

6.1.2 剪切强度条件

剪切强度条件就是使构件的实际剪应力不超过材料的许用剪应力。

$$\tau = \frac{Q}{A} \leqslant [\tau] \tag{6-4}$$

这里 $[\tau]$ 为许用剪应力,单位为 Pa 或 MPa。

由于剪应力并非均匀分布,由(6-1)式算出的只是剪切面上的平均剪应力,所以在用实

验的方式建立强度条件时,应使试样受力尽可能地接近实际联接件的情况,以确定试样失效时的极限载荷 τ_0,再除以安全系数 n,得许用剪应力 $[\tau]$

$$[\tau] = \frac{\tau_0}{n} \tag{6-5}$$

各种材料的剪切许用应力应尽量从有关规范中查取。

一般,材料的剪切许用应力 $[\tau]$ 与材料的许用拉应力 $[\sigma]$ 有如下关系:

对塑性材料　　　　　　　　　　$[\tau]=0.6\sim0.8[\sigma]$

对脆性材料　　　　　　　　　　$[\tau]=0.8\sim1.0[\sigma]$

6.1.3　剪切的实用计算

剪切计算相应地也可分为强度校核、截面设计、确定许可载荷等三类问题,这里就不展开论述了。但在剪切计算中要正确判断剪切面积,在铆钉联接中要正确判断单剪切和双剪切。仅有一个剪切面的称为单剪切,如图 6-7(a)所示,具有两个剪切面的称为双剪切,如图 6-7(b)所示。一般在联接中,搭接的联接件为单剪切,对接的联接件是单盖板时为单剪切,对接的联接件是双盖板时为双剪切。

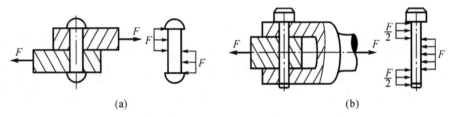

(a)　　　　　　　　　　　　　　(b)

图 6-7

例 6-1　已知 $P=100\text{kN}$,销钉直径 $d=30\text{mm}$,材料的许用剪应力 $[\tau]=60\text{MPa}$,结构如图 6-8 所示,试校核销钉的剪切强度,如强度不够,应改用多大直径的销钉?

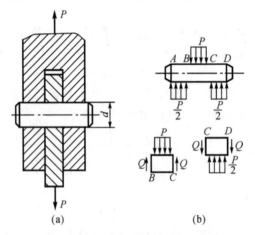

(a)　　　　　　　　(b)

图 6-8

解　分析:销钉上有两个剪切面,每一个剪切面所承受的剪力

$$Q = \frac{P}{2}$$

设销钉的横截面积为 A,则销钉剪切面上的剪应力为

$$\tau = \frac{Q}{A} = \frac{P}{2A} = \frac{100 \times 1000}{2 \times \frac{\pi}{4} \times 0.03^2}$$

$$= 70.7(\text{MPa}) > [\tau] = 60(\text{MPa})$$

因此该销钉剪切强度不够。欲满足强度要求，应有

$$\tau \leqslant [\tau]$$

$$\tau = \frac{Q}{A} = \frac{P}{2A} = \frac{P}{2 \times \frac{\pi}{4} \times d^2} \leqslant [\tau]$$

$$d \geqslant \sqrt{\frac{2P}{\pi[\tau]}}$$

$$d \geqslant \sqrt{\frac{2 \times 100 \times 1000}{\pi \times 60 \times 10^6}} = 0.0326(\text{m}) = 32.6(\text{mm})$$

取 $d = 33\text{mm}$，即改用直径为 33mm 的销钉。

剪切强度计算中还有另一类问题，如落料、冲孔、保险销等，实际中要求构件切断，要求这些构件的剪应力必须超过材料的极限剪应力，即

$$\tau = \frac{Q}{A} \geqslant \tau_b$$

τ_b 为材料的剪切强度极限。

例 6-2　图 6-9 所示为一冲孔装置，冲头的直径 $d = 20\text{mm}$，当冲击力 $P = 100\text{kN}$ 时，欲将剪切强度极限 $\tau_b = 300\text{MPa}$ 钢板冲出一圆孔。试求该钢板的最大厚度 t 为多少？

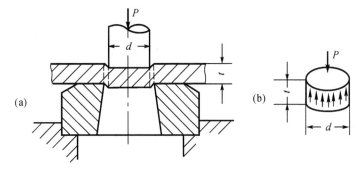

图 6-9

解　分析：首先本例中剪力 Q 等于冲击力 P，然后确定剪切面积。冲孔、落料一类问题的剪切面比较复杂，通常不是平面图形。本例冲孔时的受剪面为直径 $d = 20\text{mm}$、高度为 t（钢板厚度）的圆柱体侧面（即圆柱面），所以受剪面积

$$A_{\text{剪}} = \pi d \cdot t$$

代入公式 $\tau = \frac{Q}{A} \geqslant \tau_b$ 就可求得钢板的最大厚度

$$t \leqslant \frac{P}{\pi d \tau_b} = \frac{100 \times 10^3}{\pi \times 20 \times 10^{-3} \times 300 \times 10^6} = 5.3 \times 10^{-3}(\text{m}) = 5.3(\text{mm})$$

6.2 挤 压

6.2.1 挤压的基本概念

1. 挤压变形

在螺栓联接的计算中,螺栓除了可能被剪断,还可能被压扁。钢板的螺栓孔也会被压成局部塑性变形而拉长。如图 6-10 所示,在外力作用下,联接件和被联件之间,在接触面上相互压紧,这种现象称为**挤压**。相互压紧的接触面称为**挤压面**。挤压与压缩不同,挤压发生在构件相互接触的局部面积上,在接触面的局部区域会产生较大的接触应力。

2. 挤压应力

挤压面上的应力称为**挤压应力**。在挤压面上,应力分布一般比较复杂。在实用计算中,假设在挤压面上应力均匀分布。以 P_{bs} 表示挤压面上传递的力,A_{bs} 表示挤压面积,于是挤压应力为

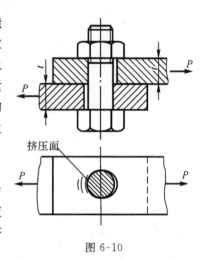

图 6-10

$$\sigma_{bs} = \frac{P_{bs}}{A_{bs}} \tag{6-6}$$

3. 挤压面积

当联接件之间的接触面为平面时,以上公式中的 A_{bs} 就是接触面的面积。当接触面为圆柱面时(如销钉、铆钉等钉与孔间的接触面),挤压应力的分布情况十分复杂,最大应力在圆柱面的中点,在实用计算中,以圆孔或圆柱的直径平面面积为计算面积(即图 6-11(d)中画阴影线的面积)。

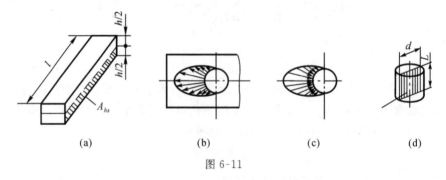

(a)	(b)	(c)	(d)

图 6-11

6.2.2 挤压强度条件

工程上除了进行剪切强度计算外,还要进行挤压强度计算。挤压强度条件的计算公

式为

$$\sigma_{bs} = \frac{P_{bs}}{A_{bs}} \leqslant [\sigma_{bs}]$$

式中$[\sigma_{bs}]$为材料的许用挤压应力,其值可查有关的设计手册而得。对于钢材许用挤压应力一般可按下式计算:

$$[\sigma_{bs}] = 1.7 \sim 2.0[\sigma_-]$$

$[\sigma_-]$为材料的许用压应力。上式说明钢材的许用挤压应力远远超过许用压应力,这进一步证明挤压和压缩是两个不同的概念。值得注意的是:由于挤压是两个构件之间的作用,当两个构件材料不同时,$[\sigma_{bs}]$应取两者中的低值。

6.2.3　挤压的实用计算

例 6-3　一带轮用平键联接在轴上,如图 6-12(a)所示。已知键的尺寸为 $b = 20$ mm,$h = 12$mm,$l = 80$mm,材料的许用剪应力$[\tau] = 60$ MPa,许用挤压应力$[\sigma_{bs}] = 120$ MPa。带轮的许用挤压应力$[\sigma_{bs}] = 100$ MPa,轴的直径 $d = 80$ mm。键联接传递的转矩为 $m = 1600$ Nm。试校核键联接的强度。

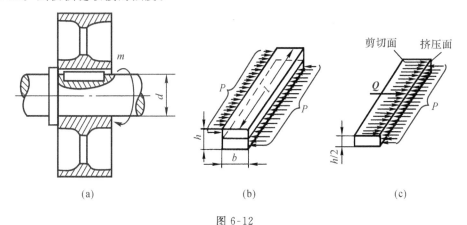

(a)　　　　　　(b)　　　　　　(c)

图 6-12

解　(1)求作用于键上的外力 P。

取键和轴一起为研究对象,由平衡方程

$$\sum M = 0 \quad m - P\frac{d}{2} = 0$$

得

$$P = \frac{2m}{d} = \frac{2 \times 1600}{80 \times 10^{-3}} = 40 \times 10^3 \text{(N)}$$

(2)校核键的剪切强度。

取键为研究对象,其受力如图 6-12(b),(c)所示。显然键的剖分平面为剪切面,其面积 $A = bl$,剪切面上的剪力 $Q = P$,于是,剪应力为

$$\tau = \frac{Q}{A} = \frac{P}{bl} = \frac{40 \times 10^3}{20 \times 80} = 25 \text{ (MPa)} < [\tau]$$

所以键的剪切强度足够。

(3)校核挤压强度。

由于带轮的许用挤压应力比键小,所以只要校核带轮的挤压强度即可。带轮键槽受到的挤压力及挤压面积与键的相同,由图 6-12(c)可知,挤压力 $P_{bs}=P$,挤压面面积 $A_{bs}=hl/2$。于是,由式(6-6)得挤压应力为

$$\sigma_{bs} = \frac{P_{bs}}{A_{bs}} = \frac{P}{hl/2} = \frac{40 \times 10^3}{6 \times 80} = 83.3(\text{MPa}) < [\sigma_{bs}]$$

故带轮和键的挤压强度都足够。所以,键联接的强度足够。

例 6-4 有一铆钉接头如图 6-13(a)所示,已知拉力 $P=100\text{kN}$,铆钉直径 $d=16\text{mm}$,钢板厚度 $t=20\text{mm}$,$t_1=12\text{mm}$,铆钉和钢板的许用应力 $[\sigma]=160\text{MPa}$,$[\tau]=140\text{MPa}$,$[\sigma_{bs}]=320\text{MPa}$,试确定铆钉的个数 n 及钢板的宽度 b。

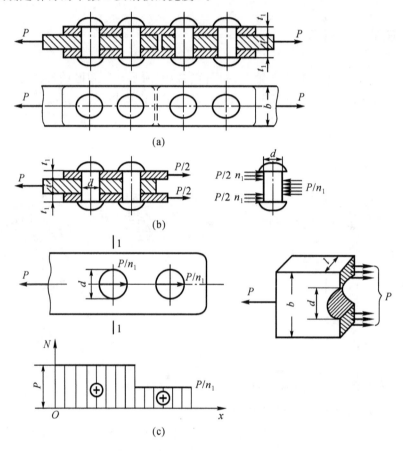

图 6-13

解 (1)按剪切强度计算铆钉的个数 n。

由于铆钉左右对称,故可取一边进行分析。现取左半边。假设左半边需要 n_1 个铆钉,则每个铆钉的受力如图 6-13(b)所示,按剪切强度条件可得

$$\tau = \frac{\dfrac{P}{n_1}}{2 \times \dfrac{\pi}{4} \times d^2} \leqslant [\tau]$$

所以

$$n_1 \geqslant \frac{2P}{\pi d^2 [\tau]} = \frac{2 \times 100 \times 1000}{\pi \times 0.016^2 \times 140 \times 10^6} = 1.78$$

取 $n_1 = 2$，共需铆钉 $n = 2n_1 = 4$。

（2）校核挤压强度。

由于上下钢板厚度之和 $2t_1$ 大于中间钢板厚度 t，故只需校核中间钢板与铆钉之间的挤压强度

$$\sigma_{bs} = \frac{P_{bs}}{A_{bs}} = \frac{P}{n_1 dt} = \frac{100 \times 1000}{2 \times 0.016 \times 0.02} = 156(\text{MPa}) < [\sigma_{bs}] = 320\text{MPa}$$

所以挤压强度足够

（3）计算钢板宽度 b。

由图 6-13(c)所示的轴力图可知截面 1-1 为危险截面，按拉伸强度条件公式

$$\sigma = \frac{N}{A} = \frac{P}{(b-d)t} \leqslant [\sigma]$$

得

$$b \geqslant \frac{P}{t[\sigma]} + d = \frac{100 \times 1000}{0.02 \times 160 \times 10^6} + 0.016 = 0.047(\text{m}) = 47.3(\text{mm})$$

取钢板宽度 $b = 48\text{mm}$。

习 题

6-1 挤压与压缩有何区别，指出图 6-14 中哪个物体应考虑压缩强度？哪个物体应考虑挤压强度？

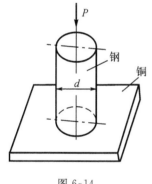

图 6-14

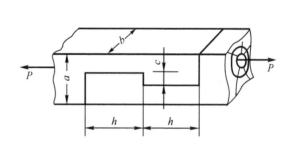

图 6-15

6-2 如图 6-15 所示的木榫接头，左右两部分的形状完全一样，在力 P 作用下，榫接头的剪切面积为 _____，挤压面积为 _____。

6-3 如图 6-16 所示联接件，圆柱销剪切面上剪应力为 _____。

6-4 如图 6-17 所示，凸缘联轴器传递的力偶矩为 $m = 200\text{Nm}$，凸缘之间用四只螺栓联接，对称地分布在 $\phi80\text{mm}$ 圆周上，螺栓内径 $d \approx 10\text{mm}$。如螺栓的剪切许用应力 $[\tau] = 60\text{MPa}$，试校核螺栓的剪切强度。

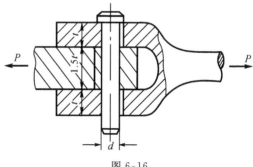

图 6-16

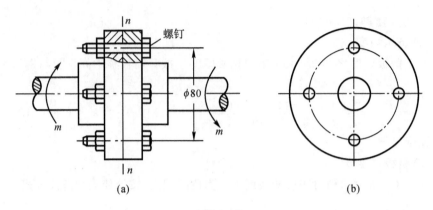

图 6-17

6-5 如图 6-18 所示为测定圆柱试件剪切强度的实验装置,已知试件直径 $d=20\text{mm}$,剪断时的压力 $P=470\text{kN}$,试求该材料的剪切强度极限 τ_0。

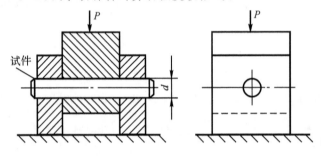

图 6-18

6-6 手柄与轴用键联接如图 6-19 所示,已知键的尺寸为 $b\times h\times l=10\times8\times35\text{mm}$,键的许用剪应力 $[\tau]=60\text{MPa}$,许用挤压应力 $[\sigma_{bs}]=240\text{MPa}$。轴的直径 $d=30\text{mm}$,手柄长 $L=750\text{mm}$,许用挤压应力 $[\sigma_{bs}]=200\text{MPa}$。试求加在手柄端部的力 F 允许多大?

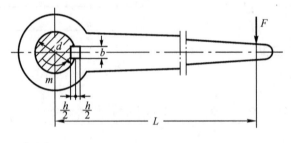

图 6-19

第7章 圆轴扭转

扭转是材料力学中的几种基本变形形式之一,在机械、电力、轻纺、冶金和化工等工程领域中常会遇到各种构件的扭转问题。因此,理解和掌握扭转时的内力计算、剪应力和扭转角公式的推导过程,学会运用扭转时的强度条件和刚度条件进行轴的强度与刚度计算等,在工程实践中具有重要意义。

7.1 扭转的概念和内力分析

7.1.1 扭转的概念

工程实际中,有很多构件,如汽车传动轴和方向杆、丝锥、车床的光杆等,都是受扭构件(如图 7-1 所示)。根据上述这些构件的受力情况,我们可以将受扭杆件的计算简化成如图 7-2 所示。可以看出,当杆轴两端受到一对大小相等,转向相反的外力偶作用,且力偶所在平面垂直于杆轴时,杆两端截面会发生相对转动,其扭转角为 φ,如图 7-2 所示。

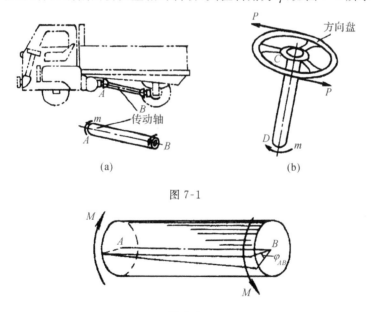

(a)   (b)

图 7-1

图 7-2

还有一些轴类零件,如电动机主轴、水轮机主轴、机床传动轴等,除扭转变形外还有其他变形。本章先研究这些构件的扭转变形。

上面提到的承受扭转变形的轴类零件,其截面大都是圆形的。所以本章主要研究圆截面等直杆的扭转,这是工程中最常见的情况,又是扭转变形中最简单的问题。

7.1.2 外力偶矩

作用于轴的外力偶矩在工程实际中是不直接给出的,往往要由轴所传送的功率和轴的转速来计算,而且工程上轴的转速单位为 r/min,功率单位为 kW,所以外力偶矩的计算公式为

$$M = \frac{1000 \times P}{2\pi \times \frac{n}{60}} \approx 9549 \frac{P}{n} \tag{7-1}$$

式中:M——作用在轴上的外力偶矩,N·m;

P——功率,kW;

n——轴的转速,r/min。

过去,工程上常用的功率单位还有马力(匹),此时外力偶矩的计算公式为

$$M \approx 7024 \frac{P}{n} \tag{7-2}$$

求出作用于轴上的所有外力偶矩后,即可用截面法研究横截面上的内力。

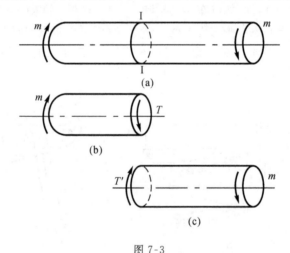

图 7-3

7.1.3 扭矩

以图 7-3 所示圆轴为例,用横截面 I 将轴分成两部分,先研究其中一部分,如左半部分。因为整个轴是平衡的,所以左半部分也处于平衡状态,这就要求截面 I 上的内力系必须归结为一个内力偶矩 T,简称扭矩,以与外加力偶矩 M 平衡。用平衡方程表示为

$$\sum_{i=1}^{n} M_{ix} = 0 \qquad T - m = 0$$

得

$$T = m$$

如果考察图 7-3 的右面部分的平衡,仍可求得 $T'=m$ 的结果,T' 的方向则与用左面部分平衡求出的相反。

为使无论用左面部分或右面部分求出的同一截面上的扭矩非但数值相等,而且符号相同,扭矩 T 的符号规定为:若按右手螺旋法则把 T 表示为矢量,当矢量方向与截面外法线方向一致时,T 为正;反之为负(如图 7-4 所示)。按照这一规则,在图 7-3 中,无论就左、右两部分来说,截面 I 上的扭矩都是正的。

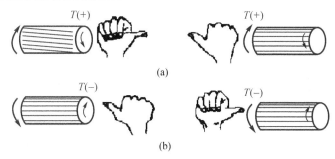

$T(+)$　$T(+)$

(a)

$T(-)$　$T(-)$

(b)

图 7-4

扭矩的量纲和外力偶矩的量纲相同,都为〔力〕·〔长度〕。在国际单位制中常用的单位是牛顿·米(N·m)或千牛顿·米(kN·m)。

这里请注意分清扭矩和力矩的正负规定。两者均按右手螺旋法则判断,但力矩以大拇指的指向与坐标轴是否一致来规定正负,而扭矩则按大拇指的指向与截面外法线的方向是否一致来确定正负。

7.1.4　扭矩图

一般作用于轴上的外力偶矩比较多。为了直观地表示轴各段的受扭情况,与拉压问题类似,用图线表示沿轴线各截面扭矩的变化情况。用横坐标表示横截面的位置,用纵坐标表示扭矩的代数值,这种表示各截面扭矩变化的图,称为扭矩图。下面用例题来说明扭矩图的绘制。

例 7-1　传动轴如图 7-5(a)所示,主动轮 A 输入功率 $P_A=45\text{kW}$,从动轮 B,C,D 输出功率分别为 $N_B=10\text{kW}$,$N_C=15\text{kW}$,$N_D=20\text{kW}$,轴的转速 $n=300\text{r/min}$,请画出轴的扭矩图。

解　(1)计算外力偶矩。

作用在各轮上的外力偶矩由式(7-1)可得

$$M_A \approx 9549\frac{P_A}{n} = 9549 \times \frac{45}{300} = 1432(\text{N} \cdot \text{m})$$

$$M_B \approx 9549\frac{P_B}{n} = 9549 \times \frac{10}{300} = 318(\text{N} \cdot \text{m})$$

$$M_C \approx 9549\frac{P_C}{n} = 9549 \times \frac{15}{300} = 477(\text{N} \cdot \text{m})$$

$$M_D \approx 9549\frac{P_D}{n} = 9549 \times \frac{20}{300} = 637(\text{N} \cdot \text{m})$$

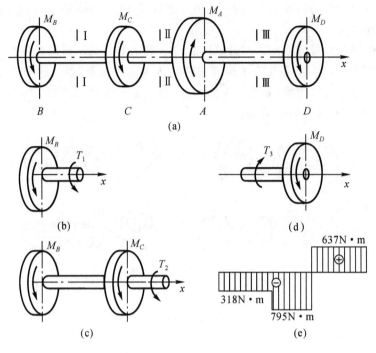

图 7-5

（2）求各段扭矩。

先用Ⅰ-Ⅰ截面将 BC 段分为两部分，取左面部分研究（如图 7-5(b)所示）。假设扭矩 T_1 是正的，根据平衡条件 $\sum_{i=1}^{n} M_{ix} = 0$，有

$$T_1 + M_B = 0$$

得 $\qquad T_1 = -M_B = -318(\mathrm{N \cdot m})$

再用Ⅱ-Ⅱ截面将 CA 段分为两部分，取左面部分研究（如图 7-5(c)所示），假设扭矩 T_2 是正的，根据平衡条件 $\sum_{i=1}^{n} M_{ix} = 0$，有

$$T_2 + M_B + M_C = 0$$

得 $\qquad T_2 = -M_B - M_C = -318 - 477 = -795(\mathrm{N \cdot m})$

最后用Ⅲ-Ⅲ截面将 AD 段分为两部分，取右面部分研究（如图 7-5(d)所示），假设扭矩 T_3 是正的，根据平衡条件 $\sum_{i=1}^{n} M_{ix} = 0$，有

$$-T_3 + M_D = 0$$

得 $\qquad T_3 = M_D = 637(\mathrm{N \cdot m})$

（3）把计算所得扭矩值沿轴线标出来，即为该传动轴的扭矩图（如图 7-5(e)所示）。

在上例中如果把主动轮 A 布置在轴的右端，其扭矩图如图 7-6 所示，轴上的最大扭矩就是 1432N・m，比上例的计算结果 -795N・m 大得多。因此，在工程设计中应在轴上合理地布置主动轮和从动轮的位置。

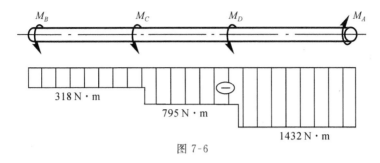

图 7-6

7.2　圆轴扭转的应力与强度计算

7.2.1　圆轴扭转的应力公式

圆轴扭转的应力公式的推导过程比较复杂,应理解其中的基本原理,并能活学活用,指导生产实践。下面从几何、物理和静力等三方面的关系来研究圆轴受扭时的应力。

1. 变形几何关系

为观察圆轴的扭转变形,在圆轴表面上作圆周线和纵向线。在扭转力偶矩 M 的作用下,我们会发现:各圆周线绕轴线相对地旋转了一个角度,但大小、形状和相邻圆周线间的距离不变。在小变形的情况下,纵向线仍近似是一条直线,只是倾斜了一个微小的角度。变形前表面上的方格在变形后成为菱形。

根据观察到的现象作下述基本假设:圆轴扭转变形前的横截面,变形后仍保持为平面,形状和大小不变,半径仍保持为直线,且相邻两横截面间的距离不变,这就是圆轴扭转的平面假设。按照这一假设,在扭转变形中,圆轴的横截面就像刚性平面一样,只是绕轴线旋转了一个角度。

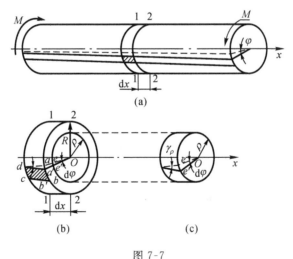

图 7-7

在图 7-7(a)中 φ 表示两端截面的相对转角,称为扭转角,它由弧度来度量。用相邻的横截面 1-1 和 2-2 从轴中取出长为 $\mathrm{d}x$ 的微段,并放大为图 7-7(b)。若截面的相对转角为 $\mathrm{d}\varphi$,则根据平面假设,横截面 2-2 像刚性平面一样,相对于 1-1 绕轴线旋转了一个角度 $\mathrm{d}\varphi$,半径 Oa 转到了 Oa'。于是,表面方格 $abcd$ 的边相对于 cd 边发生微小的错动,错动的距离

$$aa' = R\mathrm{d}\varphi$$

因而引起原为直角的 $\angle adc$ 发生角度改变,改变量

$$\gamma = R\frac{\mathrm{d}\varphi}{\mathrm{d}x}$$

这就是圆截面边缘上 a 点的剪应变。显然,γ 发生在垂直于半径的平面内。

根据变形后横截面仍为平面,半径仍为直线的假设,用相同的方法,并参考图 7-7(c)可以求得距圆心为 ρ 处的剪应变

$$\gamma_\rho = \rho\frac{\mathrm{d}\varphi}{\mathrm{d}x} \tag{7-3}$$

在式(7-3)中,$\dfrac{\mathrm{d}\varphi}{\mathrm{d}x}$ 是扭转角 φ 沿轴的变化率。对一个给定的截面来说,它为常量。式(7-3)表明,横截面上任意点的剪应变与该点到圆心的距离 ρ 成正比。

2. 物理关系

以 τ_ρ 表示横截面上距圆心为 ρ 处的剪应力,由剪切虎克定律知:

$$\tau_\rho = G\gamma_\rho$$

代入式(7-3)得剪应力

$$\tau_\rho = G\rho\frac{\mathrm{d}\varphi}{\mathrm{d}x} \tag{7-4}$$

上式表明,横截面任意点的剪应力 τ_ρ 与该点到圆心的距离 ρ 成正比。

剪应力的分布如图 7-8(a)所示。

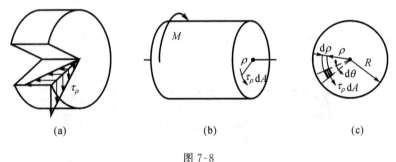

(a)　　　　　　　(b)　　　　　　　(c)

图 7-8

3. 静力关系

在横截面内按极坐标取微分面积 $\mathrm{d}A = \rho\mathrm{d}\theta\mathrm{d}\rho$(如图 7-8 所示)。$\mathrm{d}A$ 上的微内力对圆心的力矩为 $\rho\tau_\rho\mathrm{d}A$。积分得横截面上的内力系对圆心的力矩为

$$T = \int_A \rho\tau_\rho\mathrm{d}A$$

代入式(7-4)得

$$T = \int_A \rho G\rho\frac{\mathrm{d}\varphi}{\mathrm{d}x}\mathrm{d}A$$

因为在给定的截面上,$\dfrac{\mathrm{d}\varphi}{\mathrm{d}x}$ 为常量,所以

$$T = G \frac{\mathrm{d}\varphi}{\mathrm{d}x} \int_A \rho^2 \mathrm{d}A \tag{7-5}$$

取 $I_p = \int_A \rho^2 \mathrm{d}A$，$I_p$ 称为横截面对圆心 O 点的极惯性矩，其量纲为长度的四次方，这样式（7-5）便简化为

$$T = GI_p \frac{\mathrm{d}\varphi}{\mathrm{d}x} \tag{7-6}$$

移项得

$$\frac{\mathrm{d}\varphi}{\mathrm{d}x} = \frac{T}{GI_p}$$

代入式（7-4）得

$$\tau_\rho = G\rho \frac{\mathrm{d}\varphi}{\mathrm{d}x} = G\rho \frac{T}{GI_p}$$

$$\tau_\rho = \frac{T\rho}{I_p} \tag{7-7}$$

这就是圆轴任一点处的应力公式。从公式中我们不难发现应力与该点到圆心的距离成正比。在截面边缘上 ρ 为最大值 R，得最大剪应力为

$$\tau_{\max} = \frac{TR}{I_p} \tag{7-8}$$

取 $W_p = \dfrac{I_p}{R}$，W_p 称为抗扭截面系数。

在工程上，最大应力一般按抗扭截面系数计算，有

$$\tau_{\max} = \frac{T}{W_p} \tag{7-9}$$

值得注意的是：以上各式是以平面假设为基础的。实验证明，对于圆轴来说平面假设是正确的，所以，这些公式适用于圆截面等直杆，对沿轴线圆截面变化缓慢的小锥度杆，也可近似地使用，对其他情况是否适用，应根据具体情况确定。此外导出以上诸式时使用了虎克定律，因而只适用于应力低于剪切比例极限的情况。

7.2.2 极惯性矩及抗扭截面模量的计算

对实心圆截面有极惯性矩（如图 7-9（a）所示）

$$I_p = \int_A \rho^2 \mathrm{d}A = \int_0^{2\pi} \int_0^R \rho^3 \mathrm{d}\rho \mathrm{d}\theta \tag{7-10}$$

$$I_p = \frac{\pi R^4}{2} = \frac{\pi D^4}{32} \tag{7-11}$$

$$W_p = \frac{I_p}{R} = \frac{\pi R^3}{2} = \frac{\pi D^3}{16} \tag{7-12}$$

在空心轴的情况下（如图 7-9（b）所示），由于截面的空心部分上没有内力，所以式（7-10）中的定积分也不应包括空心部分，于是

$$I_p = \int_A \rho^2 \mathrm{d}A = \int_0^{2\pi} \int_{d/2}^{D/2} \rho^3 \mathrm{d}\rho \mathrm{d}\theta$$

$$I_p = \frac{\pi(D^4 - d^4)}{32}$$

式中,D 和 d 分别为空心圆截面的外径和内径。若取 $\alpha = \dfrac{d}{D}$,上式可改写为

$$I_p = \frac{\pi(D^4 - d^4)}{32} = \frac{\pi D^4}{32}(1 - \alpha^4) \quad W_p = \frac{\pi D^3}{16}(1 - \alpha^4)$$

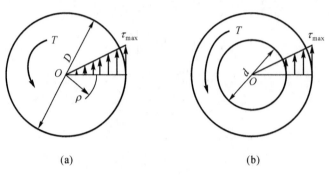

(a)   (b)

图 7-9

7.2.3 圆轴扭转时的强度计算

上一节我们已经取得了扭转时的应力计算公式,所以圆轴扭转强度条件为

$$\tau_{\max} = \frac{TR}{I_p} \leqslant [\tau] \quad \text{或} \quad \tau_{\max} = \frac{T}{W_p} \leqslant [\tau]$$

式中,$[\tau]$ 为许用剪应力。$[\tau]$ 可在有关设计手册中查阅。这里简要介绍一下许用剪应力 $[\tau]$ 的确定和扭转极限应力的测试方法。

扭转试验是用圆柱试件在扭转试验机上进行的。试件在外力偶作用下,发生扭转变形,直至破坏。试验结果表明,塑性材料(例如低碳钢)试件受扭时,当最大剪应力达到一定数值时,也会发生类似于拉伸时的屈服现象,这时剪应力值称为"剪切屈服强度",用 τ_s 表示。屈服阶段后亦有强化阶段,最后沿横截面剪断,断口较光滑。脆性材料(例如铸铁)试件受扭时,当变形很小时便发生裂断,断口为与轴线夹 45°角的螺旋面,且呈颗粒状,这时的剪应力值称为"剪切强度极限",用 τ_b 表示。

可见,圆轴受扭时由于材料的不同,将发生屈服和断裂这两种形式的失效。所以塑性材料取屈服强度作为极限应力,即 $\tau_0 = \tau_s$;脆性材料取强度极限作为极限应力,即 $\tau_0 = \tau_b$。在实际工程计算中,因为受力情况比较复杂,应考虑适当的安全系数后确定合适的许用剪应力 $[\tau]$。

应用圆轴的强度条件可解决圆轴扭转时的三类强度计算问题:

(1)扭转强度校核

已知轴的横截面尺寸、轴受的外力偶矩和材料的许用剪应力,校核强度条件是否得到满足,直接应用式 $\tau_{\max} = \dfrac{TR}{I_p} \leqslant [\tau]$ 计算。

(2)圆轴截面尺寸设计

已知轴受的外力偶矩和材料的许用剪应力,应用强度条件确定圆轴的截面尺寸。

(3)确定圆轴的许可载荷

已知圆轴的截面尺寸和许用剪应力,由强度条件确定圆轴所能承受的许可载荷。

下面举例说明。

例 7-2　发电量为 15000kW 的水轮机主轴如图 7-10 所示。主轴为空心轴，$D=550\text{mm}$，$d=300\text{mm}$，正常转速时 $n=250\text{r/min}$ 材料的许用剪应力 $[\tau]=50\text{MPa}$。试校核水轮机主轴的强度。

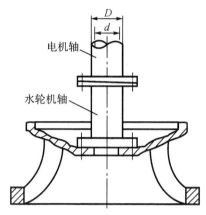

电机轴

水轮机轴

图 7-10

解　分析：水轮机主轴只传递一对外力偶矩，所以扭矩等于外力偶矩，有

$$T=M=9549\times\frac{15000}{250}=572940(\text{N}\cdot\text{m})$$

根据公式(7-8)，横截面上的最大剪应力为

$$\tau_{\max}=\frac{T\dfrac{D}{2}}{I_p}=\frac{572940\times\dfrac{0.55}{2}}{\dfrac{\pi}{32}(0.55^4-0.3^4)}P_a=19.2(\text{MPa})<[\tau]=50(\text{MPa})$$

主轴的最大剪应力小于许用剪应力，满足强度要求。

例 7-3　实心圆轴和空心轴通过牙嵌离合器联接，如图 7-11 所示，已知轴的转速 $n=1000\text{r/min}$，传递的功率 $P=75\text{kW}$，材料的许用剪应力 $[\tau]=40\text{MPa}$，空心轴的内外径比为 $1/2$，请确定两端轴径 d_1，D_2。

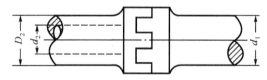

图 7-11

解　(1)分析：离合器两端所传递的外力偶矩相同，轴所传递的扭矩等于外力偶矩

$$T=M=9549\frac{P}{n}=9549\times\frac{75}{1000}=716(\text{N}\cdot\text{m})$$

(2)求实心轴直径 d_1，根据扭转强度条件可知实心轴截面上最大剪应力应小于许用剪应力 $[\tau]$，有

$$\tau_{\max}=\frac{T}{W_p}=\frac{16T}{\pi d_1^3}\leqslant[\tau]$$

所以
$$d_1 \geqslant \sqrt[3]{\frac{16T}{\pi[\tau]}} = \sqrt[3]{\frac{16 \times 716}{\pi \times 40 \times 10^6}} = 0.045(\text{m}) = 45(\text{mm})$$

取 d_1 为 45mm。

（3）求空心轴直径 D_2，同理可得

$$\tau_{\max} = \frac{T}{W_p} = \frac{16T}{\pi D_2^3(1-\alpha^4)} \leqslant [\tau]$$

$$D_2 \geqslant \sqrt[3]{\frac{16T}{\pi[\tau](1-\alpha^4)}} = \sqrt[3]{\frac{16 \times 716}{\pi \times 40 \times 10^6 \times (1-0.5^4)}} = 0.046(\text{m}) = 46(\text{mm})$$

取 D_2 为 46mm。

从本例的计算结果中我们不难发现，空心轴直径只比实心轴大了1mm，内部以半径计挖空了一半，抗扭强度却相等。这是由于应力分布规律 $\tau_\rho \propto \rho$，所以轴心附近处的应力很小，对实心轴而言，轴心附近的材料没有较好地发挥其作用，材料并未得到充分的利用。空心轴横截面面积分布比实心轴横截面面积远离轴线，故使材料得到了充分的利用，所以采用空心轴可以有效地减轻重量，节约材料。因此空心轴在工程中得到广泛的应用，例如飞机、轮船、汽车的轴常采用空心轴。

7.3 圆轴扭转时的变形与刚度

7.3.1 圆轴扭转时的变形计算

在圆轴应力计算的推导过程中我们有如下结论：

$$\frac{\mathrm{d}\varphi}{\mathrm{d}x} = \frac{T}{GI_p}$$

移项得

$$\mathrm{d}\varphi = \frac{T}{GI_p}\mathrm{d}x \tag{7-13}$$

该式表明相距为 $\mathrm{d}x$ 的两个横截面之间的相对转角为 $\mathrm{d}\varphi$，沿轴线 x 积分，即可求得距离为 l 的两个横截面之间的相对转角为

$$\varphi = \int_0^l \frac{T}{GI_p}\mathrm{d}x \tag{7-14}$$

若在两截面之间的扭矩 T 值不变，且轴为等直杆，上式可简化为

$$\varphi = \frac{Tl}{GI_p} \tag{7-15}$$

上式表明，GI_p 越大，则扭转角 φ 越小，故 GI_p 称为圆轴的抗扭刚度。

一般轴各段的扭矩和直径并不相同，例如阶梯轴，就应该分段计算各段的扭转角，然后按代数值相加，所以圆轴两端截面的相对扭转角

$$\varphi = \sum_{i=1}^{n} \frac{T_i l_i}{GI_{pi}} \tag{7-16}$$

7.3.2 圆轴扭转时的刚度计算

扭转的刚度条件就是限定轴扭转变形的最大值不得超过规定的允许值。轴类零件除强度应满足要求,还不应有过大的扭转变形。例如若车床丝杆扭转角过大会影响车刀进给精度。

由公式(7-15)表示的扭转角与轴的长度有关。为消除长度的影响,工程上用相距为单位长度的两截面的相对转角来衡量扭转变形。单位长度扭转角 θ 的计算公式为

$$\theta = \frac{\varphi}{l} = \frac{T}{GI_p} (\text{rad/m})$$

圆轴扭转的刚度条件可表述为

$$\theta = \frac{T}{GI_p} \leqslant [\theta] \tag{7-17}$$

各种轴类零件的 $[\theta]$ 值可从有关规范和手册中查到。设计手册中 $[\theta]$ 的单位为(°/m)。所以工程实践中常用公式为

$$\theta = \frac{T}{GI_p} \times \frac{180}{\pi} \leqslant [\theta] \tag{7-18}$$

单位长度许用扭转角 $[\theta]$ 的数值一般规定如下:

对于精密设备、仪器的轴　　　　　　$[\theta] = 0.25° \sim 0.5°/\text{m}$

对于一般传动轴　　　　　　　　　　$[\theta] = 0.5° \sim 1°/\text{m}$

对于要求不高的传动轴　　　　　　　$[\theta] = 2° \sim 4°/\text{m}$

刚度问题的计算同样可分为三类问题。

(1)扭转刚度校核

已知轴的尺寸、轴受的外力和单位长度许用扭转角 $[\theta]$,校核刚度条件是否得到满足。

(2)圆轴截面尺寸设计

已知轴受的外力和单位长度许用扭转角 $[\theta]$,应用刚度条件确定圆轴的截面尺寸。

(3)确定圆轴的许可载荷

已知圆轴的截面尺寸和单位长度许用扭转角 $[\theta]$,由刚度条件确定圆轴所能承受的许可载荷。

例 7-4 已知空心圆轴的外径 $D = 76\text{mm}$,壁厚 $\delta = 2.5\text{mm}$,承受扭矩 $T = 2\text{kN} \cdot \text{m}$ 作用,材料的许用剪应力 $[\tau] = 100\text{MPa}$,剪切弹性模量 $G = 80\text{Gpa}$,单位长度许用扭转角 $[\theta] = 2°/\text{m}$。试校核此轴的强度和刚度;如果改用实心圆轴,且使强度和刚度保持不变,轴的直径要多大。

解 1.校核强度和刚度

(1)计算空心轴极惯性矩 $I_{p空}$ 和抗扭截面系数 $W_{p空}$。

$$\alpha = \frac{d}{D} = \frac{D - 2\delta}{D} = \frac{76 - 2 \times 2.5}{76} = 0.934$$

$$I_{p空} = \frac{\pi D^4}{32}(1 - \alpha^4) = \frac{\pi \times 76^4}{32}(1 - 0.934^4) = 7.83 \times 10^5 (\text{mm}^4)$$

$$W_{p空} = \frac{I_p}{D/2} = \frac{7.83 \times 10^5}{76/2} = 2.06 \times 10^4 (\text{mm}^3)$$

（2）强度校核。

$$\tau_{max} = \frac{T}{W_{p空}} = \frac{2 \times 10^3}{2.06 \times 10^4 \times 10^{-9}} = 97.1 \times 10^6 (Pa) = 97.1(MPa) < [\tau]$$

满足强度要求。

（3）刚度校核

$$\theta = \frac{T}{GI_{p空}} \times \frac{180}{\pi} = \frac{2 \times 10^3}{80 \times 10^9 \times 7.83 \times 10^5 \times 10^{-12}} \times \frac{180}{\pi} = 1.83°/m < [\theta]$$

满足刚度要求。

2. 设计实心圆轴的直径 $D_实$

（1）根据强度条件设计。

抗扭强度不变即抗扭截面系数 W_p 不变

$$W_{p实} = \frac{\pi D_实^3}{16} = W_{p空}$$

所以

$$D_实 = \sqrt[3]{\frac{16 W_{p空}}{\pi}} = \sqrt[3]{\frac{16 \times 2.06 \times 10^4}{\pi}} = 47.2(mm)$$

（2）根据刚度条件设计。

抗扭刚度不变即极惯性矩 I_p 不变

$$I_{p实} = \frac{\pi D_实^4}{32} = I_{p空}$$

所以

$$D_实 = \sqrt[4]{\frac{32 I_{p空}}{\pi}} = \sqrt[4]{\frac{32 \times 7.83 \times 10^5}{\pi}} = 53.1(mm)$$

因需同时满足强度和刚度条件，所以实心轴的直径取两个解的大值 53.1mm。

下面我们比较一下空心轴和实心轴的重量。由于工程实际确定了轴长 l 一定，材料相同，重度相同，所以两轴重量比就是两轴横截面面积比。

设
$$k = \frac{A_空}{A_实}$$

式中：
$$A_空 = \frac{\pi}{4}(D^2 - d^2) = \frac{\pi}{4}(76^2 - 71^2) = 577(mm^2)$$

$$A_实 = \frac{\pi}{4}D_实^2 = \frac{\pi}{4} \times 53.1^2 = 2.21 \times 10^3 (mm^2)$$

故
$$k = \frac{A_空}{A_实} = \frac{577}{2.21 \times 10^3} = 0.26$$

即空心轴的重量仅为实心轴重量的 26%。

本例从刚度条件进一步证明，采用空心轴可以有效地减轻重量，节约材料。轴的抗扭刚度主要由极惯性矩 I_p 决定。从截面的几何性质分析，空心轴材料分布远离轴心，其极惯性矩 I_p 必大于实心轴，故无论对于轴的强度或刚度，采用空心轴比采用实心轴都较为合理。但空心轴加工要比实心轴困难，且体积较大，太薄还容易产生局部皱折、稳定性差等问题，所以设计中应综合考虑。

习　题

7-1　直径为 D 的实心圆轴,两端受到扭矩 T 作用,轴内最大剪应力为 τ,如轴的直径减少一半,则轴内最大剪应力为_____。

7-2　如实心圆轴的直径增大一倍,其抗扭强度和抗扭刚度分别增加到原来的几倍?

7-3　如图 7-12 所示圆轴上有四个外力偶矩,$M_1=1\text{kN}\cdot\text{m}$;$M_2=0.6\text{kN}\cdot\text{m}$;$M_3=M_4=0.2\text{kN}\cdot\text{m}$。问:将哪两个外力偶矩的作用位置互换后,可使轴内的最大扭矩最小?

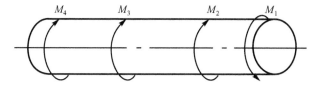

图 7-12

7-4　外径为 D,内径为 d 的圆轴,其极惯性矩和抗扭截面模量分别为 $I_p=I_p(D)-I_p(d)$;$W_p=W_p(D)-W_p(d)$,对不对? 为什么?

7-5　用截面法求图 7-13 所示各杆在 1-1,2-2,3-3 截面上的扭矩。

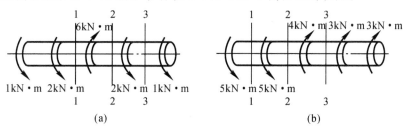

(a)　　　　　　　　　　　　　　　　　　(b)

图 7-13

7-6　画出图 7-14 所示各杆的扭矩图。

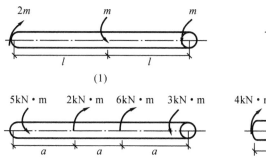

(1)

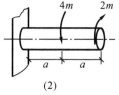

(2)

(3)

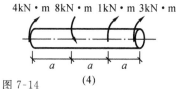

图 7-14　　　　　(4)

7-7　如图 7-15 所示的传动轴,轴的直径 $d=50\text{mm}$,轴的转速为 $n=180\text{r/mm}$,轴上装有四个带轮,已知 A 轮的输入功率为 $P_A=20\text{kW}$,轮 B,C,D 的输出功率分别为 $P_B=3\text{kW}$,$P_C=10\text{kW}$,$P_D=7\text{kW}$,轴的许用剪应力 $[\tau]=40\text{MPa}$,试校核轴的强度。

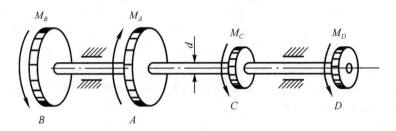

图 7-15

7-8 载重汽车的传动轴为 45 钢制的无缝钢管,外径为 90mm,壁厚 $t=2.5$mm,许用剪应力$[\tau]=40$MPa,最大转矩 $M=1.5$kN·m。(1)校核该传动轴的强度;(2)如果采用相同材料的实心轴,直径要多大;(3)比较实心轴和空心轴的重量。

7-9 如图 7-16 所示的变截面钢轴,已知作用于其上的外力偶矩 $M_1=1.8$kN·m,$M_2=1.2$kN·m,材料的剪切弹性模量 $G=80$GPa,试求最大剪应力和最大相对扭转角。

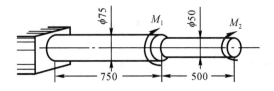

图 7-16

7-10 阶梯圆轴直径分别为 $d_1=40$mm,$d_2=70$mm,轴上装有三个皮带轮,如图 7-17 所示。已知由轮 3 输入的功率为 $P_3=30$kW,轮 1 输出的功率为 $P_1=13$kW,轴作匀速转动,转速 $n=200$r/min,材料的剪切许用应力$[\tau]=60$MPa,$G=80$MPa,单位长度许用扭转角$[\theta]=2°$/m,试校核轴的强度和刚度。

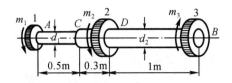

图 7-17

7-11 若传动轴传递的功率 $P=60$kW,转速 $n=250$r/min,材料的许用应力$[\tau]=40$MPa,$G=80$GPa 同时规定$[\theta]=1°$/m。试设计轴的直径。

第8章　梁的平面弯曲

8.1　基本概念

8.1.1　梁的分类

杆件在垂直于其轴线的外力或位于其轴线所在平面内的外力偶作用下,其轴线将由直线变为曲线,这种变形称为**弯曲**。以弯曲为主要变形的杆件通常称为梁。

在工程实际中,根据梁所受的约束情况,可将梁进行分类。当梁的支座反力可由静力平衡方程求得时,这种梁称为静定梁。常见的静定梁有三种基本形式:

(1)简支梁

梁的一端为固定铰链支座,另一端为活动铰链支座,如图 8－1(a)所示。

(2)外伸梁

梁由一个固定铰链支座和一个活动铰链支座所支承,其一端或两端伸出支座之外,如图 8-1(b),(c)所示。

(3)悬臂梁

梁的一端固定,另一端自由,如图 8-1(d)所示。

如果梁的支座反力个数多于静力平衡方程的数目,只用平衡方程不能确定所有支座反力,则这种梁称为**静不定梁**。本章只研究静定梁。

应当指出,上述梁的基本形式,是经过梁本身、载荷和支座的简化而得出的计算简图;支座反力的形式和梁上所加载荷的形式无关,支座确定了支座反力的形式。

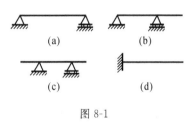

图 8-1

8.1.2　平面弯曲

弯曲是工程实际中最常见的一种基本变形。例如,工厂中常用吊车的行车大梁,受到自重和被吊重物重力的作用发生弯曲(如图 8-2(a)所示),可简化为受分布载荷和集中力作用的简支梁(如图 8-2(b)所示);机车车轴受到车厢压力的作用(如图 8-3(a)所示),可简化为受集中力作用的外伸梁(如图 8-3(b)所示);镗床的镗刀杆受到工件的作用(如图 8-4(a)所示),可简化为受集中力作用的悬臂梁(如图 8-4(b)所示),这些构件都发生了弯曲变形。

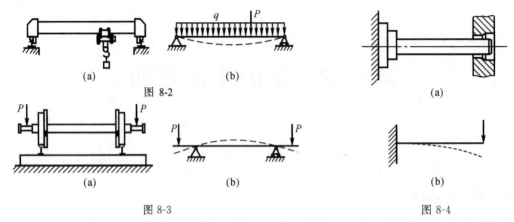

图 8-2

图 8-3

图 8-4

在工程实际中,绝大多数梁的横截面都有一个对称轴,因而整根梁就有一个包含轴线的纵向对称面。当所有外力(包括力偶)均作用在梁的纵向对称面内时,梁的轴线就将在纵向对称面内被弯成一条平面曲线(如图 8-5 所示),这种弯曲变形称为**平面弯曲**或**对称弯曲**。它是弯曲问题中最常见的情况。

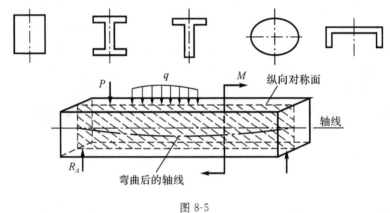

图 8-5

8.1.3 纯弯曲

直梁弯曲时,若在梁的纵向对称面内只作用有力偶而没有力(包括集中力和分布载荷),则梁变形时不产生截面相对错动即剪切变形,只发生弯曲变形,这种弯曲状态称为纯弯曲。

直梁发生平面弯曲时,一般同时产生剪切变形和弯曲变形,称为横力弯曲。但一般情况下,剪切变形对弯曲强度及弯曲变形影响很小。为使研究问题简单化,在本章的正应力公式推导及强度和变形计算中,一般不考虑剪切变形的影响。

8.2　利用平衡微分方程作梁的内力图

8.2.1　梁的内力、剪力与弯矩计算

直梁发生平面弯曲时,在其横截面上必产生内力。确定梁的内力仍然用截面法。如图 8-6(a)所示的简支梁,假想用任意截面 m-n 将梁截成左、右两部分,以左部分为研究对象,如图 8-6(b)所示。在该段梁上除作用有外力 R_A 外,还有作用在截面上的右段对左段的作用力。为保持左段平衡,内力必定存在两个分量:平行于横截面的内力 Q 和位于载荷平面内的内力偶矩 M。内力 Q 称为剪力,内力偶矩 M 称为弯矩。

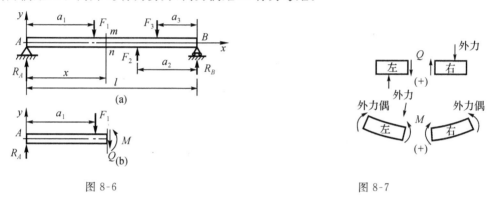

图 8-6

图 8-7

由平衡条件 $\sum F_y = 0$ 得

$$R_A - F_1 - Q = 0$$
$$Q = R_A - F_1 \tag{8-1}$$

对截面形心 O 取矩,由 $\sum M_O = 0$ 得

$$M - R_A x + F_1(x - a_1) = 0$$
$$M = R_A x - F_1(x - a_1) \tag{8-2}$$

同样也可取右段梁为研究对象,并根据其平衡条件求出截面 m-n 上的剪力 Q 和弯矩 M,其数值与上述求得的 Q,M 值,大小相等,但方向或转向相反,它们是作用与反作用的关系。为了使不论取左段还是右段为研究对象时,所得的 Q,M 不仅大小相等,而且符号也相同,故对 Q,M 的符号作了如下规定:剪力以对梁段内任一点之矩为顺时针转向时为正,反之为负。对于弯矩,在直梁上截取一微段,使该梁段弯曲呈下凸时弯矩为正,反之为负(如图 8-7 所示)。

根据上述规定,运用截面法求梁横截面上的剪力和弯矩时,一般假设为正方向,如图 8-6(b)所示。由式(8-1)知剪力 Q 等于截面左侧的反向外力减去同向外力;对于弯矩 M,将所有外力对截面形心取矩,由式(8-2)知弯矩 M 等于截面左侧所有反向力矩减去同向力矩,即

$$Q = \sum F_{\text{反}} - \sum F_{\text{同}} \tag{8-3}$$

$$M = \sum M_反 - \sum M_同 \tag{8-4}$$

所得结果之正负即表明了该截面上内力的正负值。根据上述两式,求任意指定截面的内力时,不必将梁假想地截开,并对研究对象列平衡方程,可直接根据截面左侧或右侧的外力来计算该横截面上的剪力和弯矩,此法称为设正法。它来源于截面法,但比截面法更为简便。

例 8-1 简支梁 AB 受力如图 8-8(a)所示,求截面 D-D 上的剪力和弯矩。

解 (1)求支座反力。

根据平衡条件求得 A,B 处的支座反力
分别为

$$R_A = \frac{5qa}{3}, R_B = \frac{qa}{3}$$

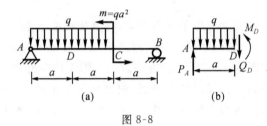

图 8-8

(2)求 D-D 截面上的内力。

在 D 截面处将梁截开,以左边部分为研究对象,假设剪力 Q_D 和弯矩 M_D 为正方向(如图 8-8(b)所示),由式(8-3)和式(8-4)得

$$Q_D = \sum F_反 - \sum F_同 = R_A - qa = \frac{2}{3}qa$$

$$M_D = \sum M_反 - \sum M_同 = R_A a - \frac{qa^2}{2} = \frac{7}{6}qa^2$$

剪力 Q_D 和弯矩 M_D 均为正,表明 D-D 截面上的剪力和弯矩方向与假设正方向相同。若截开后以右半部分为研究对象,计算结果与上面是一致的。建议读者自行验证。

例 8-2 图 8-9(a)所示的悬臂梁,试求横截面 D-D 上的剪力和弯矩。

解:在截面 D-D 处将梁截为两部分,若取左段为研究对象则应先求出固定端处的支座反力;而取右段则可直接根据外力由内力计算公式求出 Q 和 M。

现取右段为研究对象,在截开的截面上按正方向标出和,如图 8-9(b)所示。
由剪力计算公式,有

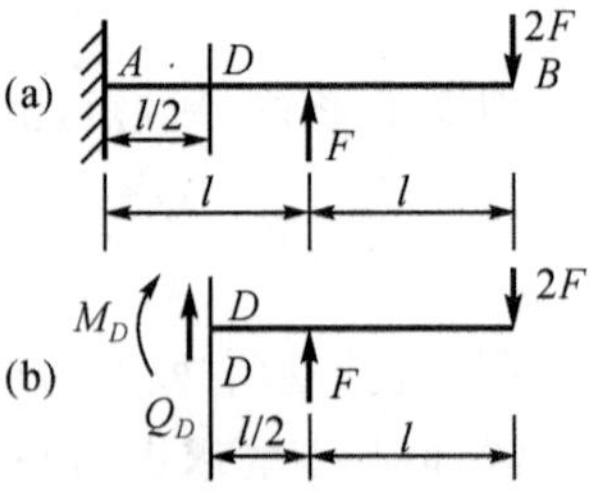

$$Q_D = \sum F_反 - \sum F_同 = 2F - F = F$$

由弯矩计算公式:

$$M_D = \sum M_反 - \sum M_同 = F\frac{l}{2} - 2F\frac{3l}{2} = -\frac{5}{2}Fl$$

这里 M_D 为负值,表明 D-D 截面上的弯矩方向与所设方向相反,即为负方向;Q_D 方向与所设方向一致。需要说明的是,在实际解题过程中,到底用截面的左段梁还是右段梁为研究对象,要视具体题目来定,一般根据哪段梁的受力简单、计算方便就取哪段梁为研究对象。

一般情况下,梁横截面的剪力和弯矩随截面的位置而变化,它们沿梁轴线的变化规律可以表示为 x 的函数,即 $Q = Q(x)$ 和 $M = M(x)$,这两个关系式分别称为**剪力方程**和**弯矩方程**。由设正法可知,若作用在梁上的载荷是连续的,即无集中力和集中力偶(包括约束反力)作用,则剪力和弯矩沿梁轴线方向变化可各由一个函数描述;若作用在梁上的外力(包括载荷和约束反力),沿梁轴线发生突变,即有集中力或集中力偶作用,则剪力和弯矩的变化规律

图 8-9

也将发生变化,此时不能用同一个函数描述,而必须分段建立函数。

剪力和弯矩各按某一种函数规律变化时,这段梁的两个端截面称为控制面。在一梁段上,集中力、集中力偶的作用点两侧截面以及分布载荷的起点和终点处的截面均为控制面。这些控制面即为函数突变的分界面,故可根据控制面间的情况决定梁应分成几段建立剪力方程和弯矩方程。

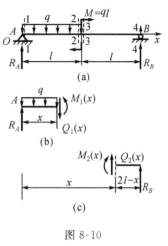

图 8-10

如图 8-10(a)所示的简支梁 AB,梁上受均布载荷 q 和集中力偶作用,1-1,2-2,3-3,4-4 均为控制面。在 1-1 和 2-2 截面之间,函数变化规律相同,故在此梁段内横截面上的剪力和弯矩各用一个函数描述。但在 2-2 和 3-3 截面间有集中力偶作用,内力发生突变,故 3-3 和 4-4 截面间的剪力和弯矩需各用另一个函数描述,故梁应分成两段建立剪力和弯矩方程。

根据平衡方程可求得

$$R_A = \frac{1}{4}ql \text{ , } R_B = \frac{3}{4}ql$$

应用设正法求得 1-1 和 2-2 截面之间的任一截面的剪力和弯矩分别为

$$Q(x) = \frac{1}{4}ql - qx$$

$$M(x) = \frac{1}{4}qlx - \frac{1}{2}qx^2 \quad (0 \leqslant x < l)$$

同理可求得 3-3 和 4-4 截面之间任一横截面上的剪力和弯矩为

$$Q(x) = -\frac{3}{4}ql$$

$$M(x) = \frac{3}{4}ql(2l - x) \quad (l \leqslant x < 2l)$$

上述四式,即为 AB 梁的剪力方程和弯矩方程。

8.2.2 梁的平衡微分方程

梁任一横截面上的剪力和弯矩,可直接根据截面一侧的外力来计算。同样,判断某一梁段内横截面上内力的变化规律,也可直接由这一梁段上的外力作用情况得出。为了建立梁段上内力与外力之间的定量关系,我们可以取梁的微段平衡来研究。

图 8-11 所示为一受任意载荷的梁。设分布载荷向上为正,x 坐标向右为正。现截取一微段 $\mathrm{d}x$,在 x 及 $x + \mathrm{d}x$ 截面上分别作用有 $Q(x)$,$M(x)$ 及 $Q(x) + \mathrm{d}Q(x)$,$M(x) + \mathrm{d}M(x)$,均设为正向。因 $\mathrm{d}x$ 很小,微

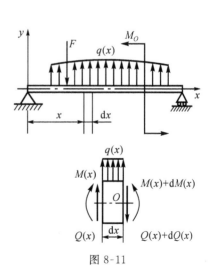

图 8-11

段上的 $q(x)$ 可视为均布。微段在这些力作用下应处于平衡状态,其平衡方程为

$$\sum F_y = 0 \qquad Q(x) + q(x)\mathrm{d}x - [Q(x) + \mathrm{d}Q(x)] = 0 \qquad \text{(a)}$$

$$\sum M_O = 0 \qquad M(x) + \mathrm{d}M(x) - M(x) - Q(x)\mathrm{d}x - q(x)\mathrm{d}x\frac{\mathrm{d}x}{2} = 0 \qquad \text{(b)}$$

由式(a)可得

$$\frac{\mathrm{d}Q(x)}{\mathrm{d}x} = q(x) \qquad (8\text{-}5)$$

由式(b)略去高阶微量 $\frac{1}{2}q(x)\mathrm{d}x^2$,可得

$$\frac{\mathrm{d}M(x)}{\mathrm{d}x} = Q(x) \qquad (8\text{-}6)$$

再对上式求一次导,得

$$\frac{\mathrm{d}^2 M(x)}{\mathrm{d}x^2} = q(x) \qquad (8\text{-}7)$$

以上三式描述了梁任一横截面上弯矩、剪力和分布载荷集度之间的微分关系。称为**平衡微分方程**。

8.2.3 弯矩、剪力与分布载荷集度间的几何关系

为了形象地显示梁横截面上的剪力和弯矩沿梁轴向变化的情况,我们用图形来直观描述。表示剪力和弯矩沿梁轴线方向变化的图形称为**剪力图**和**弯矩图**。在剪力图和弯矩图上,用平行于梁轴线的横坐标 x,表示横截面的位置,以纵坐标表示对应横截面上的剪力和弯矩。

根据平衡微分方程的几何意义,可以建立弯矩图、剪力图与载荷集度三者间的几何关系。导数 $\frac{\mathrm{d}Q(x)}{\mathrm{d}x}$ 和 $\frac{\mathrm{d}M(x)}{\mathrm{d}x}$ 分别表示剪力图和弯矩图在 x 处的斜率,所以式(8-5),(8-6)和(8-7)所表明的载荷集度、剪力图和弯矩图三者间的几何关系为

(1)剪力图上某点的切线的斜率等于梁上对应点的分布载荷集度。

(2)弯矩图上某点的切线的斜率等于梁上相应截面的剪力。

(3)弯矩图上某点的凹凸方向,由梁上相应点处的载荷集度的正负确定。

根据上述几何关系,可以由梁上载荷的变化情况推知剪力图与弯矩图的大致形状。一般规律如下:

(1)当梁段上无分布载荷作用,即 $q(x) = 0$ 时,由 $\frac{\mathrm{d}Q(x)}{\mathrm{d}x} = q(x) = 0$ 可知该段上 $Q(x)$ 为常数,Q 图的斜率为零,即 Q 图为平行于 x 轴的直线;根据 $\frac{\mathrm{d}M(x)}{\mathrm{d}x} = Q(x) =$ 常数,$M(x)$ 为 x 的一次函数,M 图的斜率为常数,即 M 图为斜直线。

(2)当梁段上作用均布载荷,即 $q(x) = q$(常数)时,根据 $\frac{\mathrm{d}Q(x)}{\mathrm{d}x} = q(x) = q$(常数),该段

上 $Q(x)$ 为 x 的一次函数，Q 图的斜率为常数，即 Q 图为斜直线；根据 $\dfrac{\mathrm{d}M(x)}{\mathrm{d}x}=Q(x)$，该段

上 $M(x)$ 为 x 的二次函数，M 图为二次抛物线，且当 $q<0$（q 向下）时，$\dfrac{\mathrm{d}^2M(x)}{\mathrm{d}x^2}=q<0$，$M$ 图

为凸曲线；当 $q>0$ 时，M 图为凹曲线。

曲线极值点位置可由

$$\frac{\mathrm{d}M(x)}{\mathrm{d}x}=Q(x)=0$$

来决定，即在剪力 $Q=0$ 处，M 曲线取得极值点。

（3）在集中力作用处剪力 Q 有突变，突变值等于集中力值，M 图线的斜率在该处发生突变，即在 M 图上出现一折角。在集中力偶处，Q 图无变化，M 图在该处有突变，突变值等于集中力偶矩的值。

以上这些规律可以用来指导剪力图、弯矩图的绘制，也可用来校核其正确性。

为帮助读者掌握上述规律，特列表 8-1，以供参考。

表 8-1

图　形	$q=0$	$q=$ 常数 $(q\neq 0)$	集中力 F	集中力偶 M_0
Q 图	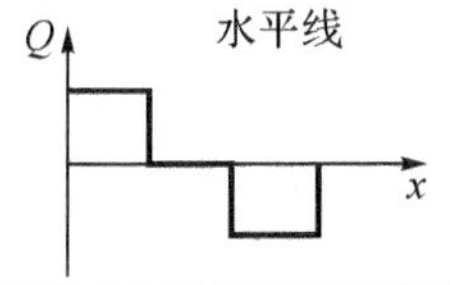 水平线	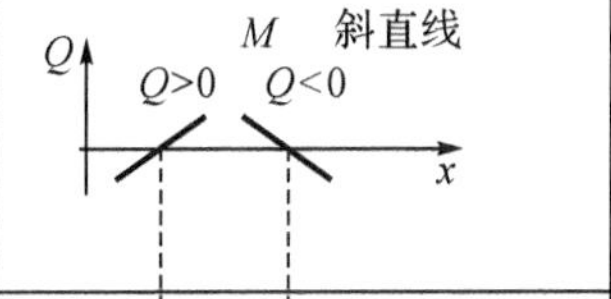 斜直线 $Q>0$　$Q<0$	有突变，突变值等于 F	无影响
M 图	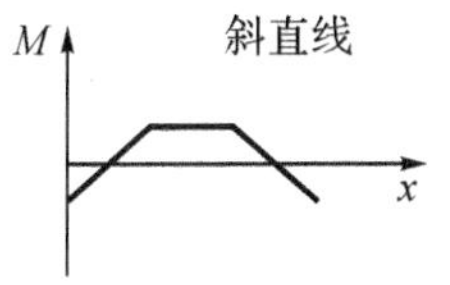 斜直线	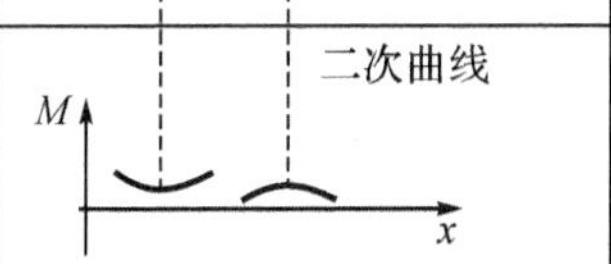 二次曲线 $Q=0$ 处，M 得极值	有折角	有突变，突变值等于 M_0

8.2.4　梁剪力图与弯矩图的绘制

剪力图和弯矩图一目了然地显示了梁各横截面上的剪力和弯矩。利用剪力图和弯矩图可以很容易地确定梁的剪力和弯矩的最大值及其所在截面的位置，为梁的强度计算提供依据。因此画剪力图和弯矩图是梁的强度计算的重要环节。下面介绍快速绘制剪力图和弯矩图的方法。

剪力图和弯矩图的绘制方法与轴力图大体相同，但略有差异。主要步骤如下：

（1）求支座反力。

（2）根据载荷及约束力的作用位置，确定控制面，确定分段数。

（3）应用设正法求出各控制面上的剪力和弯矩数值。

（4）建立 Q-X 和 M-X 坐标系，并将控制面上的剪力和弯矩值标在相应的坐标系中。

（5）应用微分关系，判断各段控制面之间的剪力图和弯矩图的大致形状，然后逐段画出梁的剪力图和弯矩图。

例 8-3　悬臂梁 AB 在自由端受集中力 F 作用，如图 8-12(a)所示，试作梁的剪力图和

弯矩图。

解 对悬臂梁求作其内力时,可不必求出梁的支座反力。按外力的作用情况,梁的剪力图和弯矩图均是连续的,不必分段,控制截面均为端截面即1-1截面和2-2截面,其截面的剪力和弯矩分别为

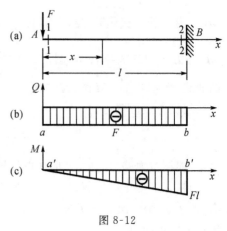

图 8-12

1-1 截面: $Q = -F$ $M = 0$

2-2 截面: $Q = -F$ $M = -Fl$

由于梁段上无分布载荷,Q 图为水平线,M 图为斜线。连接 1-1 和 2-2 截面剪力的坐标点 a',b' 和弯矩的坐标点,即得剪力图和弯矩图(如图 8-12 (b),(c)所示)。

例 8-4 简支梁 AB 在 C 点处受集中力 F 作用,如图 8-13(a)所示,作此梁的剪力图和弯矩图。

解 (1)求支座反力

由平衡条件 $\sum M_A = 0$ 和 $\sum M_B = 0$ 求得

$$R_A = \frac{Fb}{l}, R_B = \frac{Fa}{l}$$

(2)分段,确定控制面及其剪力和弯矩值

在 C 处有集中力作用,集中力作用处的两侧截面及支座反力内侧截面均为控制面如图 8-13(a)所示,1-1,2-2,3-3,4-4 截面均为控制面。

应用设正法,求得各控制面上的剪力和弯矩值分别为

1-1 截面:$Q = \dfrac{Fb}{l}$ $M = 0$

2-2 截面:$Q = \dfrac{Fb}{l}$ $M = \dfrac{Fab}{l}$

3-3 截面:$Q = -\dfrac{Fa}{l}$ $M = \dfrac{Fab}{l}$

4-4 截面:$Q = -\dfrac{Fa}{l}$ $M = 0$

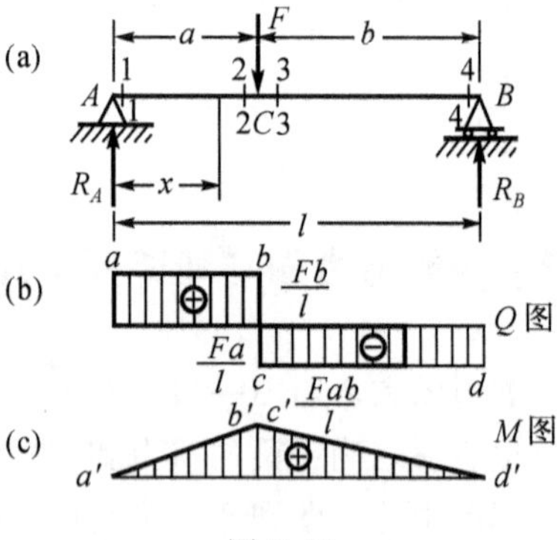

图 8-13

(3)建立 $Q\text{-}x$,$M\text{-}x$ 坐标系,并将各控制面上的剪力值和弯矩值分别标在坐标系中,正值标在坐标 x 轴上方,负值标在 x 轴下方,便得到 a,b,c,d 及各点。

(4)判断各段梁的剪力图和弯矩图的大致图线,并绘制 Q 图和 M 图

因为梁上 AC 段和 CB 段均没有分布载荷作用,所以,AC 段和 CB 段的 Q 图均为平行于 x 轴的直线;M 图均为斜直线。按大致图线形状顺序连接坐标系中的 a,b,c,d 及 a',b',c',d' 各点,便得到梁的剪力图和弯矩图,如图 8-13(b),(c)所示。

由图 8-13(b)可见,若 $a < b$,则在 AC 段的任一横截面上的剪力值为最大,即

$$Q_{max} = \frac{Fb}{l}$$

而在集中力 P 作用的 C 截面上弯矩值最大,为

$$M_{max} = \frac{Fab}{l}$$

若 $a = b = \dfrac{l}{2}$,即当集中力 P 作用在梁跨的中点时,最大弯矩将发生在梁的跨中截面上,其值为

$$M_{max} = \frac{Fl}{4}$$

从图 8-13(b)还可看出,在集中力作用点 C 点稍左截面上剪力 $Q_{2-2} = \dfrac{Fb}{l}$,C 点的稍右截面上剪力 $Q_{3-3} = -\dfrac{Fa}{l}$,在集中力 F 作用的截面 C 处,剪力图发生突变,其突变值为

$$\left| Q_{2-2} - Q_{3-3} \right| = \left| \frac{Fa}{l} + \frac{Fb}{l} \right| = F$$

例 8-5　简支梁 AB 受集度为 q 的均布载荷作用,如图 8-14(a)所示,试作梁的剪力图和弯矩图。

解　(1)求支座反力。

根据平衡条件 $\sum M_A = 0$,$\sum F_y = 0$,求得

$$R_A = R_B = \frac{ql}{2}(\text{方向如图所示})$$

(2)确定控制面及其各控制面上的 Q,M 值。

由于梁上连续作用均布载荷,故剪力图和弯矩图均是连续的图线,不必分段。约束反力 R_A 的右侧截面 1-1 和 R_B 的左侧截面 2-2 为控制面。

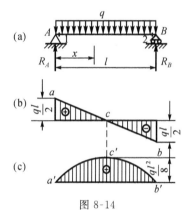

图 8-14

应用设正法求得各控制面上的 Q 和 M 值分别为

1-1 截面:$Q = \dfrac{ql}{2}$,　　$M = 0$

2-2 截面:$Q = -\dfrac{ql}{2}$,　　$M = 0$

(3)建立 $Q\text{-}x,M\text{-}x$ 坐标系,并将各控制面上的剪力值和弯矩值标在坐标系中,便得到 a,b 和 a',b' 点。

(4)判断梁的 Q 图和 M 图的大致图线,并绘制 Q 图和 M 图。

因为梁上有均布载荷作用,剪力图为一斜线,连接 a,b 两点便得到剪力图。

对于弯矩图,图形为二次抛物线。为了绘制这一曲线,除 a',b' 两点以外,还需确定抛物线的凹凸方向及有无极值点、极值点的弯矩值。

因为 q 向下为负,所以 $\dfrac{\mathrm{d}^2 M}{\mathrm{d}x^2} < 0$,故抛物线为凸曲线。

同时,从剪力上可以看出,$x = \dfrac{Q_{1-1}}{q} = \dfrac{\dfrac{ql}{2}}{q} = \dfrac{l}{2}$,即在梁的中点处 $Q = 0$,故弯矩图在此处

取得极值点 c'，利用设正法求得 $M_c = \dfrac{1}{8}ql^2$。

由 a'，b'，c' 三点以及图形为凸曲线，即可画出梁的弯矩图如图 8-14(c)所示。

从图中可以看出：

$$|Q|_{\max} = \frac{ql}{2}, \quad |M|_{\max} = \frac{1}{8}ql^2$$

例 8-6 简支梁受力如图 8-15 所示，试作梁的剪力图和弯矩图，并确定二者绝对值的最大值 $|Q|_{\max}$，$|M|_{\max}$。

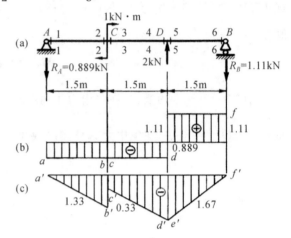

图 8-15

解 (1)求支座反力。

由平衡方程 $\sum M_A = 0$，$\sum M_B = 0$ 求得：

$R_A = 0.889\text{kN}$，$R_B = 1.11\text{kN}$

方向如图所示。

(2)分段，确定控制面及其各控制面上的 Q，M 值。

由梁上载荷作用情况可分为三段，1-1，2-2，3-3，4-4，5-5，6-6 截面均为控制面，如图 8-15(a)所示。

应用设正法，各控制面上的 Q，M 值分别为：

1-1 截面：$Q = -0.889\text{kN}$，$M = 0$

2-2 截面：$Q = -0.889\text{kN}$，$M = -1.33\text{kN·m}$

3-3 截面：$Q = -0.889\text{kN}$，$M = -0.33\text{kN·m}$

4-4 截面：$Q = -0.889\text{kN}$，$M = -1.67\text{kN·m}$

5-5 截面：$Q = 1.11\text{kN}$，$\qquad M = -1.67\text{kN·m}$

6-6 截面：$Q = 1.11\text{kN}$，$\qquad M = 0$

(3)建立 $Q\text{-}x$，$M\text{-}x$ 坐标系，并将各控制面的剪力值和弯矩值在坐标系中标出，得到相应的点 a，b，c，d，e，f 和 a'，b'，c'，d'，e'，f'。

(4)判断各段梁的大致图线，并绘制剪力图和弯矩图。

梁上无分布载荷作用，所以 Q 图形均为平行于 x 轴的直线，M 图形均为斜直线，顺序连接 $Q\text{-}x$ 和 $M\text{-}x$ 坐标系中的各点，得到梁的剪力图和弯矩图，如图 8-15(b)，(c)所示。

从图中得到剪力和弯矩的绝对值最大值分别为 $|Q|_{\max} = 1.11\text{kN}$，$|M|_{\max} = 1.67\text{kN·m}$。

例 8-7 一外伸梁如图 8-16(a)所示，试作梁的剪力图和弯矩图。

解 (1)求支座反力。

由平衡方程 $\sum M_A = 0$，$\sum M_B = 0$ 解得：

$$R_A = 7.2\text{kN}, \quad R_B = 3.8\text{kN}$$

(2)分段，确定控制面及其剪力和弯矩值。

根据梁上载荷的作用情况，分三段作图。1-1，2-2，3-3，4-4，5-5，6-6 截面均为控制面，如图 8-16(a)所示。

应用设正法,求得这些控制面上的剪力和弯矩值分别为

1-1 截面:$Q=-3kN$,

$\qquad M=0$

2-2 截面:$Q=-3kN$,

$\qquad M=-3kN \cdot m$

3-3 截面:$Q=4.2kN$,

$\qquad M=-3 kN \cdot m$

4-4 截面:$Q=-3.8kN$,

$\qquad M=-2.2kN \cdot m$

5-5 截面:$Q=-3.8kN$,

$\qquad M=3.8 kN \cdot m$

6-6 截面:$Q=-3.8kN$,

$\qquad M=0$

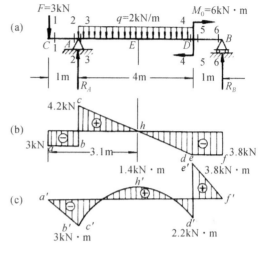

图 8-16

(3)建立 $Q\text{-}x$,$M\text{-}x$ 坐标系,并将各控制面的剪力值和弯矩值,在坐标系中标出,得到相应的点 a,b,c,d,e,f 和 a',b',c',d',e',f'。

(4)判断各段梁的大致图线,并绘制剪力图和弯矩图。

梁上 CA 段和 DB 段无分布载荷作用,剪力图为水平线,AD 段有分布载荷作用,剪力图为一斜直线,连结 a,b,c,d,e,f 各点,即得剪力图如图 8-16(b)所示。

对于弯矩图,CA 段和 DB 段无均布载荷作用,M 图为均斜直线,连结 a',b' 两点和 e',f' 两点,即为这两段的弯矩图。AD 段,梁上作用均布载荷,M 图为二次抛物线。Q 向下,M 图为凸曲线;从 Q 图可知,AD 段 Q 图与 X 轴交于 h 点,故抛物线有极值点,极值点的位置在 $Q=0$ 的截面上,由 Q 图可得到 h 点到 A 的距离为

$$\frac{Q_A}{q} = \frac{4.2}{2} = 2.1(\text{m})$$

故极值点的弯矩

$$M = R_A \times (3.1-1) - F \times 3.1 - q \times (3.1-1) \times (3.1-1) \times \frac{1}{2} = 1.4(\text{kN} \cdot \text{m})$$

将极值点标在 $M\text{-}x$ 坐标系中,得到点 h',根据 c'、d' 点和 h' 点,以及图形为凸曲线,即可画出 AD 段的弯矩图如图 8-16(c)所示。

8.3 平面弯曲梁的正应力

直梁发生平面弯曲时,横截面上一般既有弯矩,又有剪力,它们分别是横截面上分布内力的合力矩和合力。从静力关系可知,弯矩是横截面上的法向分布内力组成的合力偶矩,而剪力则是横截面上的切向分布内力组成的合力。纯弯曲时,梁只发生弯曲变形,无剪切变形,故横截面上只有弯矩无剪力,相应地横截面上只有正应力无剪应力。为研究方便起见,

我们先研究梁在纯弯曲情况下的正应力计算。

分析梁纯弯曲变形时横截面上的应力分布规律及建立正应力的计算公式可知,这是一个超静定问题,必须从研究梁的变形着手,综合考虑几何、物理及静力三方面的关系。

8.3.1 变形几何分析

如图 8-17 所示的矩形截面梁,受力前在梁的侧面上作平行于轴线的纵向线 aa 和 bb 以及垂直于轴线的横向线 $m\text{-}m$,$n\text{-}n$(如图 8-17(a)所示),然后加载,使其产生弯曲变形。变形后可观察到:

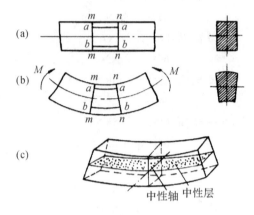

图 8-17

(1)横向线 $m\text{-}m$,$n\text{-}n$ 仍为直线,且仍与变形后的弧线 $a\text{-}a$ 和 $b\text{-}b$ 垂直,只是相对转过了一个角度;

(2)纵线变弧线,$a\text{-}a$ 缩短,$b\text{-}b$ 伸长。根据该表面变形现象,推想梁内部的变形与表面相同,作出如下的假设:变形后横截面仍保持平面,且仍垂直于变形后的轴线,只是绕截面内某一轴线转了一个角度。这就是弯曲变形的平面假设。如果设想梁是由无数根纤维组成的,则根据平面假设,各层纤维由凹侧的缩短逐渐改变到凸侧的伸长,其间必定有一层纤维既不伸长也不缩短,这层纤维层称为中性层。中性层与横截面的交线称为中性轴(如图 8-17(c)所示)。梁弯曲变形时,横截面绕中性轴旋转。由于梁有一纵向对称面,载荷也作用在该对称面内,故变形必对称于该纵向对称面,中性轴一定与该纵向对称面垂直。

现根据平面假设来分析梁弯曲时的变形规律。取长为 $\mathrm{d}x$ 的微段如图 8-18(a)所示,y 轴为对称轴,z 轴为中性轴。变形后该微段如图 8-18(b)所示,

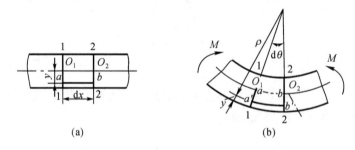

(a)　　　　　　　　　　　(b)

图 8-18

1-1,2-2 截面绕中性轴相对转过 $\mathrm{d}\theta$ 角,设中性层 O_1O_2 的曲率半径为 ρ,距中性层为 y 处的纤维 $\overline{ab}$ 变形后的长度 $\widehat{a'b'}$ 为

$$\widehat{a'b'} = (\rho + y)\mathrm{d}\theta$$

其应变为

$$\varepsilon = \frac{\widehat{a'b'} - \overline{ab}}{\overline{ab}} = \frac{(\rho + y)\mathrm{d}\theta - \mathrm{d}x}{\mathrm{d}x}$$

$$= \frac{(\rho + y)\mathrm{d}\theta - \rho\mathrm{d}\theta}{\rho\mathrm{d}\theta} = \frac{y}{\rho} \tag{a}$$

该式表明,各层纤维的应变与离中性层的距离成正比,即横截面上任一点的纵向线应变 ε 与该点到中性轴的距离 y 成正比。

8.3.2　材料的物理关系

假设梁在纯弯曲时纵向纤维之间不存在相互挤压作用,这样所有纵向纤维就处于单向拉伸或压缩的应力状态。当应力未超过材料的比例极限时,由虎克定律可得

$$\sigma = E\varepsilon = E\frac{y}{\rho} \tag{b}$$

对于指定的横截面,$\dfrac{E}{\rho}$ 为常量,故横截面上任一点的正应力 σ 与该点到中性轴的距离 y 成正比,即横截面上的正应力沿横截面高度呈线性分布(如图 8-19 所示),中性轴($y=0$)上

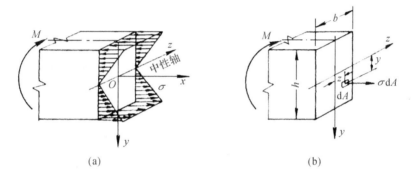

图 8-19

正应力等于零。

8.3.3　静力平衡条件

虽然得出了正应力的分布规律,但由于中性轴位置未定,y 无法确定,ρ 也未知,故的大小尚不能由式(b)计算出,还需要利用应力和内力间的静力关系来解决。图 8-19(b)表示梁中取出的一个微段,作用在横截面上的微内力为 $\sigma\mathrm{d}A$,在整个横截面上这些微内力组成一垂直横截面的空间平行力系。由于纯弯曲时横截面上无轴向力,只有弯矩,所以微内力沿 x 向的总和应等于零,即

$$\int_A \sigma\mathrm{d}A = 0 \tag{c}$$

微内力对 z 轴的矩的总和则应等于弯矩,即

$$\int_A y\sigma\mathrm{d}y = M \tag{d}$$

将式(b)代入式(c)得

$$\int_A E\frac{y}{\rho}\mathrm{d}y = \frac{E}{\rho}\int_A y\mathrm{d}A = 0$$

对于给定的横截面，$\dfrac{E}{\rho}$ 是一个不等于零的常量，故必须有 $\displaystyle\int_A y\,\mathrm{d}A = 0$。由理论力学知识可确定截面形心的公式为

$$y_C = \frac{\displaystyle\int_A y\,\mathrm{d}A}{A}$$

故 $\displaystyle\int_A y\,\mathrm{d}A = 0$，表明中性轴通过截面的形心。再将式(b)代入式(d)得

$$\int_A y\,E\,\frac{y}{\rho}\,\mathrm{d}A = \frac{E}{\rho}\int_A y^2\,\mathrm{d}A = M \tag{f}$$

令
$$\int_A y^2\,\mathrm{d}A = I_z$$

I_z 称为截面对中性轴 z 的惯性矩，它只与截面的形状和尺寸有关，具体运算在附录里讨论。于是式(f)可写为

$$\frac{E}{\rho}\,I_z = M$$

$$\frac{1}{\rho} = \frac{M}{EI_z} \tag{8-8}$$

这就是确定梁中性层曲率 $\dfrac{1}{\rho}$ 的公式，是梁变形的基本公式。由此式可知，中性层的曲率与 M 成正比，与 EI_z 成反比。EI_z 越大在相同弯矩作用下曲率 $\dfrac{1}{\rho}$ 越小，梁越不易变形，故 EI_z 称作梁的抗弯刚度，它表示梁抵抗弯曲变形的能力。将式(8-8)代入式(b)可得 $\sigma = \dfrac{My}{I_z}$ (8-9)

该式即为梁纯弯曲时横截面上正应力 σ 的计算公式。在具体应用该公式时，M 和 y 代入绝对值，应力是拉还是压，可由弯曲变形情况来判断：以中性轴为界，点处于弯曲凸出一侧，则为拉应力；处于弯曲凹入一侧，则为压应力。

8.3.4 平面弯曲正应力公式与强度计算

式(8-8)是根据平面假设和纵向纤维无挤压假设而得出的，弹性理论已证明是正确的。公式(8-9)虽然是在纯弯曲情况下导出的，但研究结果表明，对于横力弯曲，只要是跨长与截面高 h 之比大于 5 的细长梁，横截面上的正应力分布规律与纯弯曲时几乎相同，剪力和挤压作用影响很小，可以忽略不计。

由正应力计算公式 $\sigma = \dfrac{My}{I_z}$ 知，等直梁的最大弯曲正应力发生在最大弯矩所在横截面上距中性轴最远的各点处，即

$$\sigma_{\max} = \frac{M_{\max}\,y_{\max}}{I_z} = \frac{M_{\max}}{I_z/y_{\max}}$$

令 $I_z/y_{\max} = W_z$，则上式为

$$\sigma_{\max} = \frac{M_{\max}}{W_z} \tag{8-10}$$

W_z 称为抗弯截面模量，它只与截面的形状和尺寸有关，常用于衡量截面的抗弯能力。

对于工程上常见的细长梁,强度的主要控制因素是弯曲正应力,为了保证梁能完全、正常地工作,必须使梁内最大正应力 σ_{max} 不超过材料的许用应力$[\sigma]$。故梁的正应力强度条件为

$$\sigma_{max} = \frac{M_{max}}{W_z} \leqslant [\sigma] \tag{8-11}$$

把产生最大正应力的各点称为危险点,危险点所在的截面称为危险截面。不同材料制成的梁,其危险点不一定都发生在$|M_{max}|$的截面上。是否为危险点,除了与该点所在截面的弯矩有关外,还与该点的抗拉、抗压能力有关。下面介绍梁内危险点位置的判断方法。

(1)材料为钢材等塑性材料的等截面梁,危险点在$|M_{max}|$截面处。

(2)中性轴居中的等截面梁,无论是塑性材料还是脆性材料,其危险点均在$|M|_{max}$截面处。

(3)中性轴不居中的等截面梁,材料为脆性材料,则危险点在正、负最大弯矩处。

确定了危险点之后,按式(8-11)表示的强度条件,同样可以解决与强度有关的三类问题,即强度校核、截面选择和确定许可载荷。

例8-8 矩形截面外伸梁受力如图 8-20(a)所示,已知 $l=4\text{m}$,$b=180\text{mm}$,$h=220\text{mm}$,$P=4\text{kN}$,$q=8\text{kN/m}$,材料的许用应力$[\sigma]=140\text{MPa}$,试校核梁的强度。

解 (1)作弯矩图,确定危险面。

所作弯矩图如图 8-20(b)所示,由图中可知

$$M_{max} = 14.1\text{kN} \cdot \text{m}$$

截面中性轴居中,故危险点在 M_{max} 截面处。

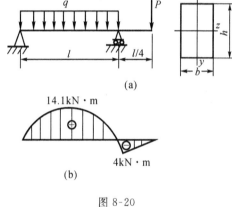

(a)

(b)

图 8-20

(2)校核强度。

$$W_z = \frac{bh^2}{6} = \frac{1}{6} \times 180 \times (220)^2 (\text{mm}^3)$$

$$\approx 1.45 \times 10^6 (\text{mm}^3)$$

$$\sigma_{max} = \frac{M_{max}}{W_z} = \frac{14.1 \times 10^3}{1.45 \times 10^6 \times 10^{-9}} (\text{Pa}) \approx 9.72 (\text{MPa}) < [\sigma]$$

故梁的强度足够。

例8-9 一单梁吊车如图 8-21(a)所示,梁的跨度 8m,$F=100\text{kN}$,许用应力$[\sigma]=140\text{MPa}$,试按梁的弯曲强度条件选择工字钢的型号(不考虑梁的重力)。

解 (1)作 M 图,确定危险面。

吊车梁可简化为简支梁,起吊重力通过行走小车传递给吊车梁上。因小车轮子的间距与梁跨相比甚小,故作用在梁上的载荷可简化一集中力,如图 8-21(b)所示。

由例8-4可知,当小车行至跨中时,梁内弯矩最大,这时的 M 图如图 8-21(c)所示。跨中截面为危险截面,最大弯矩值为

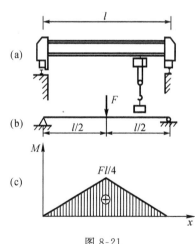

图 8-21

$$M_{max} = \frac{Fl}{4} = \frac{1}{4} \times 100 \times 10^3 \times 8$$
$$= 200(kN \cdot m)$$

（2）求梁所需的抗弯截面模量 W_z。

由弯曲强度条件有

$$W_z \geqslant \frac{M_{max}}{[\sigma]} = \frac{200 \times 10^3}{140 \times 10^6} = 1.428 \times 10^{-3}(m^3) = 1428 \times 10^3(mm^3)$$

（3）确定工字钢型号。

查型钢表，选用 No 45A 工字钢，其 $W_z = 1430 \times 10^3 \ mm^3$。

例 8-10　如图 8-22(a)所示矩形截面简支木梁，受均布载荷作用，木材的许用应力 $[\sigma]$ =10MPa，试确定木梁的许可载荷。

解　（1）作弯矩图，确定危险面。

如图 8-22(b)所示，最大弯矩在跨中截面，其值为

$$M_{max} = \frac{1}{8}ql^2$$
$$= \frac{q}{8} \times 4^2 = 2q(kN \cdot m)$$

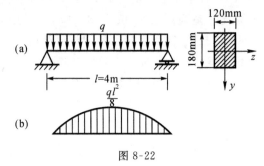

图 8-22

（2）校核强度。

$$W_z = \frac{bh^2}{6} = \frac{1}{6} \times 120 \times 180^2 = 648 \times 10^3(mm^3)$$
$$= 648 \times 10^{-6}(m^3)$$

根据强度条件有 $\qquad M_{max} \leqslant [\sigma]W_z$

即 $\qquad\qquad\qquad\qquad 2q \leqslant [\sigma]W_z$

由此解得

$$q \leqslant \frac{[\sigma]W_z}{2} = \frac{10 \times 10^6 \times 648 \times 10^{-6}}{2} = = 3.24 \times 10^3(N/m) = 3.24(kN/m)$$

故木梁的许可均布载荷 $q = 3.24kN/m$。

例 8-11　试按正应力校核图 8-23(a)所示铸铁梁的强度。已知梁的横截面为 T 字形，惯性矩 $I_z = 26.1 \times 10^{-6} \ m^4$，材料的许用拉应力 $[\sigma^+] = 40MPa$，许用压应力 $[\sigma^-] = 110MPa$（横截面尺寸单位为 mm）。

解　（1）作 M 图，确定危险截面。

作出梁的弯矩图如 8-23(b)所示。由图可知，最大正弯矩在截面 C，即 $M_{max}^+ = 7.15kN \cdot m$；最大负弯矩在截面 B，即 $|M_{max}^-| = 16kN \cdot m$。因为截面中性轴不居中，且材料的许用应力 $[\sigma^+] \neq [\sigma^-]$。所以截面 B 和截面 C 均为危险截面，故对两个危险截面 C 和 B 上的最大正应力要分别校核。

（2）根据 B 截面和 C 截面上弯矩的方向，可画出截面 B，C 上的应力分布图，如图 8-23(c)所示，截面 C 下边缘各点和截面 B 上边缘各点均受拉应力，截面 C 上边缘各点与截面 B 下边缘各点均受压应力。

因为 $|M_{max}^-| > |M_{max}^+|$，且 $y_2 > y_1$，所以，$|M_{max}^-| \ y_2 > |M_{max}^+| \ y_1$，故 $\sigma_d > \sigma_a$，即梁内最大压

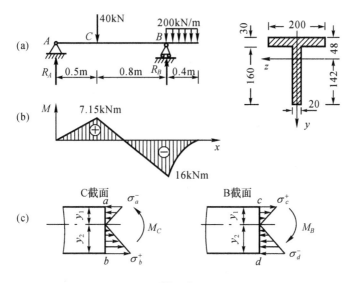

图 8-23

应力发生在截面 B 的下边缘各点：

$$\sigma_{\max}^- = \sigma_d = \left| \frac{16 \times 0.142}{26.1 \times 10^{-6}} \right|$$

$$= 87 \times 10^3 (\mathrm{kN/m^2}) = 87 (\mathrm{MPa}) < 110 (\mathrm{MPa})$$

又因为 $|M_{\max}^-| \cdot y_1 < |M_{\max}^+| \cdot y_2$，所以最大拉应力发生在截面 C 的下边缘各点：

$$\sigma_{\max}^+ = \sigma_b = \frac{7.15 \times 0.142}{26.1 \times 10^{-6}} = 38.9 \times 10^3 (\mathrm{kN/m^2}) = 38.9 (\mathrm{MPa}) < 40 (\mathrm{MPa})$$

由此可知铸铁梁的强度是足够的。并可以看出抗拉强度由 C 截面控制，抗压强度由 B 截面控制。如果将该梁的上、下面倒过来放置，结果将如何呢？有兴趣的读者不妨算一下。

8.4　梁的变形

8.4.1　挠度与转角

在外力作用下，梁内各部分之间的相对位置将发生变化，即梁将发生变形。同时，梁内各点、面的空间位置也将发生改变，即梁各部分将产生位移。变形与位移是两个不同的概念，但相互间又有联系。例如，有两根梁，其一根为悬臂梁，另一根为简支梁，如图 8-24(a)，(b)所示，这两根梁的中性层曲率 $\frac{1}{\rho} = \frac{M}{EI_z}$ 相同，故它们的变形程度相同。但是这两根梁相应横截面的位移却明显不同。其原因是：梁的弯曲变形只取决于弯矩和抗弯刚度，而各横截面的位移不仅与抗弯刚度有关，还与梁的约束条件有关。

一般情况下，梁的变形由弯矩和剪力引起，但剪力对变形影响很小，故本节只讨论由弯矩引起的弯曲变形。

如图 8-25 所示的悬臂梁，x 轴表示梁变形前的轴线，y 轴表示梁横截面的形心轴，xy 平面即为梁的纵向对称面。梁变形后，其轴线由直线弯成一条位于 xy 平面内的曲线，称为

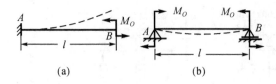
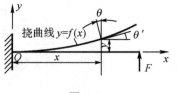

图 8-24 图 8-25

梁的挠曲线。梁上任一横截面同时产生两种位移:

(1)线位移——挠度

横截面形心在垂直梁轴方向的位移——线位移,称挠度。在图示坐标系中,挠度 y 向上为正。实际上由于轴线在中性层上长度不变,故横截面形心产生垂直位移时,还伴有轴线方向的位移,因其极小,略去不计。

(2)角位移——转角

横截面相对其原位置转过的角度,称为截面的转角,用 θ 表示。根据平面假设,变形后横截面仍垂直于挠曲线,故 θ 角等于挠曲线在该点的切线与 x 轴的夹角,因为是小变形,可得

$$\theta = \theta' \approx \mathrm{tg}\theta = \frac{\mathrm{d}y}{\mathrm{d}x} = y' \tag{8-12}$$

在图 8-25 所示坐标系下,转角 θ 逆时针转为正,相反为负值。式(8-12)表示,梁的挠曲线上任一点切线的斜率等于该点处的横截面的转角。

综上所述,挠度和转角反映梁弯曲变形的全部信息。只要知道梁的挠曲线方程,即可求得梁轴上任一点的挠度和横截面的转角。下面分析如何得出梁的挠曲线方程。

8.4.2 挠曲线微分方程

在推导弯曲正应力公式时,曾得到中性层的曲率,也就是挠曲线的曲率为

$$\frac{1}{\rho} = \frac{M}{EI} \tag{a}$$

它建立了弯曲变形和弯矩、抗弯刚度间的关系。由高等数学知识可知,平面曲线的曲率为

$$\frac{1}{\rho} = \pm \frac{\dfrac{\mathrm{d}^2 y}{\mathrm{d}x^2}}{\left[1 + \left(\dfrac{\mathrm{d}y}{\mathrm{d}x}\right)^2\right]^{\frac{3}{2}}}$$

在小变形情况下,$\mathrm{d}y/\mathrm{d}x$ 很小,故 $(\mathrm{d}y/\mathrm{d}x)^2 \ll 1$,同 1 比较,可略去不计,则

$$\frac{1}{\rho} \approx \pm \frac{\mathrm{d}^2 y}{\mathrm{d}x^2} \tag{b}$$

由式(a),(b)可得近似公式为

$$\pm \frac{\mathrm{d}^2 y}{\mathrm{d}x^2} = \frac{M}{EI} \tag{c}$$

上式中的正负号要根据弯矩 M 的符号及所取的坐标系来确定。在图 8-26 所示的坐标系中,M 与 $\dfrac{\mathrm{d}^2 y}{\mathrm{d}x^2}$ 始终同号,故式(c)左端应取正号。于是有

$$\frac{\mathrm{d}^2 y}{\mathrm{d}x^2} = \frac{M}{EI} \qquad (8\text{-}13)$$

式(8-13)称作为梁挠曲线近似微分
方程,它是研究弯曲变形的基本方程。
求解这个微分方程,便可得到挠曲线方
程,从而计算任一截面的挠度和转角。

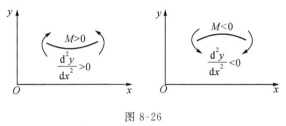

图 8-26

8.4.3　用积分法求梁的变形

将挠曲线近似微分方程分别对 x 积分一次和两次便得到梁的挠曲线方程和转角方程。

转角方程:
$$EI\theta = EIy' = \int M(x)\mathrm{d}x + C$$

挠度方程:
$$EIy = \iint M(x)\mathrm{d}x\mathrm{d}x + Cx + D$$

对于工程中常见的等直梁,其抗弯刚度 EI 为常数,式中两个积分常数 C 和 D 由边界条
件确定。例如固定端的边界条件为挠度 $y=0$,转角 $\theta=0$;铰支座的边界条件为挠度 $y=$
0 等。

当梁的弯矩方程必须分段建立时候,挠曲线微分方程也应分段建立。在此情况下,积分
常数应根据边界条件和分段处挠曲线的光滑连续条件来确定。

例 8-12　已知图 8-27 所示悬臂梁的抗弯
刚度 EI 为常量,试求梁的最大挠度 $y_{\max}$ 和最大
转角 $\theta_{\max}$。

解　首先以梁的左端为原点,建立 xOy 坐
标系。

(1)建立梁的弯矩方程。
$$M(x) = -F(l-x)$$

(2)建立挠曲线微分方程并积分。

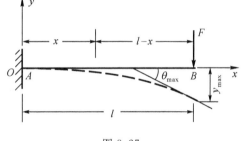

图 8-27

$$EIy'' = M(x) = -F(l-x) = Fx - Fl \qquad (a)$$

积分一次得转角方程
$$EI\theta = EIy' = \frac{1}{2}Fx^2 - Flx + C \qquad (b)$$

再积分一次得挠曲线方程
$$EIy = \frac{1}{6}Fx^3 - \frac{1}{2}Fx^2 + Cx + D \qquad (c)$$

(3)利用边界条件确定积分常数。

固定端截面 A 的转角和挠度为零,故梁的边界条件为

当 $x=0$ 时,$\theta = y' = 0$;

当 $x=0$ 时,$y=0$。

代入(b),(c)式得
$$C = 0 \qquad D = 0$$

(4)确定转角方程和挠曲线方程。

将 C, D 值代回式(b),(c),即得转角方程和挠曲线方程

$$EI\theta = EIy' = \frac{1}{2}Fx^2 - Flx \tag{d}$$

$$EIy = \frac{1}{6}Fx^3 - \frac{1}{2}Flx^2 \tag{e}$$

(5)确定梁的最大挠度和最大转角。

梁的挠曲线形状如图 8-27 中虚线所示,最大挠度 $y_{\max}$ 和最大转角 $\theta_{\max}$ 均在自由端 B 处,将 $x=l$ 代入式(d),(e)得

$$\theta_{\max} = \theta_B = -\frac{Fl^2}{2EI}$$

$$y_{\max} = y_B = -\frac{Fl^3}{3EI}$$

计算结果均为负,表示截面 B 按顺时针方向旋转,其挠度向下。

例 8-13　如图 8-28 所示,简支梁 AB 抗弯刚度为 EI,在截面 C 处受集中力 F 作用(设 $a > b$),试求此梁的转角方程和挠曲线方程,并确定 B 端转角和中点处挠度。

解　(1)求支座反力,分段列出弯矩方程。

$$R_A = \frac{Fb}{l} \qquad R_B = \frac{Fa}{l}$$

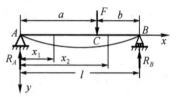

图 8-28

AC 段($0 \leqslant x_1 \leqslant a$):$M(x_1) = R_A x_1 = \frac{Fb}{l} x_1$

CB 段($a \leqslant x_2 \leqslant c$):$M(x_2) = R_A x_2 - F(x_2 - a)$
$$= \frac{Fb}{l} x_2 - F(x_2 - a)$$

(2)分段列出并积分挠曲线近似微分方程(如表 8-2 所示)。

表 8-2

AC 段($a \leqslant x_2 \leqslant l$)		CB 段($a \leqslant x_2 \leqslant l$)	
$EIy_1'' = -M(x_1) = -\dfrac{Fb}{l} x_1$		$EIy_2'' = -M(x_2) = -\dfrac{Fb}{l} x_2 + F(x_2 - a)$	
$EIy_1' = -\dfrac{Fb}{l}\dfrac{x_1^2}{2} + C_1$	(a₁)	$EIy_2' = -\dfrac{Fb}{l}\dfrac{x_2^2}{2} + F\dfrac{(x_2-a)^2}{2} + C_2$	(a₂)
$EIy_1 = -\dfrac{Fb}{l}\dfrac{x_1^3}{6} + C_1 x_1 + D_1$	(b₁)	$EIy_2 = -\dfrac{Fb}{l}\dfrac{x_2^3}{6} + F\dfrac{(x_2-a)^3}{6} + C_2 x_2 + D_2$	(b₂)

对 CB 段梁进行积分时,对含有 $(x_2 - a)$ 的项均以 $(x_2 - a)$ 作为自变量,这样可使确定积分常数的运算得到简化。

(3)确定积分常数。

每段梁在积分后有两个积分常数,两段共有四个积分常数,须利用边界条件和连续条件来确定。在两段梁的连接处(截面 C),左、右两段梁的挠度和转角均应相等,故截面 C 处位移连续条件为

当 $x_1 = x_2 = a$ 时,$y_1' = y_2'$;

当 $x_1 = x_2 = a$ 时,$y_1 = y_2$。

代入式(a₁),(a₂),(b₁),(b₂),得

$$C_1 = C_2, \quad D_1 = D_2$$

此外,支座 A, B 截面的位移边界条件为

当 $x_1 = 0$ 时,$y_1 = 0$;

当 $x_2 = l$ 时,$y_2 = 0$。

代入式 (b_1),(b_2),得

$$C_1 = C_2 = \frac{Fb}{6l}(l^2 - b^2)$$

$$D_1 = D_2 = 0$$

(4)梁的转角方程和挠曲线方程。

将积分常数代回式 (a_1),(a_2),(b_1),(b_2),即得两段梁的转角方程和挠曲线方程如表 8-3 所示。

表 8-3

AC 段 $(0 \leqslant x_1 \leqslant a)$		CB 段 $(a \leqslant x_2 \leqslant l)$	
$EI\theta_1 = EIy'_1 = \dfrac{Fb}{6l}(l^2 - b^2 - 3x_1^2)$	(c_1)	$EI\theta_2 = EIy'_2 = \dfrac{Fb}{6l}(l^2 - b^2 - 3x_2^2) + \dfrac{F(x_2 - a)^2}{2}$	(c_2)
$EIy_1 = \dfrac{Fbx_1}{6l}(l^2 - b^2 - x_1^2)$	(d_1)	$EIy_2 = \dfrac{Fbx_2}{6l}(l^2 - b^2 - x_2^2) + \dfrac{F(x_2 - a)^3}{6}$	(d_2)

(5)求 B 端转角和中点处挠度。

由式 (c_2) 得

$$\theta = \frac{Fab(l + a)}{6EIl}$$

当 $a > b$ 时,

$$y_{\frac{l}{2}} = -\frac{Fb(3l^2 - 4b^2)}{48EI}$$

8.4.4 用叠加法计算梁的变形

积分法的优点是可以求出任一截面的挠度和转角。但在载荷复杂的情况下,分段多,积分和确定积分常数的运算相当麻烦。而工程中在较多的情况下,并不需要整个梁的挠曲线方程,只需要某指定截面的挠度和转角,这时运用叠加法来计算就比积分法方便。

在计算梁的弯矩和建立挠曲线近似微分方程时,曾利用了梁的小变形假设和虎克定律,因而所求得的挠度和转角均与载荷成线性关系。这表明,各载荷对位移的影响是独立的,故当梁上同时受几个载荷作用时,任一截面的转角和挠度,分别等于各载荷单独作用下该截面的转角和挠度的代数和。这就是求梁位移的叠加法。

表 8-4 列出了几种常见的等直梁在各种简单载荷作用下的挠曲线方程及最大挠度和端截面转角公式,可供用叠加法计算梁的位移时使用。

例 8-14 试用叠加法求图 8-29(a)所示悬臂梁截面 A 的挠度。该梁的抗弯刚度 EI 为常量。

解 梁上有 F 和 M_O 两个外载荷,可分别计算 F 单独作用时和 M_O 单独作用时 A 处的挠度,然后叠加得两载荷

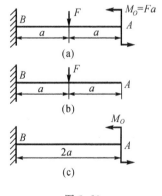

图 8-29

同时作用时 A 处的挠度。

(1) F 单独用时(如图 8-29(b)所示),由表 8-4 第 4 栏可得

$$(y_A)_F = -\frac{Fa^2}{6EI}(3 \times 2a - a) = -\frac{5Fa^3}{6EI}$$

(2) M_O 单独作用时(如图 8-36(c)所示),由表 8-4 第 1 栏可得

$$(y_A)_{M_O} = \frac{M_O(2a)^2}{2EI} = \frac{2Fa^3}{EI}$$

(3)叠加后可得 F, M_O 同时作用时的挠度

$$y_A = (y_A)_P + (y_A)_{M_O} = -\frac{5Fa^3}{6EI} + \frac{2Fa^3}{EI} = \frac{7Fa}{6EI}$$

表 8-4　简单载荷作用下梁的变形

序号	梁的简图	挠曲线方程	端截面转角	挠度
1	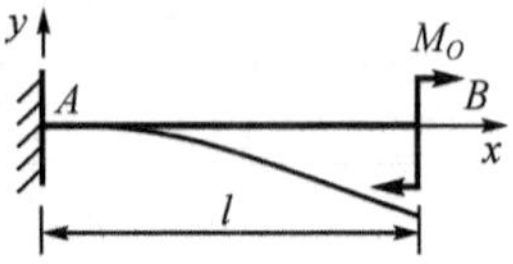	$y = -\dfrac{M_O x^2}{2EI}$	$\theta_B = -\dfrac{M_O l}{EI}$	$y_B = -\dfrac{M_O l^2}{2EI}$
2	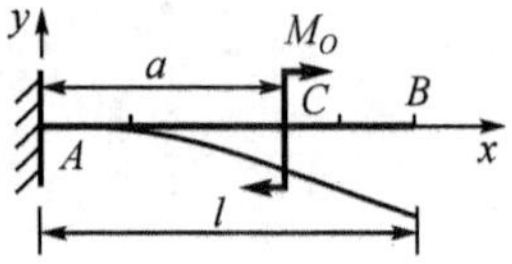	$y = -\dfrac{M_O x^2}{2EI}\ 0 \leqslant x \leqslant a$ $y = -\dfrac{M_O a}{EI}\left(x - \dfrac{a}{2}\right)$ $a \leqslant x \leqslant l$	$\theta_B = -\dfrac{M_O a}{EI}$	$y_B = -\dfrac{M_O a}{EI}\left(l - \dfrac{a}{2}\right)$
3	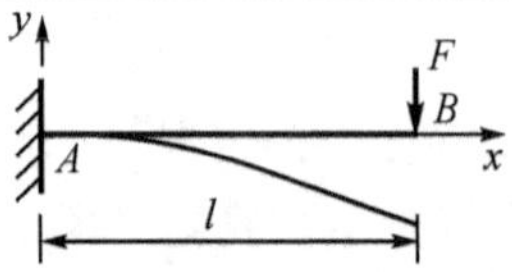	$y = -\dfrac{F x^2}{6EI}(3l - x)$	$\theta_B = -\dfrac{F l^2}{2EI}$	$y_B = -\dfrac{F l^3}{3EI}$
4	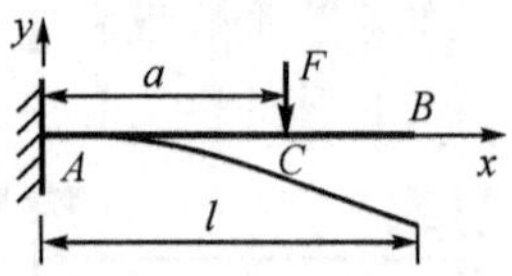	$y = -\dfrac{F x^2}{6EI}(3a - x)$ $0 \leqslant x \leqslant a$ $y = -\dfrac{F a^2}{6EI}(3x - a)$ $a \leqslant x \leqslant l$	$\theta_B = -\dfrac{F a^2}{2EI}$	$y_B = -\dfrac{F a^2}{6EI}(3l - a)$
5	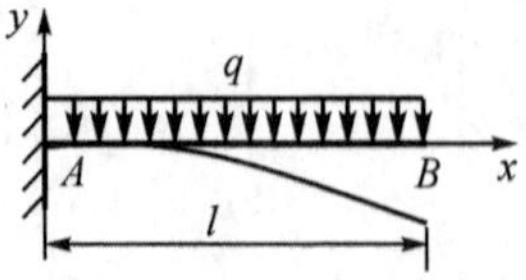	$y = -\dfrac{q x^2}{24EI}(x^2 - 4lx + 6l^2)$	$\theta_B = -\dfrac{q l^3}{6EI}$	$y_B = -\dfrac{q l^4}{8EI}$

续表

序号	梁的简图	挠曲线方程	端截面转角	挠度
6	（A、C、B，均布荷载 q 作用于 Aa 段，悬臂梁，长 l，a 段）	$y=-\dfrac{qx^2}{24EI}\cdot(x^2-4ax+6a^2)\ 0\leqslant x\leqslant a$ $y=-\dfrac{qa^3}{24EI}(4x-a)$ $a\leqslant x\leqslant l$	$\theta_B=-\dfrac{qa^3}{6EI}$	$y_B=-\dfrac{qa^3}{24EI}(4l-a)$
7	（简支梁 A、C、B，l/2，端部力偶 M_0，长 l）	$y=-\dfrac{M_Ox}{6EIl}(l^2-x^2)$	$\theta_A=-\dfrac{M_Ol}{6EI}$ $\theta_B=\dfrac{M_Ol}{3EI}$	$y_{max}=-\dfrac{M_Ol^2}{9\sqrt{3}EI}$ （在 $x=\dfrac{l}{\sqrt{3}}$ 处） $y_C=-\dfrac{M_Ol^2}{16EI}$
8	（简支梁 A、C、B，力偶 M_o 作用于 C，a、b，长 l）	$y=-\dfrac{M_Ox}{6EIl}(l^2-3b^2-x^2)\ 0\leqslant x\leqslant a$ $y=\dfrac{M(l-x)}{6EIl}(2lx-x^2-3a^2)\ a\leqslant x\leqslant l$	$\theta_A=-\dfrac{-M_O}{6EIl}\cdot(l^2-3b^2)$ $\theta_B=-\dfrac{M_O}{6EIl}\cdot(l^2-3a^2)$	
9	（简支梁 A、C、B，集中力 F 作用于 C，l/2、l/2）	$y=-\dfrac{Fx}{48EI}(3l^2-4x^2)$ $0\leqslant x\leqslant\dfrac{l}{2}$	$\theta_A=-\theta_B$ $=-\dfrac{Fl^2}{16EI}$	$y_c=-\dfrac{Fl^3}{48EI}$
10	（简支梁 A、C、B，集中力 F 作用于 C，a、b，长 l）	$y=-\dfrac{Fbx}{6EIl}(l^2-x^2-b^2)\ 0\leqslant x\leqslant a$ $y=\dfrac{Fa(l-x)}{6EIl}(x^2+a^2-2lx)\ a\leqslant x\leqslant l$	$\theta_A=-\dfrac{Fab(l+b)}{6EIl}$ $\theta_B=\dfrac{Fab(l+a)}{6EIl}$	$y_{max}=-\dfrac{Fb(l^2-b^2)^{3/2}}{9\sqrt{3}EIl}$ $\left[\begin{array}{l}a>b,\text{在}\\x=\sqrt{\dfrac{l^2-b^2}{3}}\ \text{处}\end{array}\right]$ $y_{l/2}=-\dfrac{Fb(3l^2-4b^2)}{48EI}$
11	（简支梁 A、C、B，均布荷载 q，l/2、l/2）	$y=-\dfrac{qx}{24EI}$ $(l^3-2lx^2+x^3)$	$\theta_A=-\theta_B=$ $-\dfrac{ql^3}{24EI}$	$y_C=-\dfrac{5ql^4}{384EI}$

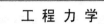
续表

序号	梁的简图	挠曲线方程	端截面转角	挠度
12	 A — l — B — a — C M_o	$y = -\dfrac{M_O X}{6EIl}$ $(x^2-l^2) 0 \leqslant x \leqslant l$ $y = -\dfrac{M_O}{6EI}(3x^2 -$ $4xl+l^2) l \leqslant x \leqslant (1+a)$	$\theta_A = -\dfrac{1}{2}\theta_B = \dfrac{Ml}{6EI}$ $\theta_C = -\dfrac{M_O}{3EI}(l+3a)$	$y_C = -\dfrac{Ma}{6EI}(2l+3a)$
13	 A — l — B — a — C $\downarrow F$	$y = \dfrac{Fax}{6EIl}(l^2-x^2)$ $0 \leqslant x \leqslant l$ $y = -\dfrac{F(x-l)}{6EI}$ $\times [a(3x-l)$ $-(x-l)^2]$ $l \leqslant x \leqslant (l+a)$	$\theta_A = -\dfrac{1}{2}\theta_B = \dfrac{Fal}{6EI}$ $\theta_C = -\dfrac{Fa}{6EI}(2l+3a)$	$y_C = -\dfrac{Fa^2}{3EI}(l+a)$

8.4.5 弯曲刚度条件及其应用

在工程中,为了保证梁的正常工作,除了要求梁具有足够的强度外,有时还需要对梁的变形加以限制。例如,轧钢机的轧辊,若弯曲变形过大,轧出的钢板将厚薄不匀,使产品不合格;又如,齿轮传动轴,若变形过大,将影响轮齿的啮合和轴承的配合,造成磨损不匀,严重影响它们的寿命;若是机床主轴,还将严重影响机床的加工精度。所以,对于受弯构件,工程中主要根据不同的技术要求,限制其最大挠度和最大转角不超过规定的数值,即

$$y_{\max} \leqslant [y]$$
$$\theta_{\max} \leqslant [\theta]$$

式中:$[y]$为许用挠度;$[\theta]$为许用转角。称上两式为刚度条件。

许用挠度$[y]$与许用转角$[\theta]$均是根据不同构件的工艺和技术要求确定的,其数值可由有关的设计规范中查得。常见的许用挠度和许用转角数值列于表8-5中。

表 8-5　常用的许用挠度、许用转角数值

对挠度的限制		对转角的限制	
轴的类型	许用挠度$[y]$	轴的类型	许用转角$[\theta]$弧度
一般转动轴	$(0.0003\sim0.0005)L$	滑动轴承	0.001
刚度要求较高的轴	$0.0002L$	向心球轴承	0.005
齿轮轴	$(0.01\sim0.03\mathrm{m})$		
蜗轮轴	$(0.02\sim0.05\mathrm{m})$	圆柱滚子轴承	0.0025
		圆锥滚子轴承	0.0016
		安装齿轮的轴	0.001

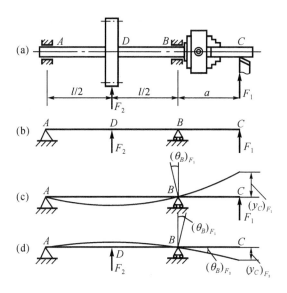

图 8-30

例 8-15　一车床主轴如图 8-30(a)所示,它可简化为一等截面的空心圆轴,其外径 $D=$ 80mm,内径 $d=40\text{mm},l=400\text{mm},a=100\text{mm},E=210\text{GPa}$,作用的切削力 F_1 为 2kN,齿轮传动力 $F_2=1\text{kN}$,主轴的许可变形为:受切削的 C 处的挠度不超过 $l/10000$,轴承 B 处的转角不超过 $l/1000$ 弧度,试校核主轴的刚度。

解　(1)主轴的计算简图如图 8-30 所示,轴横截面的惯性矩为

$$I = \frac{\pi}{64}(D^4 - d^4) = \frac{\pi}{64}(80^4 - 40^4) = 188 \times 10^4 \,(\text{mm}^4)$$

应用叠加法,先分别计算 F_1 和 F_2 单独作用时的 θ_B 和 y_C。

(2)F_1 单独作用时(如图 8-30(c)所示),由表 8-4 第 14 栏可得

$$\theta_{B1} = \frac{F_1 a l}{3EI} = \frac{2 \times 10^3 \times 100 \times 400}{3 \times 210 \times 10^3 \times 188 \times 10^4} \,(\text{rad}) = 0.676 \times 10^{-4} \,(\text{rad})$$

$$y_{C1} = \frac{F_1 a^2}{3EI}(l+a) = \frac{2 \times 10^3 \times 100^2}{3 \times 210 \times 10^3 \times 188 \times 10^4}(400+100) = 8.44 \times 10^{-3} \,\text{mm}$$

(3)F_2 单独作用时(如图 8-36(d)所示),由表 8-4 可得

$$\theta_{B2} = -\frac{F_2 l^2}{16EI} = -\frac{1 \times 10^3 \times 400^2}{16 \times 210 \times 10^3 \times 188 \times 10^4}$$

$$= -0.253 \times 10^{-4} \,(\text{rad})$$

由于 F_2 作用时,梁 BC 段不受力,变形后仍为直线,故在小变形情况下有

$$y_{C2} = \theta_{B2} a = -0.253 \times 10^{-4} \times 100 = -2.53 \times 10^{-3} \,(\text{mm})$$

(4)F_1,F_2 同时作用时的 θ_B 和 y_C 分别为

$$\theta_B = \theta_{B1} + \theta_{B2} = 0.676 \times 10^{-4} - 0.253 \times 10^{-4} = 0.423 \times 10^{-4} \,(\text{rad})$$

$$y_C = y_{C1} + y_{C2} = 8.44 \times 10^{-3} - 2.53 \times 10^{-3} = 5.91 \times 10^{-3} \,(\text{mm})$$

其许可变形为

$$[\theta_B] = \frac{1}{1000} = 10 \times 10^{-4} \,(\text{rad})$$

$$[y_c] = \frac{l}{10000} = \frac{400}{10000} = 40 \times 10^{-3} (\text{mm})$$

因此

$$\theta_B < [\theta_B]$$
$$y_C < [y_C]$$

主轴满足刚度条件。

习 题

8-1 求图 8-31 所示各梁中各指定横截面上的剪力和弯矩。

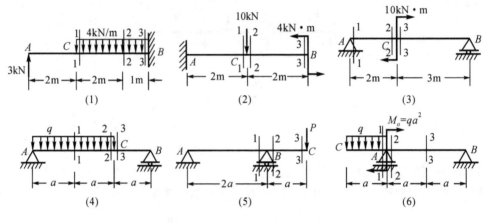

(1)   (2)   (3)

(4)   (5)   (6)

图 8-31

8-2 根据梁的平衡微分方程求作图 8-32 所示梁的剪力图和弯矩图,并求 $|Q|_{\max}$ 和 $|M|_{\max}$。

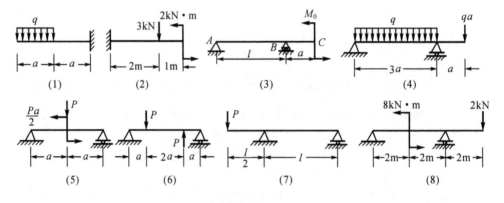

(1)   (2)   (3)   (4)

(5)   (6)   (7)   (8)

图 8-32

8-3 根据弯矩、剪力和载荷集度间的微分关系,指出 8-33 所示各梁的 Q,M 图的错误,并加以改正。

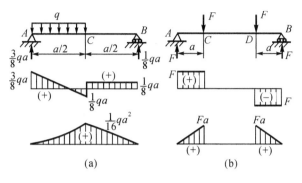

图 8-33

8-4 由 16a 号槽钢制成的外伸梁,由 16a 号槽钢制成的外伸梁,受力和尺寸如图 8-34 所示,试求梁的最大拉应力和最大压应力。

8-5 一矩形截面外伸梁,受力和尺寸如图 8-35 所示,材料的许用应力 $[\sigma]=160\text{MPa}$。试按下列两种情况校核此梁的强度;(1)使梁的 120mm 边竖直放置;(2)使梁的 120mm 边水平放置。

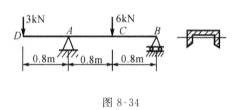

图 8-34

8-6 图 8-36 所示杠杆,$[\sigma]=160\text{MPa}$,轴销 B 为转轴。试校核横截面 1-1,2-2 和突缘 B 的弯曲强度。

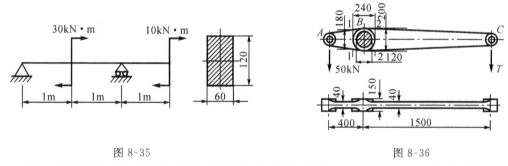

图 8-35

图 8-36

8-7 压板的尺寸和载荷如图 8-37 所示,材料为 45 钢,$\sigma_s=380\text{MPa}$,取安全系数 $n=1.5$。试校核压板的强度。

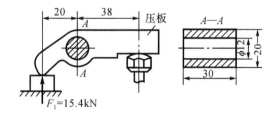

图 8-37

8-8 图 8-38 所示起重机行驶在两根工字钢组成的简支梁上,设起重机自重及吊起的重量由两根梁均匀分担。已知起重机自重 $W=50\text{kN}$,起重量 $F=10\text{kN}$,材料的 $[\sigma]=160\text{MPa}$,$\tau=100\text{MPa}$,试选择工字钢的型号。

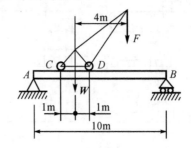

图 8-38

8-9 槽形截面铸铁梁如图 8-39 所示。其中,$F=10\text{kN}$,$M=70\text{kN}\cdot\text{m}$,$a=3\text{m}$,梁的截面形状和尺寸如图 8-39(b)所示,$C$ 为截面形心,截面对中性轴的惯性矩 $I_z=1.02\times10^8\text{mm}^4$,材料的许用应力 $[\sigma]^+=40\text{MPa}$,$[\sigma]^-=120\text{MPa}$,试校核此梁的强度。

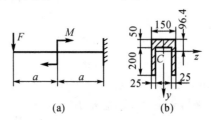

(a)   (b)

图 8-39

8-10 图 8-40 所示简支梁 AB,若载荷 F 直接作用于 AB 梁中点,梁的最大弯曲正应力超过许可值 30%,为避免这种过载现象,配置了副梁 CD,试求此梁所需长度 a。

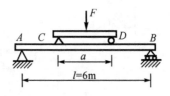

图 8-40

8-11 用积分法求图 8-41 所示各梁的转角方程、挠度方程及指定截面的转角和挠度。设 EI 为常数。

a)求 θ_A,y_A; b)求 θ_A,θ_B,y_C; c)求 θ_C,y_C; d)求 θ_B,y_B。

8-12 用叠加法求图 8-42 所示梁指定截面的转角和挠度。设 EI 为常数。

a)求 θ_B,y_B; b)求 θ_A,y_C; c)求 θ_A,y_C; d)求 θ_C,y_C。

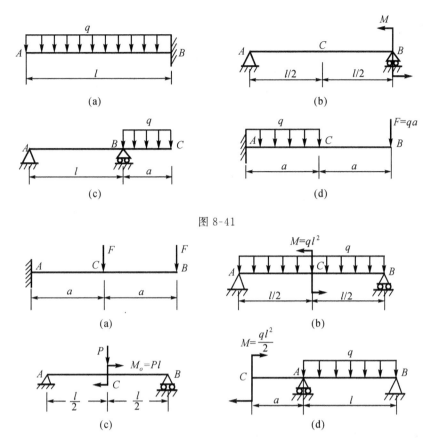

图 8-41

图 8-42

8-13　图 8-43 所示简支梁由两根槽钢组成，已知 $q=10\text{kN/m}, F=20\text{kN}, l=4\text{m}$，材料的许用应力 $[\sigma]=160\text{MPa}$，弹性模量 $E=210\text{GPa}$，梁的许可挠度 $[y]=\dfrac{l}{400}$。试按强度条件选择槽钢型号，并进行刚度校核。

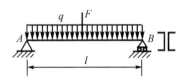

图 8-43

第9章 应力状态分析和强度理论

前面各章研究了构件在轴向拉伸（压缩）、扭转和弯曲时的强度问题，这些构件的危险点处只有正应力或剪应力。然而，实际工程构件危险点处的应力往往比较复杂。本章主要研究点的应力状态，找出该点的最大应力及其所在截面的方位；分析构件的破坏原因，建立复杂应力状态下的强度理论。

9.1 应力状态的概念

前面对拉压杆和受扭圆轴所作的应力分析表明，构件内任一点在不同截面上的应力是随截面的方位角而变化的。又从实验得知，低碳钢试件拉伸至屈服时，会出现与轴线约成45°的滑移线，而铸铁拉伸时是沿试件的横截面断裂的；低碳钢圆轴扭转时沿横截面破坏，而铸铁圆轴扭转时则沿与轴线约成45°的螺旋面断裂。要解释这些破坏现象，不仅要知道通过一点的横截面上的应力，而且还需要知道通过一点的各斜截面上的应力情况。点的应力状态是指通过受力构件内一点的所有截面上应力及其所在截面的应力情况。研究一点的应力状态的目的，就在于找出该点的最大应力及其所在截面的方位，为分析构件的破坏原因和建立复杂应力状态下的强度条件提供依据。

研究一点处的应力状态常采用取单元体的研究方法。即围绕所要研究的点截取一微小正六面体，此微小六面体称为单元体。当单元体边长趋于零时，它便趋于构件上的一个点。由于单元体尺寸为无穷小量，因此可以认为它的各个面上的应力都是均匀分布的。由平衡条件可得在它相对的两个平行面上，应力大小相等、方向相反，因此单元体六个面上的应力就表达了通过该点互相垂直的三个截面上的应力。当单元体上三个相互垂直平面上的应力为已知时，运用截面法就可确定通过该点的其他截面上的应力。例如，在轴向拉伸的杆件中任选一点 A（如图 9-1(a)所示），围绕该点沿杆的横向及纵向截取一单元体，如图 9-1(b)所示，作用在单元体各个面上的应力，就表明了该点的应力状态。又如圆轴扭转时，在靠近轴的表面上任选一点 A（如图 9-2(a)所示），围绕该点，沿轴的横截面、纵截面及径向截面截取一单元体，如图 9-2(b)所示。单元体各个面上的应力，就表示圆轴扭转时该点的应力状态。上述这两个单元体都至少有一对平行平面上没有应力，可用其投影图来表示，如图 9-1(c)和图 9-2(c)所示。直杆受轴向拉伸或压缩时，从杆中某一点截取的单元体，其横截面上只有正应力，没有剪应力；在纵向截面上既没有正应力也没有剪应力。我们定义：剪应力等于零的平面为主平面；主平面上的正应力为主应力。所以直杆受到轴向拉伸或压缩时，通过杆内一点的横截面以及与轴线平行的纵截面，都是该点的主平面，横截面上的正应力就是该点的主应力。

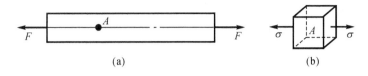

图 9-1

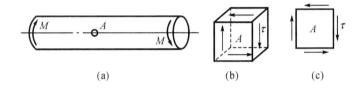

图 9-2

弹性力学的研究证明,在受力构件内的任一点,总存在这样一个单元体:它具有三个互相垂直的主平面,而且在这三个主平面上的三个主应力中,有一个是通过该点所有截面上最大的正应力,有一个是最小的正应力。三个主应力通常用 σ_1,σ_2 和 σ_3 表示(如图 9-3 所示),它们是按代数值大小顺序排列的,即 $\sigma_1 \geqslant \sigma_2 \geqslant \sigma_3$ 。例如:若某点处的三个主应力的数值为 50MPa,$-$60MPa,$-$20MPa,则应表示为 $\sigma_1 = 50$MPa,$\sigma_2 = -20$MPa,$\sigma_3 = -60$MPa 。一点的应力状态通常用该点的三个主应力表示。这样的单元体称为主单元体。

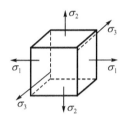

图 9-3

由于构件的受力情况不同,各点的应力状态也不一样。根据不为零的主应力的数目,可将一点的应力状态分为三类:

(1)单向应力状态

在这种状态下只有一个主应力不等于零。例如轴向拉压杆中一点的应力状态、纯弯曲梁中除中性层以外各点的应力状态,都属于单向应力状态。

(2)二向应力状态

在这种状态下两个主应力不等于零。例如,圆轴扭转时,除轴线上各点以外,其他任意一点的应力状态均属于二向应力状态;梁剪切弯曲时,除了上、下边缘各点以外,其他各点的应力状态都属于二向应力状态。

(3)三向应力状态

在这种状态下,三个主应力都不为零。例如,在滚珠轴承中,滚珠与外圈接触点 A 的应力状态(如图 9-4(a)所示)。单元体 A 除在垂直方向直接受压外,由于其横向变形受到周围材料的限制,因而侧向也受到压应力的作用,即单元体处于三向应力状态(如图 9-4(b)所示)。与此相似,桥式起重机大梁两端的滚动轮与轨道的接触点处,火车车轮与钢轨的接触点处的应力状态,也都是三向应力状态。

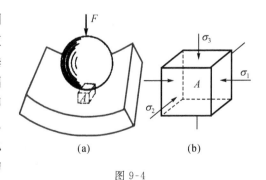

图 9-4

单向应力状态又称为简单应力状态,单向应力状态和二向应力状态统称为平面应力状态,三向应力状态称为空间应力状态,而二向和三向应力状态统称为复杂应力状态。本章着重分析平面应力状态,并简略介绍三向应力状态的基本概念。

9.2 平面应力状态分析

平面应力状态是工程中最常见的应力状态,尤其是二向应力状态。本节主要研究二向应力状态下单元体任意斜截面上的应力,以及用应力图确定该点的主应力和主平面。

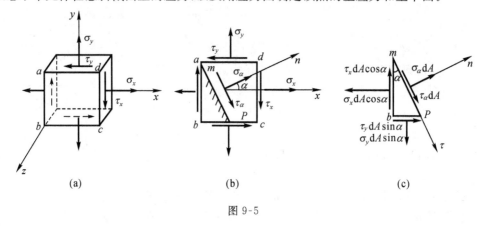

图 9-5

9.2.1 斜截面上的应力

图 9-5(a)所示的单元体是二向应力状态中最一般的情况。在 x 面(外法线沿 x 轴的平面)上作用有应力 σ_x,τ_x,在 y 面(外法线沿 y 轴的平面)上作用有应力 σ_y,τ_y。现在研究与 z 轴平行的任一斜截面 mp 上的应力(如图 9-5(b)所示)。利用截面法,沿截面 mp 将单元体切成两部分,并取其左边部分 mbp 为研究对象。斜截面 mp 的外法线与 x 轴成 α 角,此截面称为 α 面。α 角的符号规定为:从 x 轴正向按逆时针转到斜截面外法线 n 时,α 为正,反之为负。α 面上的正应力和切应力分别用 σ_α 和 τ_α 表示。应力的符号规定为:正应力以拉为正,压为负;剪应力对单元体内任一点的矩为顺时针转向时,该剪应力为正,反之为负。

设斜截面 mp 的面积为 $\mathrm{d}A$,则截面 mb 和 bp 的面积分别为 $\mathrm{d}A\cos\alpha$ 和 $\mathrm{d}A\sin\alpha$。这样,保留部分 mbp 的受力情况如图 9-5(c)所示,沿斜面法向和切向的平衡方程为

$$\sum F_n = 0 \quad \sigma_\alpha \mathrm{d}A + (\tau_x \mathrm{d}A\cos\alpha)\sin\alpha - (\sigma_x \mathrm{d}A\cos\alpha)\cos\alpha$$
$$+ (\tau_y \mathrm{d}A\sin\alpha)\cos\alpha - (\sigma_y \mathrm{d}A\sin\alpha)\sin\alpha = 0$$

$$\sum F_\tau = 0 \quad \tau_\alpha \mathrm{d}A - (\tau_x \mathrm{d}A\cos\alpha)\cos\alpha - (\sigma_x \mathrm{d}A\cos\alpha)\sin\alpha$$
$$+ (\tau_y \mathrm{d}A\sin\alpha)\sin\alpha + (\sigma_y \mathrm{d}A\sin\alpha)\cos\alpha = 0$$

由剪应力互等定理可知,τ_x 和 τ_y 的数值相等;由三角函数关系可得,$\cos^2\alpha = (1+\cos2\alpha)/2$,$\sin^2\alpha = (1-\cos2\alpha)/2$,$2\sin\alpha\cos\alpha = \sin2\alpha$,代入上列两式并化简得

$$\sigma_a = \frac{\sigma_x + \sigma_y}{2} + \frac{\sigma_x - \sigma_y}{2}\cos2\alpha - \tau_x\sin2\alpha \qquad (9\text{-}1)$$

$$\tau_a = \frac{\sigma_x - \sigma_y}{2}\sin 2\alpha + \tau_x \cos 2\alpha \tag{9-2}$$

此即斜截面应力的一般公式。利用该公式可由已知应力 σ_x, σ_y 和 τ_x 计算任一截面的应力 σ_a 和 τ_a。

例 9-1 单元体如图 9-6 所示,试求 $\alpha = 30°$ 的斜截面上的应力。

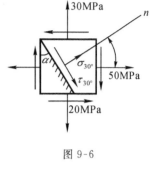

图 9-6

解 由单元体图知 $\sigma_x = 50\text{MPa}$, $\sigma_y = 30\text{MPa}$, $\tau_x = -\tau_y = 20\text{MPa}$, $\alpha = 30°$, 将其代入式(9-1)可得斜截面上正应力

$$\begin{aligned}\sigma_a &= \frac{\sigma_x + \sigma_y}{2} + \frac{\sigma_x - \sigma_y}{2}\cos 2\alpha - \tau_x \sin 2\alpha \\ &= \frac{50+30}{2} + \frac{50-30}{2}\cos 60° - 20 \times \sin 60° \\ &= 27.68(\text{MPa})\end{aligned}$$

由式(9-2)可得斜截面上剪应力

$$\begin{aligned}\tau_a &= \frac{\sigma_x - \sigma_y}{2}\sin 2\alpha + \tau_x \cos 2\alpha \\ &= \frac{50-30}{2}\sin 60° + 20 \times \cos 60° = 18.66(\text{MPa})\end{aligned}$$

9.2.2 应力圆

前面用截面法分析了二向应力状态下任意斜截面上的应力,下面用图解法(应力圆)确定主应力和主平面。图解法具有形象、直观的特点,容易理解且应用方便。

由式(9-1)和(9-2)可知,任一斜截面上的正应力 σ_a 和剪应力 τ_a 均随参量 α 变化。将式(9-1)和(9-2)改写成如下形式:

$$\sigma_a - \frac{\sigma_x + \sigma_y}{2} = \frac{\sigma_x - \sigma_y}{2}\cos 2\alpha - \tau_x \sin 2\alpha \tag{a}$$

$$\tau_a = \frac{\sigma_x - \sigma_y}{2}\sin 2\alpha + \tau_x \cos 2\alpha \tag{b}$$

将以上两式等号两边平方后相加,得

$$\left(\sigma_a - \frac{\sigma_x + \sigma_y}{2}\right)^2 + \tau_a^2 = \left(\frac{\sigma_x - \sigma_y}{2}\right)^2 + \tau_x^2 \tag{c}$$

式中的 σ_x, σ_y 和 τ_x 为已知量,而 σ_a 和 τ_a 为变量。若以正应力 σ 为横坐标,剪应力 τ 为纵坐标,则式(c)表示的是在直角坐标系 $\sigma\tau$ 中的一个圆方程,其圆心坐标为 $\left(\frac{\sigma_x + \sigma_y}{2}, 0\right)$, 半径为 $\sqrt{\left(\frac{\sigma_x - \sigma_y}{2}\right)^2 + \tau_x^2}$, 圆周上任一点的横、纵坐标值分别代表单元体相应截面上的正应力和剪应力。此圆称为应力圆或莫尔圆。

现在以图 9-7(a)所示的一般二向应力状态单元体为例,来研究应力圆的作法及其在应力分析中的应用。

1. 作应力圆

(1)按适当的比例尺,建立 $\sigma\tau$ 直角坐标系;

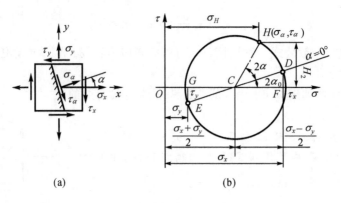

图 9-7

(2)在此坐标系内,按比例尺量取 $OF=\sigma_x$,$FD=\tau_x$,定出 D 点。D 点的横、纵坐标就代表单元体的 x 面上的应力 σ_x 和 τ_x;

(3) $OG=\sigma_y$,$GE=\tau_y$ 定出 E 点。E 点的坐标代表单元体的 y 面上的应力 σ_y,τ_y;

(4) 接 D 和 E 点,交 σ 轴于 C 点。以 C 点为圆心、CD 为半径作圆,即得到式(c)表示的应力圆。

证明如下:

$$OC = OG + GC = \sigma_y + \frac{\sigma_x - \sigma_y}{2} = \frac{\sigma_x + \sigma_y}{2}$$

圆心坐标即为$(\frac{\sigma_x+\sigma_y}{2},0)$,半径

$$R=CD=\sqrt{CF^2+FD^2}=\sqrt{(\frac{\sigma_x-\sigma_y}{2})^2+\tau_x^2}$$

故以上所作圆即为式(c)表示的应力圆。

2.点和面的对应关系

欲求单元体 α 面上的应力,必须掌握应力圆上点的坐标与单元体相应截面上的应力之间的对应关系。从图 9-7(a),(b)可以看出,单元体上的 x 面和 y 面分别与应力圆上的点 D 和 E 相对应;在单元体上从 x 面外法线,按逆时针转向转过 $90°$,而在应力圆上从点 D 到 E 则按相同转向转过了 $180°$的圆心角。由此可推知,单元体两个截面的夹角为 α 时,其在应力圆上的两个对应点之间的圆弧所对应的圆心角为 2α,且两者转向相同。因此,应力圆和单元体之间的对应关系为:点面对应,D 为基准,夹角两倍,转向相同。

根据上述对应关系,确定 α 面上的应力,只需将半径 CD 沿逆时针方向旋转 2α 角,即转至 CH 处,所得 H 点的横坐标 σ_H 和纵坐标 τ_H 即分别代表 α 面的正应力 σ_α 和切应力 τ_α。

由于应力圆上 D 点代表单元体 x 平面上的应力情况,而 x 平面即为 $\alpha=0$ 的截面,所以应用应力圆求各截面上的应力时,为了方便起见,可在半径 CD 的延长线上注明"$\alpha=0$"用来标明量角度时的始边,CH 为终边。

9.2.3 主应力和最大剪应力的确定

1.主应力和主平面方位

由图 9-8(a)可以看出,应力圆与 σ 轴相交于 A,B 两点,此两点的横坐标(即正应力)为

最大值和最小值,而它们的纵坐标(即剪应力)为零,故 A,B 两点对应单元体的两个主平面,其横坐标就是这两个主平面上的主应力,其值为

$$\begin{cases} \sigma_{\max} = \sigma_A = OC + CA = \dfrac{\sigma_x + \sigma_y}{2} + \sqrt{(\dfrac{\sigma_x - \sigma_y}{2})^2 + \tau_x^2} \\ \sigma_{\min} = \sigma_B = OC - CA = \dfrac{\sigma_x + \sigma_y}{2} - \sqrt{(\dfrac{\sigma_x - \sigma_y}{2})^2 + \tau_x^2} \end{cases} \tag{9-3}$$

而相应的方位角 α_0 可由下式求得

$$\tan 2\alpha_0 = -\frac{DF}{CF} = -\frac{\tau_x}{\dfrac{\sigma_x - \sigma_y}{2}} = -\frac{2\tau_x}{\sigma_x - \sigma_y} \tag{9-4}$$

式中,负号表示由 x 面到最大正应力作用面沿顺时针方向旋转。α_0 值也可直接在应力圆上量取,即 $2\alpha_0 = \angle DCA$。

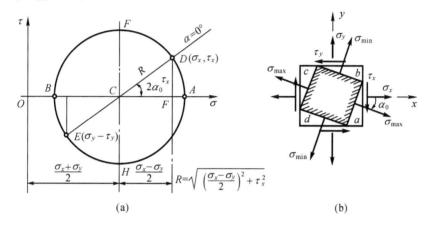

图 9-8

由图 9-8(a)知,A,B 两点位于应力圆同一直径的两端,根据应力圆上的点和单元体的面之间的对应关系,两个主平面互相垂直,主平面上的主应力也互相垂直。应该注意,最大正应力 $\sigma_{\max}$ 所在截面的方位角不一定都为 α_0,主应力 $\sigma_{\max}$,$\sigma_{\min}$ 与主平面方位 α_0、$\alpha_0 + 90°$(或 $\alpha_0 - 90°$)的对应关系可以用以下方法判断:

连接单元体上剪应力箭线所指的角点,该连线称之为主对角线。

(1)若 $\sigma_x > \sigma_y$,则 $\sigma_{\max}$ 所在平面的方位角必位于主对角线和 x 轴之间;

(2)若 $\sigma_x < \sigma_y$,则 $\sigma_{\max}$ 所在平面的方位角必位于主对角线与 y 轴之间。

2. 最大剪应力及其所在平面的方位

从图 9-8(a)可见,应力圆上的 F 和 H 点的纵坐标即为极值剪应力

$$\begin{matrix} \tau_{\max} \\ \tau_{\min} \end{matrix} = \begin{matrix} CF \\ CH \end{matrix} = \pm \sqrt{(\frac{\sigma_x - \sigma_y}{2})^2 + \tau_x^2} \tag{9-5}$$

因为 $\tau_{\max}$ 和 $\tau_{\min}$ 的数值等于应力圆的半径,所以又可将它们表示为

$$\begin{matrix} \tau_{\max} \\ \tau_{\min} \end{matrix} = \pm \frac{\sigma_{\max} - \sigma_{\min}}{2}$$

由应力圆可见,极值剪应力所在平面与主平面成 45°角。

以上公式(9-3),(9-4),(9-5)是在平面应力状态下推导而得的,它同样适用于如图 9-9

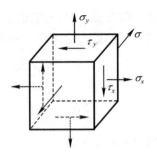
所示的较为简单的复杂应力状态。

例 9-2 图 9-10 所示单元体上的应力均为已知,应力单位为 MPa。试用应力圆法求:

(1)斜截面 ef 上的应力;

(2)主应力及主平面的方位;

(3)极值剪应力及其所在平面的方位。

解 (1)求斜截面 ef 上的应力

选定比例尺,在 $\sigma\tau$ 坐标系上由 $\sigma_x = 60$ MPa 和 $\tau_x = -30$ MPa 定出 D 点;由 $\sigma_y = -40$ MPa 和 $\tau_y = 30$ MPa 定出 E 点。

图 9-9

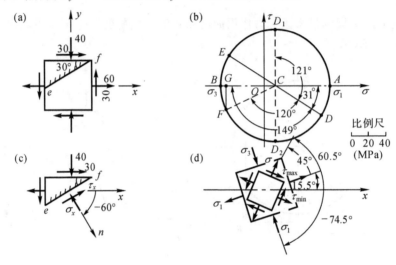

图 9-10

连接 D,E 交 σ 轴于 C 点。以 C 为圆心,CD 为半径作应力圆,如图 9-10(b)所示。

因斜截面 ef 的方位角 $\alpha = -60°$(如图 9-10(c)所示),故在应力圆上由 D 点按顺时针转向沿圆周量取 $-120°$ 圆心角,得到 F 点的横、纵坐标即为 ef 面上的正应力和剪应力。按所用比例尺从应力圆上量得

$$\sigma_{-60°} = -OG = -41\text{MPa},\tau_{-60°} = -FG = -28\text{MPa}$$

(2)求主应力及主平面方位

从应力圆直接量得

$$\sigma_{\max} = OA = 68\text{MPa}, \quad \sigma_{\min} = -OB = -48\text{MPa}$$

在应力圆上从 D 到 A(逆时针转动)量得圆心角 $2\alpha_0 = \angle DCA = 31°$,所以在单元体中,$\sigma_{\max}$ 所在主平面可由 x 面逆时针旋转 $\alpha_0 = 15.5°$ 而得到;$\sigma_{\min}$ 所在主平面则垂直于 $\sigma_{\max}$ 所在平面。所得的主单元体如图 9-10(d)所示。

(3)求极值剪应力及其所在平面的方位

在应力圆上量得极值剪应力为

$$\frac{\tau_{\max}}{\tau_{\min}} = \frac{CD_1}{CD_2} = \pm 58\text{MPa}$$

在应力圆上量得 DD_1 弧的圆心角 $2\alpha_1 = 121°$,在单元体上由 x 面逆时针旋转 $\alpha_1 = 60.5°$ 便得

到 τ_{max} 的作用面(也可将 σ_{max} 所在的主平面逆时针旋转 $45°$ 得到)。τ_{min} 所在平面则垂直于 τ_{max} 的作用面。极值剪应力所在单元体如图 9-10(d)所示。

例 9-3　试用公式求例 9-2。

解　(1)求斜截面 ef 上的应力

由单元体图知 $\sigma_x=60\text{MPa}, \sigma_y=-40\text{MPa}, \tau_x=-\tau_y=-30\text{MPa}, \alpha=-60°$，将其代入式 (9-1)可得斜截面上正应力

$$\sigma_\alpha = \frac{\sigma_x+\sigma_y}{2} + \frac{\sigma_x-\sigma_y}{2}\cos2\alpha - \tau_x\sin2\alpha$$

$$= \frac{60-40}{2} + \frac{60+40}{2}\cos(-120°) - (-30)\times\sin(-120°)$$

$$= -40.98(\text{MPa})$$

由式(9-2)得斜截面上剪应力

$$\tau_\alpha = \frac{\sigma_x-\sigma_y}{2}\sin2\alpha + \tau_x\cos2\alpha$$

$$= \frac{60+40}{2}\sin(-120°) + (-30)\times\cos(-120°) = -28.3(\text{MPa})$$

(2)求主应力及主平面方位

由式(9-3)得主应力

$$\sigma_{max} = \frac{\sigma_x+\sigma_y}{2} + \sqrt{\left(\frac{\sigma_x-\sigma_y}{2}\right)^2 + \tau_x^2}$$

$$= \frac{60-40}{2} + \sqrt{\left(\frac{60+40}{2}\right)^2 + (-30)^2} = 68.3(\text{MPa})$$

$$\sigma_{min} = \frac{\sigma_x+\sigma_y}{2} - \sqrt{\left(\frac{\sigma_x-\sigma_y}{2}\right)^2 + \tau_x^2}$$

$$= \frac{60-40}{2} - \sqrt{\left(\frac{60+40}{2}\right)^2 + (-30)^2} = -48.3(\text{MPa})$$

由式(9-4)得主平面方位

$$\tan2\alpha_0 = -\frac{\tau_x}{\dfrac{\sigma_x-\sigma_y}{2}} = -\frac{2\tau_x}{\sigma_x-\sigma_y} = -\frac{2\times(-30)}{60-(-40)} = 0.6$$

解得 $\alpha_0=15.5°$，则两主平面方位角分别为 $\alpha_0=15.5°, \alpha_0-90°=-74.5°$。由单元体知 $\sigma_x > \sigma_y$，故 σ_{max} 所在平面的方位角必位于主对角线和 x 轴之间，即为 $\alpha_0=15.5°$。

(3)求极值剪应力及其所在平面的方位

由式(9-5)得极值剪应力

$$\left.\begin{array}{c}\tau_{max}\\\tau_{min}\end{array}\right. = \pm\sqrt{\left(\frac{\sigma_x-\sigma_y}{2}\right)^2 + \tau_x^2} = \pm\frac{\sigma_{max}+\sigma_{min}}{2} = \pm58.3(\text{MPa})$$

τ_{max} 的作用面可将 σ_{max} 所在的主平面逆时针旋转 $45°$ 得到，即 $\alpha_1=15.5°+45°=60.5°$；τ_{min} 所在平面则垂直于 τ_{max} 的作用面。

例 9-4　讨论圆轴扭转时的应力状态，并分析铸铁试件受扭时的破坏现象。

解　圆轴扭转时，横截面边缘处剪应力最大，其数值为

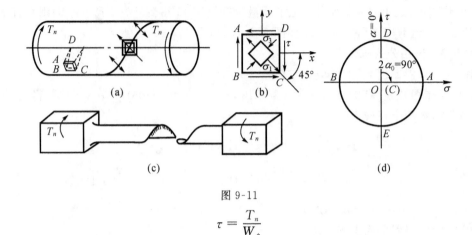

图 9-11

$$\tau = \frac{T_n}{W_p}$$

在圆轴的最外层,按图 9-11(a)所示方式取出单元体 $ABCD$,单元体各面上的应力如图 9-11(b)所示。此时有 $\sigma_x = 0$,$\sigma_y = 0$,$\tau_x = \tau$,$\tau_y = -\tau$。在 $\sigma\tau$ 平面内,由坐标 $(0, \tau)$ 和 $(0, -\tau)$ 分别确定 D 点和 E 点(如图 9-11(d)所示),以 DE 为直径作圆即得所求的应力圆。由应力圆知:$\sigma_{\max} = \tau$,$\sigma_{\min} = -\tau$,且 $\angle DCA = 2\alpha_0 = -90°$,故 $\alpha_0 = -45°$。由此得主单元体如图 9-11(b)所示。所以纯剪切是二向应力状态。

圆截面铸铁试件扭转时,表面各点的主平面联成倾角为 45° 的螺旋面,由于铸铁抗拉强度低,试件将沿此螺旋面因拉伸而发生断裂破坏,如图 9-11(c)所示。

9.3　广义虎克定律

在第五章中已经讨论过单向应力状态下的虎克定律,即当杆件横截面上的正应力未超过材料的比例极限时,正应力与纵向线应变呈线性关系

$$\varepsilon = \frac{\sigma}{E}$$

而横向线应变 ε' 与纵向线应变 ε 之间存在以下关系:

$$\varepsilon' = -\mu\varepsilon = -\mu\frac{\sigma}{E}$$

现在研究复杂应力状态下应力和应变的关系。

图 9-12(a)所示为一主单元体。当应力未超过材料的比例极限时,单元体在三个主应力方向的线应变即主应变 ε_1,ε_2,ε_3,可用叠加法求得。

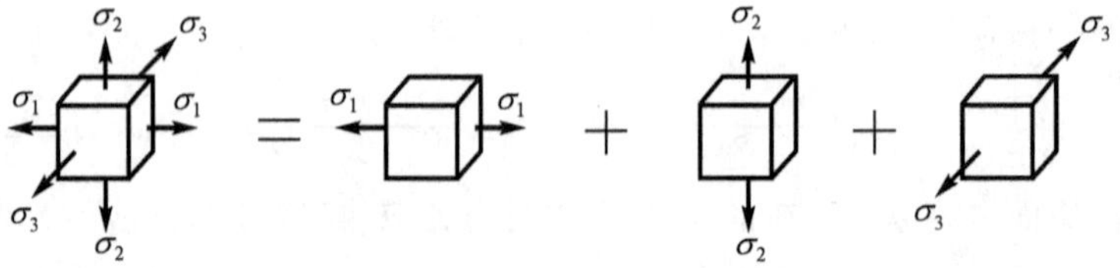

图 9-12

在 σ_1 单独作用下,各主应变分别为

$$\varepsilon'_1 = \frac{\sigma_1}{E}, \varepsilon'_2 = -\frac{\mu\sigma_1}{E}, \varepsilon'_3 = -\frac{\mu\sigma_2}{E}$$

式中：E 为弹性模量，μ 为泊松比。对于各向同性材料来说，E,μ 值与方向无关。

同理，当 σ_2 和 σ_3 单独作用时，各主应变分别为

$$\varepsilon''_1 = -\frac{\mu\sigma_2}{E}, \varepsilon''_2 = \frac{\sigma_2}{E}, \varepsilon''_3 = -\frac{\mu\sigma_2}{E}$$

$$\varepsilon'''_1 = -\frac{\mu\sigma_3}{E}, \varepsilon'''_2 = -\frac{\mu\sigma_3}{E}, \varepsilon'''_3 = \frac{\sigma_3}{E}$$

将以上各主应变叠加得

$$\begin{cases} \varepsilon_1 = \frac{1}{E}[\sigma_1 - \mu(\sigma_2 + \sigma_3)] \\ \varepsilon_2 = \frac{1}{E}[\sigma_2 - \mu(\sigma_3 + \sigma_1)] \\ \varepsilon_3 = \frac{1}{E}[\sigma_3 - \mu(\sigma_1 + \sigma_2)] \end{cases} \tag{9-6}$$

此式反映了复杂应力状态下主应变与主应力的关系，称为广义虎克定律。式中，主应力为代数值，拉应力为正，反之为负。若求出的主应变为正值，则表示伸长，反之则表示缩短。

在弹性范围内，剪应力对与其垂直及平行方向的线应变没有影响。所以，当单元体各面上既有正应力 $\sigma_x,\sigma_y,\sigma_z$，又有剪应力作用时，沿 $\sigma_x,\sigma_y,\sigma_z$ 方向的线应变 $\varepsilon_x,\varepsilon_y,\varepsilon_z$ 与 $\sigma_x,\sigma_y,\sigma_z$ 之间的关系，仍用公式(9-6)来表示，只需将式中的字符下标 $1,2,3$ 分别用 x,y,z 代替即可。

例 9-4 一铝质立方块，尺寸为 $10\text{mm}\times10\text{mm}\times10\text{mm}$，紧密无隙地嵌入深度和宽度都是 10mm 的钢槽中(如图 9-13 所示)。铝的泊松比 $\mu=0.33$，弹性模量 $E=70\text{MPa}$，当铝块承受 $F=6\text{kN}$ 的压力作用时，求铝块的三个主应力及相应的变形。

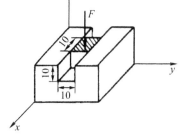

图 9-13

解 (1)铝块的主应力

在载荷 F 作用下，铝块在 z 方向的压应力为

$$\sigma_z = -\frac{F}{A} = \frac{6\times10^3}{10\times10\times10^{-6}} = -60(\text{MPa})$$

铝块在 x 方向变形不受约束，因此 x 方向的应力为零，即

$$\sigma_x = 0$$

由于钢槽不变形，因此铝块受到钢槽的约束，在 y 方向的应变为零，即

$$\varepsilon_y = 0$$

将广义虎克定律(9-6)式代入上式，得

$$\varepsilon_y = \frac{1}{E}[\sigma_y - \mu(\sigma_x + \sigma_z)] = 0$$

$$\sigma_y = \mu\sigma_z = -0.33\times60\times10^6(\text{Pa}) = -19.8(\text{MPa})$$

所以三个主应力为

$$\sigma_1 = 0, \quad \sigma_2 = -19.8\text{MPa}, \quad \sigma_3 = -60\text{MPa}$$

（2）相应的变形

$$\varepsilon_1 = \frac{1}{E}[\sigma_1 - \mu(\sigma_2 + \sigma_3)] = \frac{-0.33}{70 \times 10^9}(-19.8 - 60) \times 10^6$$

$$= 0.376 \times 10^{-3}$$

$$\varepsilon_2 = 0$$

$$\varepsilon_3 = \frac{1}{E}[\sigma_3 - \mu(\sigma_1 + \sigma_2)] = \frac{1}{70 \times 10^9} \times (-60 + 0.33 \times 19.8) \times 10^6$$

$$= -0.764 \times 10^{-3}$$

所以相应的变形 $\Delta l_1 = 3.76 \times 10^{-3}$ mm，$\Delta l_2 = 0$，$\Delta l_3 = -7.64 \times 10^{-3}$ mm。

9.4 强度理论

9.4.1 强度理论概述

前面根据构件的受力情况进行应力分析，求出危险点处的最大应力，这只是处理强度问题的一个方面。另一方面，还要对所用的材料进行实验研究，将理论分析与实验研究结果结合起来，才能建立正确的强度条件。

前面各章中对构件进行强度计算所用的强度条件主要有两个，即

$$\sigma_{max} \leqslant [\sigma]$$

$$\tau_{max} \leqslant [\tau]$$

前者适用于单向应力状态，不等式左边的工作应力 σ_{max} 为拉（压）杆横截面上的正应力或梁横截面上的最大弯曲正应力；后者适用于纯剪切应力状态，不等式左边的工作应力 τ_{max} 为圆轴扭转时横截面上的最大剪应力或梁在横力弯曲时横截面上的最大弯曲剪应力。不等式右边的许用应力 $[\sigma]$ 和 $[\tau]$ 分别由拉伸（压缩）试验和纯剪切试验所测得的极限应力除以安全系数而得到。所以，上述两个强度条件是直接根据实验结果建立起来的。

有时虽然受力构件内的应力状态比较复杂，但接近于实际受力情况的试验装置容易找到，这时也可以通过试验方法来建立相应的强度条件。例如铆钉、键、销等联接件的实用计算便是如此。然而工程实际中会遇到各种复杂应力状态，而且复杂应力状态中应力组合的方式和比值又有各种可能。如果像单向拉伸一样，靠直接试验来建立强度条件，势必要对各式各样的应力状态一一进行试验，这显然是不可能的。因此，解决复杂应力状态下的强度问题，通常是根据材料在简单受力下的实验结果，通过判断和推理，提出一些假说，推测材料在复杂应力状态下破坏的原因，从而建立相应的强度条件。

长期的生产实践和大量试验表明，尽管材料在外力作用下的破坏现象比较复杂，但材料的破坏形式可归结为两类，即脆性断裂和塑性屈服。脆性断裂时无明显的塑性变形，断口粗糙；塑性屈服时有显著的塑性变形，构件已不能正常工作，故认为它也是材料破坏的一种标志。引起材料破坏的因素主要有应力、应变和变形能状态。长期以来，人们根据对材料破坏现象的观察和分析，提出了各种关于破坏原因的假说，认为材料某一类型的破坏与某一特定

因素有关,即材料无论处于简单应力状态还是复杂应力状态,所产生的某种类型的破坏是由同一因素引起的。这就可以通过简单应力状态的试验结果,建立复杂应力状态下的强度条件。这些假说称为强度理论。

9.4.2　四种常用的强度理论

1.最大拉应力理论(第一强度理论)

这一理论认为材料发生断裂破坏的决定因素是最大拉应力。即不论材料处于何种应力状态,只要最大拉应力达到材料在单向拉伸破坏时的极限应力σ_b,材料便发生断裂破坏。因此材料发生断裂破坏的条件为

$$\sigma_1 = \sigma_b$$

将极限应力σ_b除以安全系数n_b,便得到材料的许用应力$[\sigma]$。按第一强度理论建立的强度条件为

$$\sigma_1 \leqslant [\sigma] \tag{9-7}$$

本理论能很好地解释脆性材料如铸铁、陶瓷等在单向和二向拉伸以及扭转时的破坏现象,但这个理论没有考虑其余两个主应力对材料强度的影响,而且对没有拉应力的应力状态(如单向、二向和三向压缩)无法应用。

2.最大伸长线应变理论(第二强度理论)

这一理论认为最大伸长线应变是引起材料脆性断裂破坏的主要因素,即不论材料处于什么应力状态,只要最大伸长线应变ε_1达到材料在简单拉伸破坏时的极限伸长线应变ε_μ时,材料就会发生断裂破坏。因此,材料发生断裂破坏的条件为

$$\varepsilon_1 = \varepsilon_\mu$$

如果材料从受拉到断裂破坏时应力都在线性弹性范围内,则其应力、应变关系仍符合虎克定律,即

$$\varepsilon_1 = \frac{1}{E}\big[\sigma_1 - \mu(\sigma_2 + \sigma_3)\big]$$

$$\varepsilon_\mu = \frac{\sigma_b}{E}$$

则上述的破坏条件改写为

$$\sigma_1 - \mu(\sigma_2 + \sigma_3) = \sigma_b$$

将上式右边σ_b除以安全系数后,则得到按第二强度理论建立的强度条件

$$\sigma_1 - \mu(\sigma_2 + \sigma_3) \leqslant [\sigma] \tag{9-8}$$

本理论能很好地解释石料或混凝土等脆性材料受轴向压缩时沿纵向截面发生的断裂破坏现象。铸铁在拉压二向应力作用下且压应力值较大时的试验结果也与该理论的计算结果相接近。按照该理论,铸铁在二向拉应力状态下应比简单拉伸时安全,但这与试验结果不符。

3.最大剪应力理论(第三强度理论)

这一理论认为最大剪应力是引起材料塑性屈服破坏的主要因素,即不论材料处于什么应力状态,只要构件危险点处的最大剪应力达到材料简单拉伸屈服时的极限剪应力τ_s时,

材料就会发生屈服破坏。因此材料发生塑性屈服破坏的条件为

$$\tau_{\max} = \tau_s$$

由 9.2 知，$\tau_{\max} = \dfrac{\sigma_1 - \sigma_3}{2}$，$\tau_s = \dfrac{\sigma_s}{2}$，代入上式得主应力表示的屈服破坏条件

$$\sigma_1 - \sigma_3 = \sigma_s$$

许用应力$[\sigma] = \dfrac{\sigma_s}{n_s}$，所以，按第三强度理论建立的强度条件为

$$\sigma_1 - \sigma_3 \leqslant [\sigma] \tag{9-9}$$

这个强度理论被许多塑性材料的试验所证实，因此，对塑性材料制成的构件尤其是机械行业，常采用这个理论。但该理论未考虑中间应力 σ_2 的影响，按该理论计算的结果与试验结果相比偏于安全。而且对于三向等拉应力状态，按这一理论材料应该不易破坏，这与事实不符。此外，该理论不适用于拉、压屈服极限不等的材料。

4. 形状改变比能理论(第四强度理论)

构件受力后，其形状和体积都会发生改变，同时构件内部积蓄了一定的变形能。这一变形能包括两部分：因形状改变而获得的形状改变能和由体积发生变化而获得的体积改变能。单位体积内的形状改变能称为形状改变比能。在复杂应力状态下，形状改变比能的表达式为

$$U_x = \frac{(1+\mu)}{6E}\left[(\sigma_1 - \sigma_2)^2 + (\sigma_2 - \sigma_3)^2 + (\sigma_3 - \sigma_1)^2\right] \tag{9-10}$$

形状改变比能理论认为，引起材料塑性屈服破坏的主要因素是形状改变比能，即不论材料处于什么应力状态，只要构件危险点处的形状改变比能 U_x 达到材料单向拉伸屈服时的形状改变比能 U_x^0，材料就发生屈服破坏。因此，塑性屈服破坏条件为

$$U_x = U_x^0 \tag{f}$$

在单向拉伸屈服时，$\sigma_1 = \sigma_s$，$\sigma_2 = \sigma_3 = 0$，代入式(9-10)得

$$U_x^0 = \frac{(1+\mu)}{3E}\sigma_s^2$$

将上式和式(9-10)代入式(f)得屈服破坏条件为

$$\sqrt{\frac{1}{2}\left[(\sigma_1 - \sigma_2)^2 + (\sigma_2 - \sigma_3)^2 + (\sigma_3 - \sigma_1)^2\right]} = \sigma_s$$

许用应力$[\sigma] = \dfrac{\sigma_s}{n_s}$，所以，按第四强度理论建立的强度条件为

$$\sqrt{\frac{1}{2}\left[(\sigma_1 - \sigma_2)^2 + (\sigma_2 - \sigma_3)^2 + (\sigma_3 - \sigma_1)^2\right]} \leqslant [\sigma] \tag{9-11}$$

这一理论较全面地考虑了各主应力对强度的影响。对于塑性材料，它比第三强度理论更符合试验结果。但这一理论也不能解释材料在三向等值拉伸时发生破坏的原因。

综上所述，四个强度理论的强度条件可写成统一的形式

$$\sigma_{xd} \leqslant [\sigma] \tag{9-12}$$

式中，σ_{xd} 称为相当应力。它是由三个主应力按一定形式组合而成，它反映了各主应力对材料强度的综合影响。按照从第一强度理论到第四强度理论的顺序，相当应力分别是

$$\begin{cases} \sigma_{xd_1} = \sigma_1 \\ \sigma_{xd_2} = \sigma_1 - \mu(\sigma_2 + \sigma_3) \\ \sigma_{xd_3} = \sigma_1 - \sigma_3 \\ \sigma_{xd_4} = \sqrt{\dfrac{1}{2}\left[(\sigma_1 - \sigma_2)^2 + (\sigma_2 - \sigma_3)^2 + (\sigma_3 - \sigma_1)^2\right]} \end{cases} \tag{9-13}$$

9.4.3　强度理论的选用

上面介绍了四种常用的强度理论,并简略说明了每个理论在哪种情况下符合试验结果,哪种情况下不能适用。一般来说,常温、静载下,脆性材料发生脆性断裂,通常采用第一或第二强度理论;塑性材料一般发生塑性屈服破坏,所以应采用第三或第四强度理论。

根据材料选择强度理论,在多数情况下是合适的。但是,材料的脆性和塑性不是绝对的,即使同一种材料,其破坏形式也会随应力状态的不同而发生变化。例如低碳钢在单向拉伸时以屈服形式破坏,但由低碳钢制成的螺杆拉伸时,在螺纹根部由于应力集中将引起三向拉伸,这部分材料就会出现断裂破坏。又如铸铁在单向受拉时,以断裂形式破坏。但若以淬火钢球压在铸铁板上,接触点附近的材料处于三向压应力状态,随着压力的加大,铸铁板会出现明显的凹坑,发生了塑性变形。由此可知,构件的破坏形式不仅与构件的材料性质有关,而且还与危险点处的应力状态有关。所以无论是塑性材料还是脆性材料,在三向拉应力接近相等的情况下,都以断裂形式破坏,故应采用最大拉应力理论。在三向压应力接近相等的情况下,都以屈服形式破坏,应采用最大剪应力理论或形状改变比能理论。

此外,对于脆性材料,在二向拉伸应力状态,或在二向拉伸—压缩应力状态且拉应力值较大时,采用最大拉应力理论;而在二向拉伸—压缩应力状态且压应力值较大时,可采用最大伸长线应变理论。

图 9-14 所示为一常见的平面应力状态,现根据第三和第四强度理论建立相应的强度条件。

设 σ 和 τ 为已知,则单元体的主应力为

$$\sigma_1 = \frac{\sigma}{2} + \sqrt{\left(\frac{\sigma}{2}\right)^2 + \tau^2}$$

$$\sigma_2 = 0$$

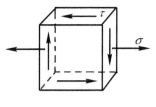

图 9-14

$$\sigma_3 = \frac{\sigma}{2} - \sqrt{\left(\frac{\sigma}{2}\right)^2 + \tau^2}$$

根据第三强度理论有

$$\sigma_{xd_3} = \sigma_1 - \sigma_3 = 2\sqrt{\left(\frac{\sigma}{2}\right)^2 + \tau^2} \leqslant [\sigma]$$

由此得相应的强度条件为

$$\sigma_{xd_3} = \sqrt{\sigma^2 + 4\tau^2} \leqslant [\sigma] \tag{9-14}$$

根据第四强度理论可得

$$\sigma_{xd_4} = \sqrt{\frac{1}{2}\left[(\sigma_1 - \sigma_2)^2 + (\sigma_2 - \sigma_3)^2 + (\sigma_3 - \sigma_1)^2\right]} \leqslant [\sigma]$$

$$\sigma_{xd_4} = \sqrt{\sigma^2 + 3\tau^3} \leqslant [\sigma] \tag{9-15}$$

工程中有许多受内压的薄壁圆筒容器。像蒸汽锅炉、液压缸、储能器等。设一薄壁圆筒如图 9-15 所示,圆筒容器受到压强为 p(单位为 Pa)的压力作用,其壁厚 δ 远小于圆筒平均直径 D。一般规定,$\delta \leqslant \frac{1}{10}D$ 的圆筒,叫做薄壁圆筒。现来研究薄壁圆筒的强度计算。

首先研究圆筒筒壁在纵向截面上的应力,为此可用截面法以通过圆筒直径的纵向截面将圆筒截为两半,取下半部长为 l 的一段圆筒为研究对象,如图 9-15 所示。设圆筒纵向截面上的周向应力为 σ_1,并将筒内的压力视为作用于圆筒的直径平面上,则由垂直于圆筒直径平面的平衡条件,可得平衡方程

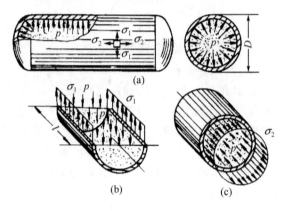

图 9-15

$$\sum F_Y = 0 \quad 2(\sigma_1 \delta l) - pDl = 0$$

$$\sigma_1 = \frac{pD}{2\delta}$$

式中:σ_1——直径截面上的应力;

  D——圆筒的平均直径;

  δ——圆筒的厚度。

若以横截面将圆筒截开,取左边部分为研究对象,如图 9-15(c)所示,并设圆筒横截面上的轴向应力为 σ_2,由平衡方程

$$\sum F_X = 0 \quad \sigma_2 \delta \pi D - p\frac{\pi D^2}{4} = 0$$

$$\sigma_2 = \frac{pD}{4\delta}$$

由于 $D \gg \delta$,则由上两式可知,圆筒容器内的压强 p 远小于 σ_1 和 σ_2,因而垂直于两壁的径向应力很小,可以忽略不计。如果在筒壁上按通过直径的纵向截面和横向截面截取一个单元体,则此单元体处于二向应力状态,如图 9-15(a)所示。作用于其上的主应力为

$$\sigma_1 = \frac{pD}{2\delta}, \sigma_2 = \frac{pD}{4\delta}, \sigma_3 = 0$$

这样,如果圆筒是用塑性材料制成的,则按第三和第四强度理论建立的强度条件分别为

$$\sigma_{xd_3} = \frac{pD}{2\delta} \leqslant [\sigma] \tag{9-16}$$

$$\sigma_{xd_4} = \frac{\sqrt{3}}{4}\frac{pD}{\delta} \leqslant [\sigma] \tag{9-17}$$

例9-5 有一铸铁制成的构件,其危险点处的应力状态如图 9-16 所示,已知 $\sigma_x = 30\text{MPa}, \tau_x = 30\text{MPa}$,材料的许用拉应力 $[\sigma^+] = 50\text{MPa}$,许用压应力 $[\sigma^-] = 120\text{MPa}$。试校核此构件的强度。

解 危险点处的主应力为

$$\sigma_{\max} \atop \sigma_{\min}} = \frac{\sigma_x + \sigma_y}{2} \pm \sqrt{(\frac{\sigma_x - \sigma_y}{2})^2 + \tau_x^2}$$

$$= (\frac{30}{2} \pm \sqrt{(\frac{30}{2})^2 + 30^2})$$

$$= 15 \pm 33.5 = \begin{array}{l} 48.6(MPa) \\ -18.5(MPa) \end{array}$$

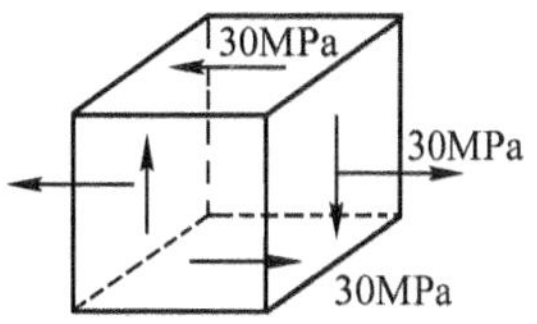

图 9-16

所以,$\sigma_1 = 48.5MPa$,$\sigma_2 = 0$,$\sigma_3 = -18.5MPa$。

因为铸铁是脆性材料,又处于拉伸—压缩两向应力状态,且拉应力较大,故选用第一强度理论进行校核。

$$\sigma_{xd_1} = \sigma_1 = 48.5MPa < [\sigma^+] = 50(MPa)$$

所以该铸铁构件是安全的。

例 9-6 工字型截面简支梁如图 9-17(a)所示,已知 $P = 120kN$,$l = 250mm$,$I_z = 1130cm^4$,翼板对 z 轴的静矩 $S = 66cm^3$,材料的许用应力$[\sigma] = 160MPa$。试分别按第三、第四强度理论校核危险截面上的 K 点的强度。

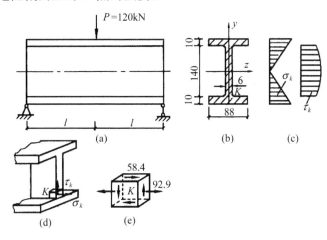

图 9-17

解 (1)K 点应力分析

梁跨中截面的弯矩和剪力最大值分别为

$$M_{\max} = \frac{Pl}{2} = \frac{1}{2} \times 120 \times 10^3 \times 250 \times 10^{-3} = 15kN \cdot m$$

$$Q_{\max} = \frac{P}{2} = \frac{1}{2} \times 120 \times 10^3 = 60kN$$

该截面 K 点的应力为

$$\sigma_k = \frac{My}{I_z} = \frac{15 \times 10^3 \times 70 \times 10^{-3}}{1130 \times 10^{-8}} = 92.9(MPa)$$

$$\tau_k = \frac{QS}{bI_z} = \frac{60 \times 10^3 \times 66 \times 10^{-6}}{6 \times 10^{-3} \times 1130 \times 10^{-8}} = 58.4(MPa)$$

(2)强度校核

根据第三强度理论,由公式(9-14)得

$$\sigma_{xd_3} = \sqrt{\sigma^2 + 4\tau^2} = \sqrt{92.9^2 + 4 \times 58.4^2} = 149.2(MPa) < [\sigma]$$

根据第四强度理论,由公式(9-15)得

$$\sigma_{xd_4} = \sqrt{\sigma^2 + 3\tau^2} = \sqrt{92.9^2 + 3 \times 58.4^2} = 137.3(MPa) < [\sigma]$$

所以,工字型梁 K 点的强度满足要求。

需要注意的是只有在图 9-16 所示的二向应力状态下才可直接利用公式(9-14)和(9-15),而且 $\sigma_{xd_3} > \sigma_{xd_4}$,若按第三强度理论校核满足要求,则按第四强度理论校核必然满足。因此,采用第三强度理论更安全。

综上所述,用强度理论解决实际问题的步骤是

(1) 分析计算危险点上的应力;

(2) 确定主应力 σ_1,σ_2 和 σ_3;

(3) 根据危险点处的应力状态和构件的材料的性质,选用适当的强度理论,算出相当应力 σ_{xd},然后应用强度条件 $\sigma_{xd} \leqslant [\sigma]$ 进行强度计算。

习 题

9-1 一梁如图 9-18 所示,图中给出了单元体 A,B,C,D,E 的应力情况。试指出并改正单元体上所给应力的错误。

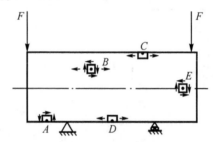

图 9-18

9-2 已知单元体的应力状态如图 9-19 所示(应力单位为 MPa)。试用公式求:

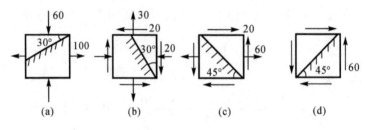

(a)　　　　(b)　　　　(c)　　　　(d)

图 9-19

(1) 指定斜截面上的应力;

(2) 主应力的大小及方位,绘出主单元体;

(3) 极值剪应力。

9-3　试用应力圆求解习题9-2。

9-4　从低碳钢构件内某点处取出的单元体如图9-20所示。已知 $\sigma_x = 40\text{MPa}, \sigma_y = 40\text{MPa}, \tau_x = 60\text{MPa}, [\sigma] = 140\text{MPa}$。试分别按第三和第四强度理论对其进行强度校核。

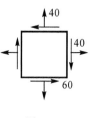

图 9-20

9-5　图9-21所示空心圆轴同时承受拉力和扭矩作用,拉力 $F = 100\text{kN}$,力偶 $T = 10\text{kN·m}$,轴的外径 $D = 100\text{mm}$,内径 $d = 80\text{mm}$,钢材的许用应力 $[\sigma] = 180\text{MPa}$。试分别用第三和第四强度理论进行强度校核。

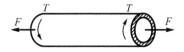

图 9-21

第 10 章　组合变形强度计算

前面几章分别讨论了杆件在拉压、剪切、扭转和弯曲等基本变形情况下的强度与刚度计算。在工程实际中,有很多构件在荷载作用下产生的变形,往往包含两种或两种以上的基本变形,这类变形情况称为组合变形。例如夹具的立柱 BC(如图 10-1 所示)在力 F 的作用下,将产生拉伸和弯曲组合变形,机械中的传动轴则承受扭转和弯曲组合变形(如图 10-2 所示)。

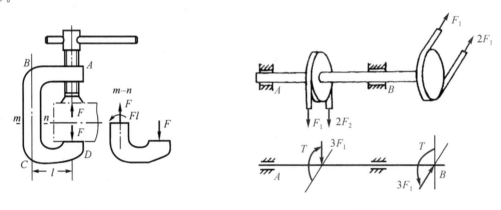

图 10-1　　　　　　　　　　　　　　　　　　　　图 10-2

在小变形且材料服从虎克定律的前提下,可以认为组合变形中的每一种基本变形都是各自独立、互不影响的。因而对在组合变形下的杆件进行强度计算时,可以应用叠加原理。即首先按静力等效原理,对载荷进行适当的简化或分解,使简化或分解后的每一种载荷只产生一种基本变形,分别计算各个基本变形下杆件的应力,然后叠加,即同类应力进行代数和,不同类应力,求出其主应力,便得到在组合变形下杆件的总应力。最后,根据危险点的应力状态,建立强度条件,进行强度计算。由于弯曲剪应力对细长构件的强度影响很小,故一般不予考虑。下面分别讨论工程上常见的拉伸(压缩)与弯曲、扭转与弯曲等几种组合变形。

10.1　拉伸(压缩)与弯曲组合变形的强度计算

拉伸(压缩)与弯曲组合变形是工程中常见的一种组合变形,现以图 10-3(a)所示的矩形截面悬梁为例,说明拉伸(压缩)与弯曲组合时强度计算方法。

(1)外力分析

设外力 F 位于梁纵向对称面内,作用线与轴线成角,梁的受力简图如图 10-3(b)所示。

将力 F 向 x,y 轴分解得

$$F_x = F\cos\alpha$$
$$F_y = F\sin\alpha$$

轴向拉力 F_x 使梁产生轴向拉伸变形,横向力 F_y 产生弯曲变形,因此梁在力 F 作用下的变形为拉伸与弯曲组合变形。

(2)内力分析

在轴向拉力 F_x 的单独作用下,梁上各截面的轴力 $N = F_x = F\cos\alpha$,画其轴力图如图 10-3(c)所示。在横向力 F_y 单独作用下,梁的弯矩 $M = F_y x = F\sin\alpha x$,画出其弯矩图如图 10-3(d)所示。由内力图可知,危险截面都为固定端截面,该截面上的轴力 $N = F\cos\alpha$,弯矩 $M_{max} = Fl\sin\alpha$。

(3)应力分析

在轴力 N 作用下,梁横截面上产生拉伸正应力,且均匀分布(如图 10-3(e)所示),其值为 $\sigma_N = \dfrac{N}{A}$。在弯矩 M_{max} 作用下,使截面产生弯曲正应力,沿截面高度呈线性分布(如图 10-3(e)所示),其值为

$$\sigma_M = \frac{M_{max}\,y}{I_z}$$

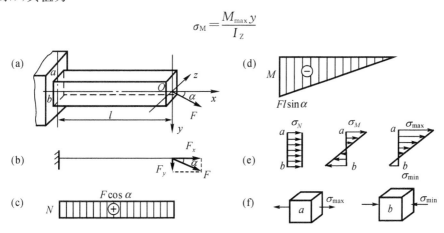

图 10-3

由于拉伸和弯曲变形在横截面上产生的都是正应力,故可按代数和进行叠加,得到横截面上总的正应力为

$$\sigma = \sigma_N + \sigma_M = \frac{N}{A} + \frac{M_{max}\,y}{I_z}$$

应力叠加结果也示于图 10-3(e)中,中性轴的位置向压应力方向偏移,其位置可由 $\sigma = 0$ 来确定。

(4)强度条件

由总应力分布图可断定固定端截面上距中性轴最远的上、下边缘处为危险点,其应力状态均为单向应力状态,若材料的 $[\sigma^+] = [\sigma^-] = [\sigma]$,则强度条件为

$$\sigma_{max} = \frac{N}{A} + \frac{M_{max}}{W_z} \leqslant [\sigma] \tag{10-1}$$

材料的 $[\sigma^+] = [\sigma^-]$,则强度条件为

$$\sigma_{max}^+ = \frac{N}{A} + \frac{M_{max}}{W_z} \leqslant [\sigma^+] \qquad (10-2)$$

$$\sigma_{max}^- = \left| \frac{N}{A} - \frac{M_{max}}{W_z} \right| \leqslant [\sigma^-] \qquad (10-3)$$

例 10-1 图 10-4 所示为一压力机,机架由铸铁制成,$[\sigma^+]=35\text{MPa}$,$[\sigma^-]=140\text{MPa}$,已知最大压力 $F=1400\text{kN}$,立柱横截面的几何性质为 $y_c=200\text{mm}$,$h=700\text{mm}$,$A=1.8\times10^5\text{mm}^2$,$I_z=8.0\times10^9\text{mm}^4$。试校核立柱的强度。

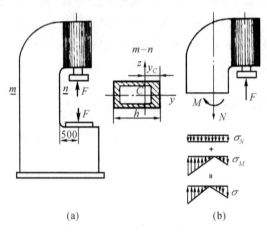

(a) (b)

图 10-4

解 用 $m\text{-}n$ 面将立柱截开,取上部分为研究对象,由平衡条件可知,在 $m\text{-}n$ 面上既有轴力 N,又有弯矩 M,其值分别为

$$N = F = 1400\text{kN}$$
$$M = F(500 + y_c)$$
$$= 1400 \times (500 + 200)$$
$$= 980 \times 10^3 (\text{kN} \cdot \text{mm})$$

故为拉弯组合变形,立柱各横截面上的内力是相等的,横截面上应力 σ_N 是均布的,σ_M 是线性分布的,总应力 σ 由两部分叠加,最大拉应力在截面内侧边缘处,其值为

$$\sigma_{max}^+ = \sigma_N + \sigma_M = \frac{N}{A} + \frac{My_C}{I_z}$$
$$= \left(\frac{1400 \times 10^3}{1.8 \times 10^5} + \frac{980 \times 10^6 \times 200}{8 \times 10^9} \right)(\text{MPa})$$
$$= 32.3\text{MPa} < [\sigma^+]$$

最大压应力在截面外侧边缘处,其值为

$$|\sigma_{max}^-| = |\sigma_N - \sigma_M| = \left| \frac{N}{A} - \frac{M(h - y_C)}{I_z} \right|$$
$$= \left| \frac{1400 \times 10^3}{1.8 \times 10^5} - \frac{980 \times 10^6 (700 - 200)}{8 \times 10^9} \right|$$
$$= 53.5\text{MPa} < [\sigma^-]$$

故立柱满足强度要求。

例 10-2 如图 10-5 所示简易起重架由工字钢 AB 和拉杆 BC 组成,电葫芦可沿 AB 梁

移动,电葫芦自重量共计为 $P=25\text{kN}$, AB 梁长 $l=2.6\text{m}$,许用应力 $[\sigma]=120\text{MPa}$,试确定工字钢的型号。

解　(1)外力分析

横梁 AB 的受力情况如图 10-5(b)所示,由 $\sum M_A=0$,可得 $y_B=12.5\text{kN}$。水平力 X_A 和 X_B 使梁产生压缩变形,而 P, Y_A 和 Y_B 使梁在垂直平面内发生平面弯曲,所以梁 AB 承受压缩与弯曲组合变形,由图 10-5(b)得

$$X_B=Y_B\cot 30°=12.5\cot 30°=21.65(\text{kN})$$

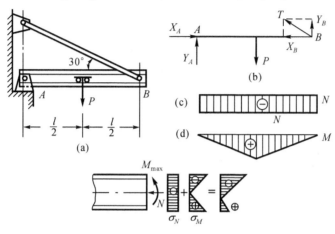

图 10-5

(2)作内力图,确定危险截面

作梁的轴力图和弯矩图,如图 10-5(c),(d)所示。由弯矩变化规律可知,当电葫芦位于梁跨中点时,$|M_{\max}|$ 取得最大值。梁跨度中点截面为危险截面,其内力为

$$N=21.65\text{kN}, \quad M_{\max}=\frac{Pl}{4}=16.25(\text{kN}\cdot\text{m})$$

(3)应力分析

梁跨中点截面上的正应力分布图如图 10-5(e)所示,危险截面上、下边缘上分别有最大压应力和最大拉应力,因钢梁 $[\sigma^-]=[\sigma^+]=[\sigma]$,故危险点为

$$\sigma_{\max}^-=\sigma_N+\sigma_M=\left|-\frac{N}{A}-\frac{M_{\max}}{W}\right|=\left|\frac{N}{A}+\frac{M_{\max}}{W}\right|$$

(4)强度计算

因 AB 为工字钢梁,故强度条件为

$$\left|\frac{N}{A}+\frac{M_{\max}}{W}\right|\leqslant[\sigma]$$

因式中有两个未知量 A 或 W,故需用试算法求解,即先只考虑弯曲变形求得 W,初步确定型号,然后再进行校核。

由　　　　　$$\frac{M_{\max}}{W}=\frac{16.25\times10^{+6}}{W}(\text{MPa})\leqslant120\text{MPa}$$

得　　　　　$$W\geqslant\frac{16.25\times10^{+6}}{120}=135.4\times10^3(\text{mm}^3)$$

查型钢表,选 No18 号工字钢,$W=185\times10^3\text{mm}^3$,其相应的截面面积 $A=30.6$

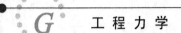

$\times 10^2 \text{mm}^2$。

校核梁的强度:

$$|\sigma_{max}| = \left| \frac{21.65 \times 10^3}{30.6 \times 10^2} + \frac{16.25 \times 10^6}{185 \times 10^3} \right| = 94.9(\text{MPa}) < [\sigma]$$

故选 No18 工字钢强度满足。若所得 σ_{max} 超过 $[\sigma]$,则应重新选择型号并进行强度校核。

10.2 弯曲与扭转组合变形

在工程实际中,许多构件在工作时同时产生弯曲和扭转变形,如机械中的传动轴大多是同时受到扭转力偶和横向力的作用而发生扭转和弯曲组合变形。现以图 10-6(a)所示钢制摇臂轴为例,说明扭弯组合变形时的强度计算方法。

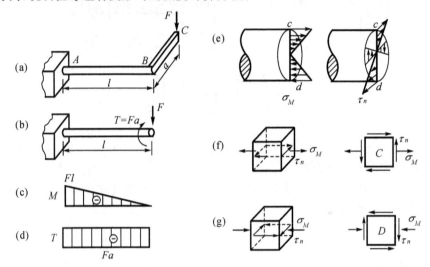

图 10-6

(1)外力分析

AB 轴的直径为 d,A 端可视为固定端,在手柄的 C 端作用有垂直向下的集中力 F。将外力 F 向 AB 杆右端截面的形心 B 点简化,得到作用于 B 处的集中力 F 和集中力偶 $T_n = Fa$,力 F 将使 AB 杆产生弯曲变形,力偶 T_n 使杆产生扭转变形,所以 AB 杆将发生扭转与弯曲的组合变形。

(2)内力分析

作 AB 轴的弯矩图和扭矩图,如图 10-6(c),(d)所示,从弯矩图可以看出:AB 杆各截面上扭转相等而固定端截面 A 处的弯矩值最大,所以固定端截面是危险截面,其上的内力为

$$M_{max} = Fl \qquad T_n = T = Fa$$

(3)应力分析

危险截面上弯曲正应力呈线性分布,离中性轴最远的两端点 c,d 处产生最大正应力 σ_M,方向与横截面垂直(如图 10-6(e)所示)

$$\sigma_M = \frac{M}{W} \tag{a}$$

扭转剪应力也沿半径方向线性分布,最大剪应力在圆周上各点,其值为

$$\tau_n = \frac{T_n}{W_p} \tag{b}$$

剪应力的方向与截面的周边相切(如图 10-6(e)所示)。

由图 10-6(e)所示,在固定端截面上的 c,d 两点,σ 和 τ 同时达到最大值,故 c,d 两点为危险点。在 c 点取单元体,其应力状态如 $10-6$(f),(g)所示,属二向应力状态,其主应力为

$$\begin{matrix}\sigma_1 \\ \sigma_2\end{matrix} = \frac{\sigma_M}{2} \pm \sqrt{\left(\frac{\sigma_M}{2}\right)^2 + \tau_n^2} \tag{c}$$

(4)强度条件

由前面的应力分析可知,扭转和弯曲的组合变形构件,其危险点是二向应力状态,由于轴类构件一般用塑性材料制成,故常采用第三强度理论或第四强度理论进行强度计算。按第三强度理论,强度条件为

$$\tau_{xd_3} = \sigma_1 - \sigma_3 \leqslant [\sigma]$$

经化简得

$$\tau_{xd_3} = \sqrt{\sigma_M^2 + 4\tau_n^2} \leqslant [\sigma] \tag{10-4}$$

将(a),(b)两式中的 σ_M,τ_n 代入上式,并注意到对圆截面来说,有

$$W = \frac{\pi d^3}{32}, \quad W_p = \frac{\pi d^3}{16} = 2W$$

于是得到圆轴在扭转与弯曲组合变形下的第三强度理论相当应力为

$$\sigma_{xd_3} = \frac{\sqrt{M_{max}^2 + T_n^2}}{W} \leqslant [\sigma] \tag{10-5}$$

若按第四强度理论,则强度条件为

$$\sigma_{xd_4} = \sqrt{\frac{1}{2}\left[(\sigma_1 - \sigma_2)^2 + (\sigma_2 - \sigma_3)^2 + (\sigma_3 - \sigma_1)^2\right]} \leqslant [\sigma]$$

以(c)式代入,经简化后得到

$$\sigma_{xd_4} = \sqrt{\sigma_M^2 + 3\tau_n^2} \tag{10-6}$$

再以(a)和(b)式代入,得到

$$\sigma_{xd_4} = \frac{\sqrt{M_{max}^2 + 0.75 T_n^2}}{W} \leqslant [\sigma] \tag{10-7}$$

故对圆截面作弯扭组合变形计算时,可直接将危险截面上的 M_{max},T_n 代入计算,较为方便。但因有圆截面存在 $W_p = 2W$ 的关系,故对非圆截面轴的弯扭组合变形不能用上面两式计算,必须用式(10-4)或(10-6)计算。如果作用在轴上的横向力很多,且方向各不相同,可将每一个横向力向水平和铅垂两个平面分解,分别画出两个平面内的弯矩图,再按下式计算每一截面上的合成弯矩 $M_合$:

$$M_合 = \sqrt{M_{水平}^2 + M_{铅垂}^2}$$

例 10-3　图 10-7(a)所示传动轴由电动机带动,在轴中点处安装一重 $G = 5\mathrm{kN}$,$l = 1.2\mathrm{m}$,直径 $D = 1.2\mathrm{m}$ 的胶带轮,胶带紧边拉力 $F_1 = 6\mathrm{kN}$,松边拉力 $F_2 = 3\mathrm{kN}$,若轴直径

$d=100\text{mm}$，材料许用应力$[\sigma]=50\text{MPa}$，试按第三强度理论校核轴的强度。

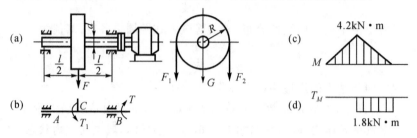

图 10-7

解 （1）外力分析

将作用在带轮上的胶带拉力 F_1 和 F_2 向轴线简化，其结果如图 10-7(b)所示，传动轴受铅垂方向力为

$$F=G+F_1+F_2=5+6+3=14(\text{kN})$$

此力使轴在铅垂面内发生弯曲变形，同时轴又受胶带的拉力产生的力偶矩，外力偶矩为

$$T_1=F_1\cdot\frac{D}{2}-F_2\cdot\frac{D}{2}=(6-3)\times\frac{1.2}{2}=1.8(\text{kN}\cdot\text{m})$$

此力偶矩与电机传给轴的力矩相平衡，使轴产生扭转变形，故此轴发生扭转和弯曲组合变形。

（2）作轴的内力图，确定危险截面

分别作出轴的弯矩图和扭矩图（图 10-7(c)，(d)），由内力图可以判断 C 截面为危险截面，C 截面上 $M_{\max}$ 和 T_n 分别为

$$M_{\max}=4.2\text{kN}\cdot\text{m},\quad T_n=1.8\text{kN}\cdot\text{m}$$

（3）按第三强度理论校核轴的强度

由第三强度理论的强度条件得

$$\sigma_{xd_3}=\frac{\sqrt{M_{\max}^2+T_n^2}}{W}=\frac{\sqrt{(4.2\times10^6)^2+(1.8\times10^6)^2}}{\pi\times100^3/32}=46.6\text{MPa}<[\sigma]$$

故该轴满足强度要求。

例 10-4 一齿轮轴如图 10-8(a)所示，齿轮 B 的节圆直径 $D_1=50\text{mm}$，轮上作用有切向力 $F_{t1}=3.82\text{kN}$，径向力 $F_{r1}=1.4\text{kN}$；齿轮 D 的节圆直径 $D_2=130\text{mm}$，轮上作用有切向力 $F_{t2}=1.47\text{kN}$，径向力 $F_{r2}=0.54\text{kN}$。轴的许用应力$[\sigma]=120\text{MPa}$，试按第四强度理论确定轴的直径。

解 （1）外力分析

将齿轮上的外力 F 向 AB 轴的轴线简化，得到如图 10-8(b)所示的计算简图。力 F_{r1} 和 F_{r2}，使轴在水平面内弯曲，力 F_{t1} 和 F_{t2}，使轴在铅垂面内弯曲。力偶矩 T_1 和 T_2，使轴 BD 段发生扭转，故该轴为弯曲和扭转组合变形。图中的力偶矩

$$T_1=\frac{F_{t1}D_1}{2}=\frac{3.82\times50}{2}=95.50(\text{N}\cdot\text{m})$$

$$T_2=\frac{F_{t2}D_2}{2}=\frac{1.47\times130}{2}\approx95.50(\text{N}\cdot\text{m})$$

（2）作轴的内力图，确定危险截面

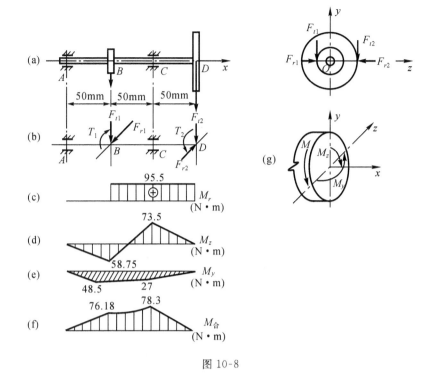

图 10-8

传动轴除承受扭矩作用外,在垂直平面(xy 平面)和水平平面(xz 平面)内均有横向力作用,故需分别作出扭矩图(T_n 图)、垂直平面内的弯矩图(M_z 图)和水平平面内的弯矩图(M_y)图,如图 10-8(c),(d),(e)所示。在弯矩作用下轴将发生平面弯曲,故需求出截面上的合成弯矩:

$$M_合 = \sqrt{M_z^2 + M_y^2}$$

对截面 B:

$$M_B = \sqrt{M_{z,B}^2 + M_{y,B}^2} = \sqrt{58.75^2 + 48.50^2} = 76.18(\text{N} \cdot \text{m})$$

对截面 C:

$$M_C = \sqrt{M_{z,C}^2 + M_{y,C}^2} = \sqrt{73.5^2 + 27^2} = 78.30(\text{N} \cdot \text{m})$$

算出几个截面的合成弯矩 M 值后,即可画出轴的合成弯矩图,如图 10-8(f)所示。由图 10-8(c)和 10-8(f)可知,截面 C 为危险截面,其合成弯矩 $M_{\max}$ 和扭矩 T_n 为

$$M_{\max} = 78.30\text{N} \cdot \text{m}, T_n = 95.50\text{N} \cdot \text{m}$$

(3)按强度条件确定轴的直径

由第四强度理论的强度条件

$$W \geqslant \frac{\sqrt{M_{\max}^2 + 0.75 T_n^2}}{[\sigma]} = \frac{\sqrt{78.30^2 + 0.75 \times 95.5^2}}{120 \times 10^6 \times 10^{-9}} = 949.1(\text{mm})^3$$

解得

$$d \geqslant \sqrt[3]{\frac{32W}{\pi}} = \sqrt[3]{\frac{32 \times 949.1}{\pi}} = 21.3(\text{mm})$$

所以,可取 $d = 22\text{mm}$。

习 题

10-1 一斜梁 AB 如图 10-9 所示,其横截面为正方形,边长 100mm,若 $F=3$kN,试求 AB 梁的最大拉应力和最大压应力。

10-2 压力机框架如图 10-10 所示,材料为铸铁,许用拉应力$[\sigma^+]=30$MPa,许用压应力$[\sigma]^-=80$MPa,已知力 $F=12$kN,试校核该框架立柱的强度。

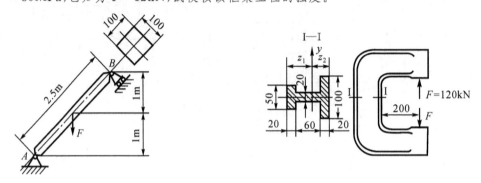

图 10-9   图 10-10

10-3 起重支架如图 10-11 所示,受载荷 $F=12$kN 作用,横梁用 No14 工字钢制成,许用应力$[\sigma]=160$MPa。试校核横梁的强度。

10-4 立柱的横截面为正方形,边长为 a,顶面受轴向压力 P 作用,在右侧的中部挖有一槽,槽深 $a/4$,如图 10-12 所示。

(1)求开槽前后柱内最大压应力的数值及所在位置;

(2)若在槽的对侧再挖一个相同的槽,则应力有何变化?

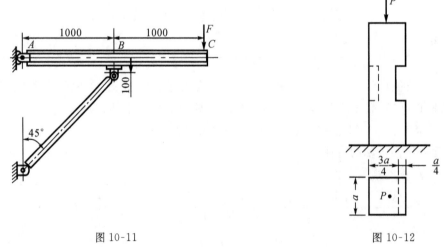

图 10-11   图 10-12

10-5 图 10-13 所示拐轴,受铅垂载荷 F 作用,已知 $F=20$kN,$[\sigma]=160$MPa,试按第三强度理论确定 AB 轴的直径。

10-6 手摇车如图 10-14 所示,轴的直径 $d=30$mm,材料为 Q235A 钢,$[\sigma]=80$MPa,

试按第三强度理论求该绞车的最大起吊重量。

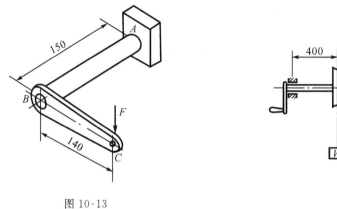

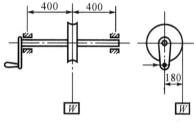

图 10-13　　　　　　　　　　　图 10-14

10-7　铣刀轴如图 10-15 所示,已知图片铣刀的切削力 $F_z=2.2$kN,$F_y=0.7$kN,铣刀轴材料的许用应力$[\sigma]=80$MPa,试按第四强度理论设计铣刀轴的直径。

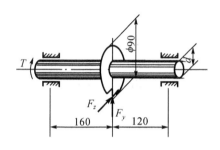

图 10-15

第 11 章 压杆稳定

11.1 压杆稳定的概念

在拉力作用下的杆件,当应力到达屈服极限或强度极限时,将发生塑性变形或断裂,这种破坏是因强度不足而引起的。长度很小的受压短杆也有相同的现象。例如,碳钢短柱当压力到达屈服极限时,出现塑性变形;而铸铁短柱当压力到达强度时,发生断裂。这些破坏现象统属于强度问题。

实际工程中有些承受压力的细长杆件,如内燃机配气机构中的挺杆(如图 11-1 所示)。当它推动摇臂打开气阀时,就受到压力的作用。这类细长杆件在压力作用下,表现出与上述强度问题有迥然不同的性质。现在我们用图 11-2 所示的两端铰支的细长杆来说明。设压力与杆件轴线重合,当压力逐渐增加,但小于某一极限值时,压杆一直保持直线形状的平衡;即使作用一个微小的侧向干扰力,暂时使其发生微小的弯曲变形(如图 11−2(a)所示),但在干扰力解除后,它将恢复其直线形状(如图 11−2(b)所示),这说明压杆直线形状的平衡是稳定的。当压力逐渐增加到某一极限值时,压杆原有的直线形状的平衡变为不稳定,即它将由直线形状的平衡转变为曲线形状的平衡。如果再作用一微小的侧向干扰力,使其发生微小弯曲变形,在干扰力解除后,它将保持曲线形状的平衡,而不能恢复其原来的直线形状。上述压力的极限值称为临界压力或临界力,用 P 来表示。压杆丧失其直线形状的平衡而过渡为曲线形状的平衡的现象,称为丧失稳定,或简称失稳。

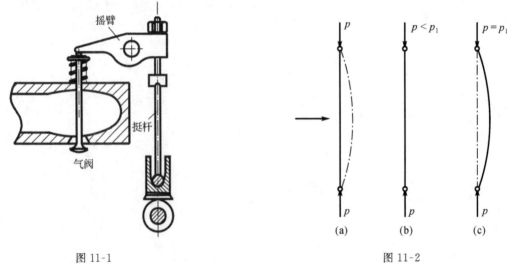

图 11-1   图 11-2

对细长杆来说,当压力到达临界压力时,应力并不一定很高。非但低于屈服极限,而且还低于比例极限。所以细长压杆的丧失稳定,并不是因为强度不足,而是因为稳定性不够。

杆件丧失稳定后,改变了杆件的受力性质,压力的微小增加,引起非常明显的弯曲变形。这时杆件已丧失了承载能力,不能正常工作。压杆的失稳可以引起整个机器或结构的破坏,造成严重事故。所以在正常情况下,压力必须小于临界压力。

本章主要讨论压杆的稳定性问题,对其他形式的稳定性问题都不作深入的讨论。

11.2　细长杆的临界压力

11.2.1　两端铰支细长压杆的临界压力

设细长压杆的两端为球铰支座。例如,柴油机配气机构中挺杆两端的支座就可以简化为球铰。现在我们导出计算这类细长压杆临界压力的公式。

根据上面一节的讨论,当轴向压力到达临界压力时,压杆的直线形状的平衡将由稳定变为不稳定。在轻微的侧向干扰力解除后,它将保持其曲线形状的平衡。因此,可以认为,能够保持压杆在微小弯曲的状态下平衡的最小轴向压力即为临界压力。

现有两端皆为球铰支座的细长压杆如图 11-3 所示选取坐标系如图,距原点为 x 的任意截面的挠度为 y,弯距为

$$M = -Py \qquad\qquad (a)$$

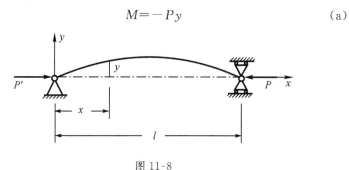

图 11-8

若只取 P 的绝对值,而不计其符号,则因 M 与 y 的符号相反,即 y 为正时 M 为负,y 为负时 M 为正,所以在(a)式的右边加上一个负号。在小变形的前提下,已知弯曲变形挠曲线的微分方程为

$$\frac{\mathrm{d}^2 y}{\mathrm{d}x^2} = \frac{M}{EI} \qquad\qquad (b)$$

把(a)式代入(b)式得

$$\frac{\mathrm{d}^2 y}{\mathrm{d}x^2} = \frac{Py}{EI} \qquad\qquad (c)$$

由于两端是球铰支座,它对端截面在任何方向的角皆没有限制,因而,杆件的微小弯曲变形一定发生在抗弯能力最小的纵向平面内,所以上式中的 I 应该是横载面的最小惯性矩。

在(c)中引用记号

$$k^2 = \frac{P}{EI} \tag{d}$$

于是(c)式可以写式

$$\frac{\mathrm{d}^2 y}{\mathrm{d}x^2} - k^2 y = 0 \tag{e}$$

上列微分方程式的通解为

$$y = a\sin kx + b\cos kx \tag{f}$$

式中:a,b 为积分常数。根据杆件下端为球铰的支座条件,当 $x=0$,$y=0$ 时,代入(f)式,得

$$b = 0$$

于是(f)式化为

$$y = a\sin kx \tag{g}$$

杆件上端也是球铰支座,故 $x=l$ 时,$y=0$。将其代入(g)式后,得到

$$a\sin kl = 0 \tag{h}$$

这就要求 a 或者 $\sin kl$ 应等于零。若 $a=0$,则由(g)式知,$y=0$。这表示杆件任一横截面的挠度皆等于零,于是杆件的轴线仍为直线,这与我们假定杆件已丧失稳定性、发生了微小弯曲变形的前提相矛盾。因此,必然是

$$\sin kl = 0$$

于是 kl 是以下数列中的任一个数,即

$$kl = 0, \pi, 2\pi, 3\pi, \cdots$$

或者写成

$$kl = n\pi, n = 0, 1, 2\cdots \tag{i}$$

由此求得

$$k = \frac{n\pi}{l}$$

把 k 代回(d)式得

$$k^2 = \frac{P}{EI} = \frac{n^2\pi^2}{l^2}$$

$$P = \frac{n^2\pi^2 EI}{l^2} \tag{j}$$

因为 n 是 $0,1,2,3,\cdots$ 等整数中的任一个整数,(j)式表明,使杆件保持为曲线形状的平衡的压力,在理论上是多值的。而在这些压力中,使杆件保持微小弯曲的压力,才是临界压力 P_{cr}。如取 $n=0$,则 $P=0$,表示杆件上并无压力,这自然不是我们讨论的情况。因此,只有取 $n=1$,才使 P 为最小值,于是求得临界压力为

$$P_{cr} = \frac{\pi^2 EI}{l^2} \tag{11-1}$$

这就是两端为铰支座时,细长压杆临界压力的计算公式,又称为两端铰支压杆的欧拉公式。

两端铰支的压杆是实际工程中经常遇到的情况。除上述挺杆外,11.1中提到的油缸活塞杆,一般也简化为两端铰支压杆。在摆动平面内,连杆的两端也认为是铰支座。桁架中的受压杆件,也作为两端铰支的压杆计算。

例 11-1　某型柴油机的挺杆是钢制空心圆管,外径和内径分别为 12mm 和 10mm,杆长 383mm,钢材的 $E = 210$GPa。试用欧拉公式求挺杆的临界压力。若挺杆实际最大工作压力为 2290N,试问挺杆是否满足稳定性要求。

解　挺杆横截面的惯性矩是

$$I = \frac{\pi}{64}(D^4 - d^4) = \frac{\pi}{64}(0.012^4 - 0.01^4) = 0.0526 \times 10^{-8}(\text{m}^4)$$

由公式(11-1)算出挺杆的临界压力为

$$P_{cr} = \frac{\pi^2 EI}{l^2} = \frac{\pi^2 \times 210 \times 10^9 \times 0.0526 \times 10^{-8}}{0.383^2} = 7400(\text{N})$$

临界压力与实际最大压力之比为压杆的工作安全系数,即

$$n = \frac{P_{cr}}{P} = \frac{7400}{2290} = 3.23$$

因为规定的稳定安全系数为 $n_w = 3 \sim 5$,所以上述挺杆可以认为满足稳定性要求。

11.2.2　其他支座条件下细长压杆的临界压力

压杆两端的支座条件除两端铰支外,还可能有其他情况。例如,用千斤顶顶起重物时,千斤顶的螺杆就是一根压杆(如图 11-4 所示)。

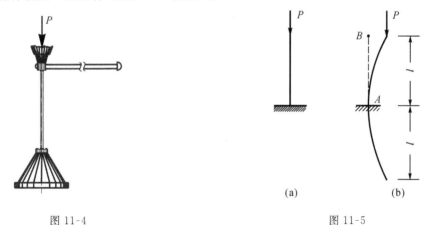

图 11-4　　　　　　　　　　　　　图 11-5

螺杆的下端可简化成固定端,而上端因为可与顶起的重物共同作微小的侧向位移,所以简化成自由端。这样就成为下端固定、上端自由的压杆。

对一端固定另一端自由的细长压杆来说,计算临界压力的公式可以用与上节相同的方法导出。但也可以用比较简单的方法求得这一公式。设在临界压力下,杆件以轻微弯曲的形状保持平衡(如图 11-5 所示),现把变形曲线延伸一倍,如图 11-5(b)中假想线所示。比较图 11-2 和图 11-5,可见一端固定另一端自由且长为 l 的压杆的挠曲线与两端铰支长为 $2l$ 的压杆的挠曲线的上半部分完全相同。所以,一端固定另一端自由,且长为 l 的压杆,其临界压力等于两端铰支长为 $2l$ 的压杆临界压力,即

$$P_{cr} = \frac{\pi^2 EI}{(2l)^2} \tag{11-2}$$

某些压杆的两端都为固定支座。例如,连杆在垂直于摆动平面的平面内发生弯曲时,连

杆的两端就可简化成固定支座(如图 11-6 所示)。两端固定的细长压杆丧失稳定后,挠曲线的形状如图 11-6 所示。

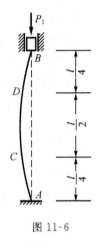

图 11-6

距两端各为 $\frac{l}{4}$ 的 C,D 两点的弯矩等于零,因而可以把这两点看作铰链,而长为 $\frac{l}{2}$ 的中间部分 CD 可以看作两端铰支的压杆,所以,它的临界压力仍可用化为式(11-1)计算,只是把该式中的 l 改成现在的 $\frac{l}{2}$,这样,得到

$$P_{cr} = \frac{\pi^2 EI}{(\frac{l}{2})^2} \qquad (11\text{-}3)$$

式(11-3)所求得的 P 虽然是 CD 段的临界压力,但因 CD 是 AB 的一部分,所以它的临界压力也就是整个杆件 AB 的临界压力。

若细长压杆的一端为固定端,另一端为铰支座,在它丧失稳定后,挠曲线如图 11-7 所示。

对于这种情况可以近似地把大约长为 $0.7l$ 的 BC 部分看作是两端铰支的压杆。于是计算临界压力的公式可写成

$$P_{cr} \approx \frac{\pi^2 EI}{(0.7l)^2} \qquad (11\text{-}4)$$

综合以上讨论的结果,把公式(11-1),(11-2),(11-3)和(11-4)统一地写成欧拉公式的普遍形式

$$P_{cr} \approx \frac{\pi^2 EI}{(\mu l)^2} \qquad (11\text{-}5)$$

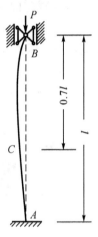

图 11-7

式中:μl 称为相当长度,μ 称为长度系数。现把上述四种情况下的长度系数 μ 列于表 11-1 中。

表 11-1 压杆长度系数 μ

压杆的约束条件	长度系数
两端铰支	$\mu = 1$
一端固定另一端自由	$\mu = 2$
两端固定	$\mu = \frac{1}{2}$
一端固定另一端铰支	$\mu \approx 0.7$

以上只是几种典型情形,实际问题中压杆的支座还可能有其他情况。例如杆端是介于固定支座和铰支座之间的弹性支座。此外,作用于杆的载荷也有多种形式。例如压力可能是沿轴线分布而不是集中于两端。又如在弹性介质中的压杆,还将受到介质的阻抗力。上述各种不同情况,一般也用不同的长度系数 μ 来反映。这些系数可从相应的设计手册或规范中查到。

11.2.3 压杆的临界应力

前面已经导出了计算临界压力的普遍公式(11-5),用压杆的横截面面积 A 除 P_{cr},可得到当压力到达临界压力时压杆横截面上的应力为

$$\sigma_{cr}=\frac{P_{cr}}{A}=\frac{\pi^2 EI}{(\pi l)^2 A} \qquad (a)$$

式中:σ_{cr} 称为临界应力。若把压杆横截面的最小惯性矩 I 写成

$$I=i^2 A$$

式中:i 为压力截面的最小惯性半径,这样,(a)式可以写成

$$\sigma_{cr}=\frac{\pi^2 E}{(\frac{\mu l}{i})^2} \qquad (b)$$

引 λ 记号

$$\lambda=\frac{\mu l}{i} \qquad (11-6)$$

λ 是一个没有量纲的量,称为柔度或长细比。它集中反应了压杆的长度、约束条件、截面尺寸和形状等因素对临界应力 σ_{cr} 的影响。由于引用柔度 λ,计算临界应力的公式(b)可以写成

$$\sigma_{cr}=\frac{\pi^2 E}{(\lambda)^2} \qquad (11-7)$$

现在我们已把计算临界压力的公式(11-5)改写成计算临界应力的公式(11-7)。其实,两者只是形式上的不同,并无本质的差别。可是欧拉公式是由弯曲变形公式 $\dfrac{d^2 y}{dx^2}=\dfrac{M}{EI}$ 导出的,而弯曲变形公式又以虎克定律 $\sigma=E\varepsilon$ 为基础,所以,只有临界应力小于比例极限,亦即

$$\sigma_{cr}\leqslant\sigma_p \qquad (e)$$

时,公式(11-5)或(11-7)才是正确的。把公式(11-7)代入上式,得到

$$\frac{\pi^2 E}{\lambda^2}\leqslant\sigma_p \text{ 或 } \lambda\geqslant\sqrt{\frac{\pi^2 E}{\sigma_p}} \qquad (d)$$

可见,只有当压杆的柔度 λ 大于或等于极限值 $\sqrt{\dfrac{\pi^2 E}{\sigma_p}}$ 时,欧拉公式才是正确的。用 λ_p 代表极值 $\sqrt{\dfrac{\pi^2 E}{\sigma_p}}$,即

$$\lambda_p=\sqrt{\frac{\pi^2 E}{\sigma_p}} \qquad (11-8)$$

条件(d)可以写成

$$\lambda\geqslant\lambda_p \qquad (11-9)$$

这就是计算临界压力的公式(11-5)或计算临界应力的公式(11-7)适用的范围。超出这个范围,上述公式就不能使用。

从公式(11-8)可以看出,λ_p 与材料的性质有关,不同的材料,λ_p 的数值不同,欧拉公式适用的范围也不同。以钢为例,代入公式(11-8)后,得到

$$\lambda_p = \sqrt{\frac{\pi^2 \times 200 \times 10^9}{200 \times 10^6}} \approx 100$$

所以,用钢制成的压杆,只有当 $\lambda \geqslant 100$ 时,才可以使用欧拉公式。又如对 $E=70\text{GPa}$,$\sigma_p=175\text{MPa/m}^2$ 的铝合金来说,由公式(11-8)求得 $\lambda_p=62.8$。表示由这类铝合金制成的压杆,只有当 $\lambda \geqslant 62.8$ 时,才能使用欧拉公式。满足条件 $\lambda \geqslant \lambda_p$ 的压杆,称为大柔度压杆。以前我们经常提到的"细长"压杆就是指大柔度压杆。

若压杆的柔度小于临界应力又大于材料的比例极限 λ_p,这时欧拉公式已不能使用,属于临界应力超出比例极限的压杆稳定的问题。常见的压杆,例如前面提到的内燃机连杆、千斤顶螺杆等,其柔度就往往小于 λ_p。工程中要解决这类压杆问题,主要是使用以试验数据为依据的经验公式。

这类压杆称为中、小柔度杆。中、小柔度杆柔度小,临界应力大,已超过了材料比例极限,所以不能再用欧拉公式计算临界应力。目前多采用建立在实验基础上的经验公式,如直线公式、抛物线公式等。下面介绍常用的抛物线公式。

对于钢材料

$$\sigma_{\text{cr}} = \sigma_s - \alpha\lambda^2 \tag{11-10}$$

对于铸铁

$$\sigma_{\text{cr}} = \sigma_b - \alpha\lambda^2 \tag{11-11}$$

上两式中 α 是与材料有关的常数,单位为 MPa,其值可从表 11-2 中查得。式(11-10)(11-11)中的临界应力、屈服极限、强度极限的单位均为 MPa。

表 11-2

材料	E(GPa)	σ_s(MPa/m^2)	α(MPa)	λ_c
A3	206	235	0.00669	124
A5	206	275	0.00855	96
16 锰钢	206	343	0.0142	102
铸铁	108	$\sigma_b=392$	0.0361	74

11.3 压杆的稳定性计算

临界压力和临界应力是压杆丧失工作能力的极限值。为了保证压杆具有足够的稳定性,不但要求压杆的轴向压力或工作应力小于其极限值,而且还应考虑适当的安全储备。因此,压杆的稳定条件为

$$P \leqslant \frac{P_{\text{cr}}}{n_w} \text{ 或 } \sigma \leqslant \frac{\sigma_{\text{cr}}}{n_w} \tag{11-12}$$

式中 n_w 称为规定的稳定安全系数。由于考虑压杆的初曲率、加载的偏心以及材料不均匀等因素对临界力的影响,n_w 值一般比强度安全系数高些。在静载下,其值一般为

钢类:$n_w=1.8 \sim 3.0$

铸铁:$n_w = 4.5 \sim 5.5$

木材:$n_w = 2.5 \sim 3.5$

在机械设计中,常根据强度条件和结构需要,初步确定压杆的截面形状和尺寸,然后再校核其稳定性。通常采用安全系数法校核其稳定性,即将式(11-12)改写为

$$n_g = \frac{P_{cr}}{P} \geqslant n_w \text{ 或 } n_g = \frac{\sigma_{cr}}{\sigma} \geqslant n_w \qquad (11-13)$$

式中 n_g 称为压杆的工作安全系数或实际安全系数。

例 11-2　千斤顶(如图 11-8 所示)的螺杆,其旋出的最大长度 $l = 400\text{mm}$,螺纹内径 $d_0 = 40\text{mm}$,最大起重 $P = 70\text{kN}$,螺杆材料为 A5 钢,规定稳定安全系数 $n_w = 3$。试校核螺杆的稳定性。

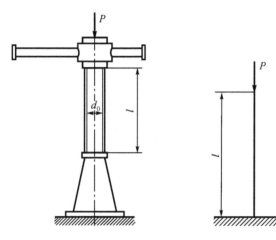

图 11-8

解:(1)计算柔度

螺杆可简化为上端自由下端固定的压杆,故支承系数 $\mu = 2$。螺杆的惯性半径为

$$i = \sqrt{\frac{I}{A}} = \sqrt{\frac{\pi d_0^4 / 64}{\pi d_0^2 / 4}} = \frac{d_0}{4} = \frac{40}{4} = 10(\text{mm})$$

螺杆的柔度为

$$\lambda = \frac{\mu l}{i} = \frac{2 \times 400}{10} = 80$$

(2)计算螺杆临界应力并校核其稳定性

螺杆材料为 A5 钢,由表 11-2 查得 $\lambda_c = 96$。因 $\lambda < \lambda_c$,所以应采用抛物线公式计算临界应力。

$$\sigma_{cr} = \sigma_s - \alpha \lambda^2 = 275 - 0.00853 \times 80^2 = 220.4(\text{MPa})$$

螺杆的工作应力为

$$\sigma = \frac{P}{A} = \frac{70 \times 10^3}{\pi \times 40^2 / 4} = 55.7(\text{MPa})$$

由式(11-13)校核螺杆的稳定性

$$n_g = \frac{\sigma_{cr}}{\sigma} = \frac{220.4}{55.7} = 3.96 \geqslant n_w$$

计算结果表明,螺杆的稳定性足够。

例 11-3   连杆 AB 受轴向压力 $P =$ 80kN 作用(如图 11-9 所示),连杆材料为 A3 钢,$E = 206$GPa,尺寸为 $l = 2$m,$b = 25$mm,$h = 75$mm。规定稳定安全系数 $n_w = 2$,试校核连杆的稳定性。

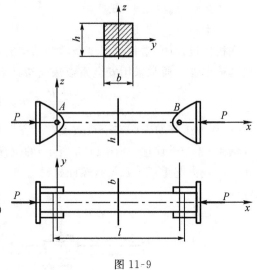

图 11-9

解:(1)计算柔度

连杆在 xz 平面内可简化为两端铰链支承,$\mu = 0.5$。

在 xz 平面内失稳时,y 轴为中性轴,

$$i_y = \sqrt{\frac{I_y}{A}} = \sqrt{\frac{bh^3/12}{bh}} = \frac{h}{2\sqrt{3}} = \frac{75}{2\sqrt{3}} = 21.65(\text{mm})$$

$$\lambda_y = \frac{\mu l}{i_y} = \frac{1 \times 2000}{21.56} = 92.38$$

在 xy 平面内失稳时,z 轴为中性轴,

$$i_z = \sqrt{\frac{I_z}{A}} = \sqrt{\frac{b^3 h/12}{bh}} = \frac{b}{2\sqrt{3}} = \frac{25}{2\sqrt{3}} = 7.217(\text{mm})$$

$$\lambda_z = \frac{\mu l}{i_z} = \frac{0.5 \times 2000}{7.217} = 138.6$$

(2)计算压杆临界应力并校核其稳定性

因 $\lambda_z > \lambda_y$,所以压杆必先在 xy 平面内失稳。又因 $\lambda_z > 124$,故应用欧拉公式计算临界应力。

$$\sigma_{cr} = \frac{\pi^2 E}{\lambda_z^2} = \frac{\pi^2 \times 206 \times 10^3}{138.6^2} = 105.9(\text{MPa})$$

连杆的工作应力为

$$\sigma = \frac{P}{bh} = \frac{80 \times 10^3}{25 \times 75} = 42.66(\text{MPa})$$

由式(11-13)校核连杆的稳定性

$$n_g = \frac{\sigma_{cr}}{\sigma} = \frac{105.9}{42.66} = 2.48 > n_w = 2$$

所以连杆的稳定性足够。

11.4   提高压杆稳定性的措施

压杆临界应力的大小反映了压杆稳定性的高低。因此,要提高压杆的稳定性,就必须设法增大其临界应力。由临界应力公式(11-7),(11-10)和柔度 $\lambda = \frac{\mu l}{i}$ 可知,临界应力与压杆的材料、长度、截面形状和尺寸,以及两端支承情况等有关。下面就从这几个方面讨论提高压杆稳定性的一些措施。

1.合理选用材料

对于大柔度压杆,临界应力 σ_{cr} 由欧拉公式确定。σ_{cr} 与材料的弹性模量 E 成正比,选 E

值大的材料,可提高大柔度压杆的稳定性。但需注意,各种钢的 E 值相近,选用高强度钢,增加了成本,却不能提高其稳定性,所以,宜选用普通钢。对于中、小柔度杆,临界应力的大小由抛物线公式确定,σ_{cr} 与材料的强度有关,材料的强度高,临界应力也高,所以,选用高强度钢可提高其稳定性。

2.合理选择截面形状

(1)选择惯性矩 I 大的截面形状

由临界应力公式可知,临界应力 σ_{cr} 随柔度 λ 的减小而增大。由于

$$\lambda = \frac{\mu l}{i}, \quad i = \sqrt{\frac{I}{A}}$$

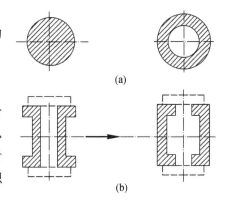

(a)

(b)

图 11-10

所以,在不增加截面面积的条件下,增大惯性矩 I,可使 i 增大、λ 值减小、临界应力 σ_{cr} 提高。因此将实心截面做成空心截面(如图 11-10(a)所示)或尽量使材料远离压杆轴线分布(如图 11-10(b)所示),截面积不变,却增大了惯性矩 I,因而是合理的截面形状。

(2)根据支座形式选择截面形状

压杆总是在柔度大的纵向平面内失稳,为了充分发挥杆的抗失稳能力,应使压杆在各个纵向平面内具有相同或相近的柔度 λ。因此,当压杆两端的支座是固定端或球铰链时,各纵向平面内的约束情况都相同,即 μl 相同。由 $\lambda = \frac{\mu l}{i}, i = \sqrt{\frac{I}{A}}$ 可知,应要求截面对任一形心轴的惯性矩 I 相等或相近,故选用圆形或方形截面比较合理;当压杆两端是柱铰链时,在两个相互垂直的纵向平面内,约束情况不同,μl 不等,就相应要求截面对两个相互垂直轴的惯性矩也不相同($I_y \neq I_z$),因而选用矩形或工字形截面比较合理。

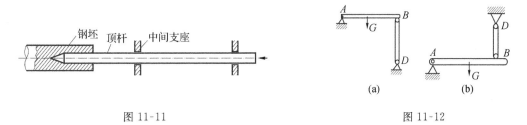

钢坯 顶杆 中间支座

图 11-11

(a)

(b)

图 11-12

3.减小压杆长度

由于柔度 λ 与长度 l 成正比,因此,在条件允许时,应尽可能减小压杆长度或者在压杆中间增设支座(如图 11-11 所示),以提高压杆的稳定性。

4.改善约束条件

由表 11-1 可见,压杆两端支承越牢固,支承系数 μ 就越小,临界压力就越大。因此,压杆与其他构件连接时,应尽可能制作成刚性连接或采用较紧密的配合,以加强杆端的约束牢固性。

此外,在可能的条件下,将构件中比较细长的压杆转换成拉杆,从根本上消除失稳现象。例如,图 11-12(a)中的杆 BD 为压杆,如果改成图 11-12(b)的结构形式,则 BD 杆就成为拉杆。

习　题

11-1　图 11-13 所示为三根材料相同、直径相等的杆件,试问哪根杆的稳定性最差? 哪一根杆的稳定性最好?

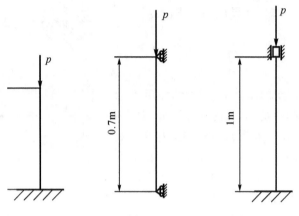

图 11-13

11-2　铸铁压杆的直径 $d=40\text{mm}$,长度 $l=0.7\text{m}$,一端固定,另一端自由,试求压杆的临界力。

11-3　用 A3 钢制成的圆杆,两端为球铰。试问圆杆长 l 与直径 d 之比为多大时,才能用欧拉公式计算临界力?

11-4　图 11-14 所示三根相同的压杆 $l=300\text{mm}$,$b=12\text{mm}$,$h=20\text{mm}$,材料为 A3 钢,$E=206\text{GPa}$。试求三种支承情况下压杆的临界力。

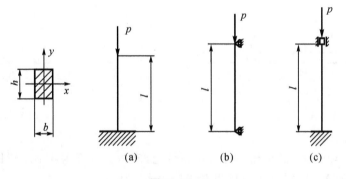

图 11-14

11-5　压杆的材料为 A3 钢,$E=206\text{GPa}$,横截面有如图 11-15 所示的四种几何形状,但其面积均为 $3.6\times10^3\text{mm}^2$。试计算它们的临界应力,并比较它们的稳定性。

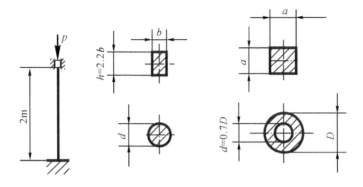

图 11-15

11-6 由 A3 钢制成的 22a 工字钢压杆,两端为球铰,杆长 $l=4\text{m}$,弹性模量 $E=$

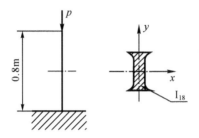

图 11-16

206GPa。试求压杆的临界力和临界应力。

11-7 工字钢压杆,受轴向载荷 P 作用(如图 11-16 所示),材料为 A5 钢,$E=206\text{GPa}$。试求压杆的临界力与临界应力。

11-8 25a 工字钢压杆,材料为 A5,$E=206\text{GPa}$,长度 $l=7\text{m}$,两端固定,规定稳定安全系数 $n_w=2$。试求钢杆的许可轴向载荷 P。

第12章　运动学基础

在静力学中,我们研究了物体在力系作用下的平衡问题。若作用在物体上的力系不平衡,则物体的运动状态要发生改变。从几何角度来研究物体的运动,亦即分析物体在空间位置随时间的变化,而不考虑其变化的原因,这部分内容称为运动学。

在研究物体的运动时,常用到瞬时和时间间隔两个概念,瞬时是指物体运动经过某一位置所对应的时刻,用 t 表示;时间间隔是两瞬时之间的一段时间,记为 Δt。

学习运动学的目的,一方面是为学习动力学及其他后继课程打基础;另一方面,运动学在工程技术中也有独立的应用。

12.1　点的运动和刚体的基本运动

12.1.1　点的运动的描述方法

点的运动主要讨论动点作曲线运动(直线运动可看作曲线运动的一种特例)时的状态,包括点的运动轨迹、运动方程、速度和加速度。对点的运动状态的描述通常采用直角坐标法、自然法和矢径法三种方法。

1. 直角坐标法

只要确定了动点 M 在每个瞬时的坐标位置,其运动情况也就确定了。点 M 的位置坐标 x,y,z 是时间的单值连续函数

$$\begin{cases} x = x(t) \\ y = y(t) \\ z = z(t) \end{cases}$$

称为动点 M 的直角坐标运动方程,它表示点的运动规律。

点在空间所走的路径称为它的轨迹。只要将上式消去时间变量 t 就得到点的路径 AA_1 曲线的方程,称为点 M 的轨迹方程。

当动点 M 始终在同一平面内运动时,取这个平面为坐标平面 Oxy,则运动方程就简化为

$$\begin{cases} x = x(t) \\ y = y(t) \end{cases}$$

消去时间变量 t,得轨迹方程

$$F(x,y) = 0$$

例 12-1　在图 12-1 所示的椭圆规机构中,已知连杆 AB 长为 l,连杆两端分别与滑块铰接,滑块可在两互相垂直的导轨内滑动,角 $\alpha = \omega t$,$AM = \dfrac{2}{3}l$,求连杆上点 M 的运动方程和轨迹方程。

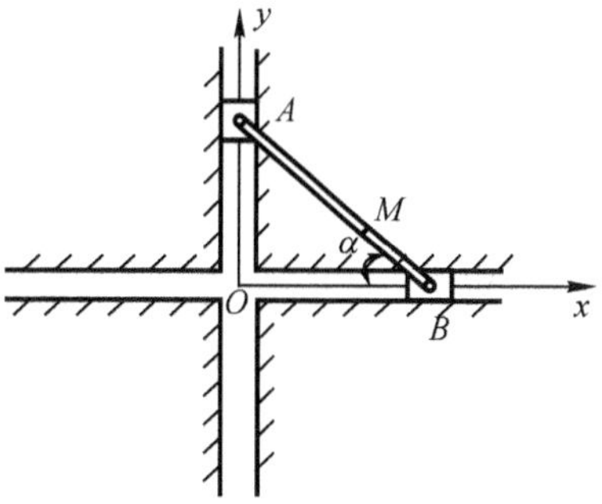

解　以垂直导轨的交点为原点,作直角坐标系 Oxy 如图 12-1 所示,得

$$\begin{cases} x = \dfrac{2}{3}l\cos\alpha \\ y = \dfrac{1}{3}l\sin\alpha \end{cases}$$

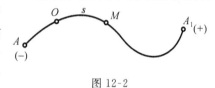

图 12-1

将 $\alpha = \omega t$ 代入上式,得点 M 的运动方程

$$\begin{cases} x = \dfrac{2}{3}l\cos\omega t \\ y = \dfrac{1}{3}l\sin\omega t \end{cases}$$

从运动方程中消去时间变量 t,得点 M 的轨迹方程

$$\frac{x^2}{4} + y^2 = \frac{l^2}{9}$$

上式表明,点 M 的运动轨迹为一椭圆。

2. 自然法

动点的轨迹往往是已知的。例如列车从某始发站沿铁路运行,铁路是已知的。调度室就根据列车离始发站的距离来确定列车的位置。一般可以用类似的方法来确定点的运动。

设动点 M 沿已知的轨迹 AA_1 运动(如图 12-2 所示),在轨迹上任取一点 O 作为计算的起点,动点到 M 点的弧长 $OM = s$,并规定在起点 O 的某一边弧长为正,另一边弧长为负,这样就可以用弧长 s 来确定动点的位置。s 为代数量,称为动点 M 的弧坐标。s 的值随动点运动而变化,为时间 t 的函数

图 12-2

$$s = s(t)$$

称为动点沿已知轨迹的运动方程。

这种以轨迹上弧长为坐标来确定点的运动的方法就叫做自然法。它需要先知道点的运动轨迹。要注意的是,点的弧坐标并不是动点所走过的路程,只是点占有的位置的坐标。

例 12-2　如图 12-3 所示,固定圆圈的半径为 R,摇杆 O_1A 绕 O_1 轴以匀角速度 ω 转动,$\varphi = \omega t$。O_1 轴固定在圆周上。小环 M 同时套在摇杆和圆圈上。运动开始时,$\omega = 0$,摇杆 O_1A 在水平位置。试分别用直角坐标法和自然法写出小环 M 的运动方程。

解　(1)以直角坐标表示的运动方程

以圆心 O 为原点建立直角坐标系,如图 12-3 所示。任一瞬时动点 M 的位置用坐标 x,y 表示。由于 $\varphi = \omega t$,而圆心角 $\theta = 2\varphi = 2\omega t$,于是,以直角坐标表示的小环 M 的运动方程为

$$x = R\cos 2\omega t$$

$$y = R\sin 2\omega t$$

（2）以弧坐标表示的运动方程

动点 M 的运动轨迹是圆弧，在轨迹上，取水平直径的端点 O_2 为弧坐标的原点，并规定 O_2 点的上方为正，则任一瞬时动点 M 的位置可用弧坐标 s 表示，显然

$$s = R\theta = 2R\varphi$$

即

$$s = 2R\omega t$$

这就是小环 M 以弧坐标表示的运动方程。

3．矢径法

设有动点 M 相对某参考系 $Oxyz$ 运动（如图 12-4 所示），从坐标系原点 O 向动点 M 作一矢量，即 $\boldsymbol{r}=\overrightarrow{OM}$，矢量 $\boldsymbol{r}$ 称为动点 M 的矢径（或位矢）。动点 M 在坐标系中的位置由矢径 $\boldsymbol{r}$ 惟一地确定。动点运动时，矢径 $\boldsymbol{r}$ 的大小、方向随时间 t 而改变，故位矢 $\boldsymbol{r}$ 可写为时间 t 的单值连续函数

$$\boldsymbol{r} = \boldsymbol{r}(t) \qquad (12\text{-}1)$$

方程（12-1）称为动点 M 的矢径形式的运动方程，其矢端曲线即称为动点的运动轨迹.

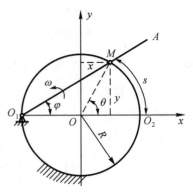

图 12-3

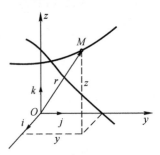

图 12-4

12.1.2 点的速度和加速度

1．用自然法求点的速度和加速度

若已知动点的运动轨迹和动点沿此轨迹的运动方程，可用自然法求动点的速度和加速度。

速度是表示动点运动快慢和方向的物理量。由于动点作曲线运动时，不仅运动的快慢有变化，而且运动的方向也在不断地变化，因此动点的速度是一个矢量。

设动点 M 沿平面曲线 AB 运动，在瞬时 t，动点位于 M，弧坐标为 S，经过 Δt 时间后，动点位于 M_1，弧坐标为 $S_1 = S + \Delta S$，位移矢量为 $\overrightarrow{MM_1}$，如图 12-5 所示。

位移 $\overrightarrow{MM_1}$ 与时间 Δt 之比，称为动点在时间 Δt 内的平均速度，以 v^* 表示，即

$$v^* = \frac{\overrightarrow{MM_1}}{\Delta t}$$

v^* 的方向即为 $\overrightarrow{MM_1}$ 的方向。

当 $\Delta t \to 0$ 时，平均速度 v^* 的极限值就是动点在瞬时 t 的瞬时速度，以 v 表示，即

$$v = \lim_{\Delta t \to 0} v^* = \lim_{\Delta t \to 0} \frac{\overrightarrow{MM_1}}{\Delta t}$$

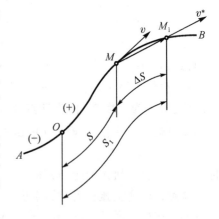

图 12-5

当 $\Delta t \to 0$ 时，$M_1 \to M$，$|\overrightarrow{MM_1}| \approx \Delta S$，因此瞬时速度的大小为

$$v = \lim_{\Delta t \to 0} \frac{|\overrightarrow{MM_1}|}{\Delta t} = \lim_{\Delta t \to 0} \frac{\Delta S}{\Delta t} = \frac{dS}{dt}$$

因为速度是矢量，所以不但要确定它的大小，还要确定它的方向。由于平均速度的方向与位移矢量 $\overrightarrow{MM_1}$ 的方向相同，因此，瞬时速度 v 的方向沿轨迹上该点的切线，并指向运动的一方。

所以，在曲线运动中，瞬时速度的大小等于动点的弧坐标对时间的一阶导数，方向沿轨迹的切线方向，指向由 $\dfrac{dS}{dt}$ 的正负号来决定。若某瞬时 $\dfrac{dS}{dt} > 0$，表示动点沿轨迹的正向运动；若 $\dfrac{dS}{dt} < 0$，则表示动点沿轨迹的负向运动。

速度的量纲是［长度］/［时间］，速度的国际单位制单位为米/秒（m/s）。

动点作平面曲线运动时，其速度的大小和方向经常会发生变化。表示动点速度大小和方向变化的物理量称为加速度。动点的加速度也是一个矢量。

由于速度大小的变化引起的加速度称之为切向加速度，其方向沿轨迹的切线方向，用 $\boldsymbol{a}_\tau$ 表示。又因 $v = \dfrac{d\boldsymbol{S}}{dt}$，所以

$$\boldsymbol{a}_\tau = \frac{dv}{dt} = \frac{d^2\boldsymbol{S}}{dt^2} \qquad (12\text{-}2)$$

由于速度大小的变化引起的加速度称之为法向加速度。方向沿轨迹的法线方向，且指向曲率中心，用 a_n 表示，其大小

$$a_n = \frac{v^2}{\rho}$$

上式表明，动点的速度值越大，运动轨迹的曲率半径越小，则动点的法向加速度越大。

综上所述，可得结论：点作曲线运动时，其全加速度 $\boldsymbol{a}$ 为切向加速度 $\boldsymbol{a}_\tau$ 和法向加速度 $\boldsymbol{a}_n$ 的矢量和，即

$$\boldsymbol{a} = \boldsymbol{a}_n + \boldsymbol{a}_\tau$$

全加速度的大小为

$$a = \sqrt{a_\tau^2 + a_n^2} = \sqrt{\left(\frac{dv}{dt}\right)^2 + \left(\frac{v^2}{\rho}\right)^2}$$

全加速度的方向可由 $\boldsymbol{a}$ 与 $\boldsymbol{a}_n$（法线方向）所夹的锐角 β 来确定，如图 12-6 所示，即

$$\beta = \arctan \frac{|a_\tau|}{a_n}$$

由图 12-6 可知，点作曲线运动时，不论点作加速运动还是作减速运动，全加速度 a 总是指向轨迹曲线内凹的一侧。

加速度的常用单位为米/秒（m/s²）。下面讨论动点运动的特殊情况。

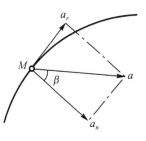

图 12-6

（1）匀变速曲线运动

点作匀变速曲线运动时，$a_\tau = $ 常量，$a_n = \dfrac{v^2}{\rho}$。设运动的初始条件为 $t = 0$ 时，点的弧坐标

为 S_0，速度 v_0 为，由式(12-2)得

$$dv = a_\tau dt$$

将上式积分

$$\int_{v_0}^{v} dv = \int_0^t a_\tau dt$$

得

$$v = v_0 + a_\tau t \tag{12-3}$$

将 $v = \dfrac{dS}{dt}$ 代入上式，整理得

$$dS = (v_0 + a_\tau t)dt$$

再将上式积分

$$\int_{S_0}^{S} dS = \int_0^t (v_0 + a_\tau t)dt$$

得

$$S = S_0 + v_0 t + \frac{1}{2} a_\tau t^2 \tag{12-4}$$

将式(12-3)和式(12-4)两式联立并消去 t，可得

$$v^2 = v_0^2 + 2a_\tau (S - S_0)$$

式(12-3)称为匀变速曲线运动的速度方程，式(12-4)称为匀变速曲线运动时动点沿轨迹的运动方程。

(2)变速直线运动

动点作匀变速直线运动时，因直线的曲率半径 $\rho = \infty$，所以 $a_n = \dfrac{v^2}{\rho} = 0$，于是，$a = a_\tau = \dfrac{dv}{dt}$ 常量。可得

$$dv = adt$$

与上述匀变速曲线运动相同的初始条件，将上式积分，可得匀变速直线运动的三个常用公式

$$v = v_0 + at$$

$$S = S_0 + v_0 t + \frac{1}{2} at^2$$

$$v^2 = v_0^2 + 2a(S - S_0)$$

(3)匀速曲线运动

点作匀速曲线运动时，速度大小不变，故其切向加速度 $a_\tau = 0$，于是 $a = a_n = \dfrac{v^2}{\rho}$。

由 $v = \dfrac{dS}{dt} =$ 常量，可用积分法得到

$$\int_{S_0}^{S} dS = \int_0^t v dt$$

故

$$S = S_0 + vt$$

例 12-3 杆 AB 的 A 端铰接固定，环 M 将 AB 杆与半径为 R 的固定圆环套在一起，AB 与垂线之夹角为 $\varphi = \omega t$，如图12-7所示，求套环 M 的运动方程、速度和加速度。

解 以套环 M 为研究对象，由于环 M 的运动轨迹已知，故采用自然坐标法求解。

以圆环上 O' 点为弧坐标原点，顺时针为弧坐标正向，建立弧坐标轴。

（1）建立点的运动方程

由图中几何关系，建立运动方程为

$$S = R(2\varphi) = 2R\omega t$$

（2）求点 M 的速度

点 M 的速度为

$$v = \frac{ds}{dt} = 2R\omega$$

（3）求点 M 的加速度

点 M 的切向加速度为

$$a_\tau = \frac{dv}{dt} = \frac{d}{dt}(2R\omega) = 0$$

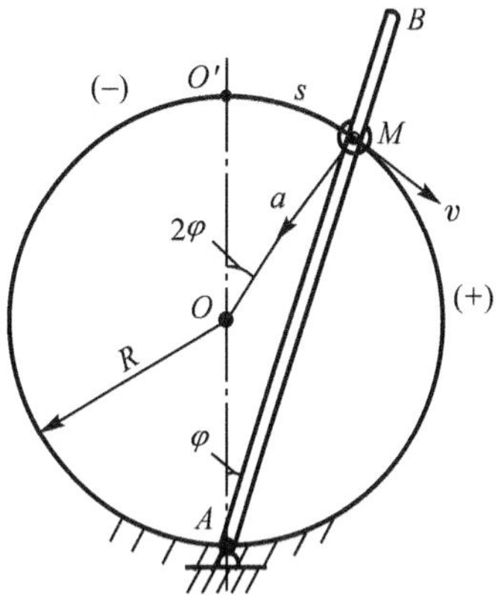

点 M 的法向加速度为

$$a_n = \frac{v^2}{\rho} = \frac{(2R\omega)^2}{R} = 4R\omega^2$$

点 M 的全加速度为

$$a = \sqrt{a_\tau^2 + a_n^2} = 4R\omega^2$$

其方向沿 MO 且指向 O，可知套环 M 沿固定圆环作匀速圆周运动。

图 12-7　摇杆套环机构

2. 用直角坐标法求点的速度和加速度

当点的轨迹未知时，研究点的运动常用直角坐标法。下面讨论已知点的直角坐标形式的运动方程，求点的速度和加速度。

设动点 M 在直角坐标系 Oxy 内作平面曲线运动，已知其运动方程为

$$\begin{cases} x = f_1(t) \\ y = f_2(t) \end{cases}$$

在瞬时 t，动点位于 M，其坐标为 x,y，经过时间 Δt 后，动点位于 M_1，其坐标为 $x_1 = x + \Delta x, y_1 = y + \Delta y$，如图 12-8 所示。在 Δt 时间内，动点的位移矢量为 $\overrightarrow{MM_1}$，则动点在时间 Δt 内的平均速度为 $v^* = \dfrac{|\overrightarrow{MM_1}|}{\Delta t}$。

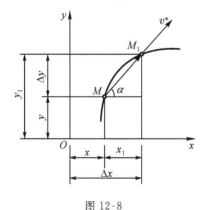

图 12-8

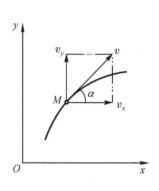

图 12-9

当 $\Delta t \to 0$ 时，可得动点在瞬时 t 的瞬时速度为

$$v = \lim_{\Delta t \to 0} \frac{\overrightarrow{MM_1}}{\Delta t}$$

将速度 v 沿直角坐标轴 x,y 分解为 v_x 和 v_y 两个分量,如图 12-9 所示,则

$$v = v_x + v_y$$

速度 v_x,v_y 的大小就分别等于速度矢量 v 在 x,y 两轴上的投影。由图 12-9 可知

$$\begin{cases} v_x = v\cos a = \lim_{\Delta t \to 0} \frac{|\overrightarrow{MM_1}|}{\Delta t}\cos a = \lim_{\Delta t \to 0}\frac{\Delta x}{\Delta t} = \frac{\mathrm{d}x}{\mathrm{d}t} \\ v_y = v\sin a = \lim_{\Delta t \to 0} \frac{|\overrightarrow{MM_1}|}{\Delta t}\sin a = \lim_{\Delta t \to 0}\frac{\Delta y}{\Delta t} = \frac{\mathrm{d}y}{\mathrm{d}t} \end{cases} \tag{12-5}$$

式(12-5)表明,动点的速度在直角坐标轴上的投影等于其相应坐标对时间的一阶导数。于是动点速度 v 的大小和方向为

$$\begin{cases} v = \sqrt{v_x^2 + v_y^2} = \sqrt{(\frac{\mathrm{d}x}{\mathrm{d}t})^2 + (\frac{\mathrm{d}y}{\mathrm{d}t})^2} \\ \alpha = \arctan \left| \frac{v_y}{v_x} \right| \end{cases}$$

式中,α 为速度 v 与 x 轴所夹的锐角。v 沿轨迹的切线方向,其指向由 v_x,v_y 的正负号确定。依照求速度的方法,可求得加速度在 x,y 轴上的投影 a_x,a_y(如图 12-10 所示)为

$$\begin{cases} a_x = \frac{\mathrm{d}v_x}{\mathrm{d}t} = \frac{\mathrm{d}^2 x}{\mathrm{d}t^2} = a\cos\beta \\ a_y = \frac{\mathrm{d}v_y}{\mathrm{d}t} = \frac{\mathrm{d}^2 y}{\mathrm{d}t^2} = a\sin\beta \end{cases} \tag{12-6}$$

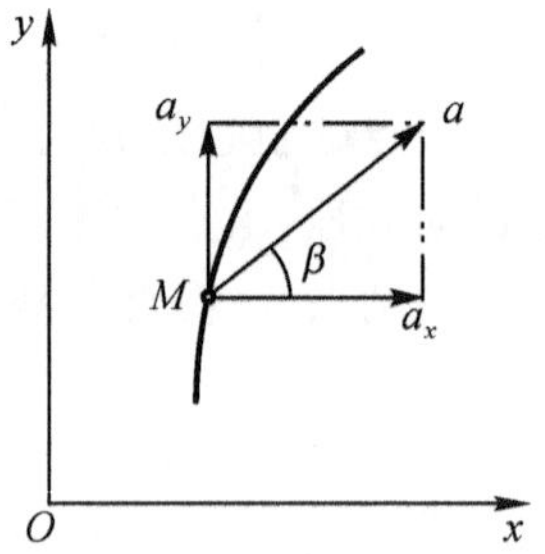

式(12-6)表明,动点的加速度在直角坐标轴上的投影等于其相应的速度投影对时间的一阶导数,或等于其相应的坐标对时间的二阶导数。于是动点加速度 a 的大小和方向为

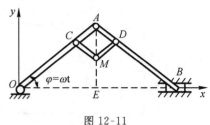

图 12-10

$$\begin{cases} a = \sqrt{a_x^2 + a_y^2} = \sqrt{(\frac{\mathrm{d}^2 x}{\mathrm{d}t^2})^2 + (\frac{\mathrm{d}^2 y}{\mathrm{d}t^2})^2} \\ \beta = \arctan \left| \frac{a_y}{a_x} \right| \end{cases}$$

式中,β 为加速度 a 与 x 轴所夹的锐角。a 的指向由 a_x,a_y 的正负号确定。

例 12-4   曲线规尺的杆长 $OA = AB = l = 200\text{mm}$,$CM = DM = AC = AD = a = 50\text{mm}$,如图 12-11 所示。当 OA 杆绕 O 点转动时,转角 $\varphi = \omega t$,$\omega = \frac{\pi}{5}$ rad/s,t 以秒为单位。运动开始时,OA 杆水平向右,求尺上 M 点的运动方程和轨迹方程以及滑块 B 的速度和加速度。

图 12-11

解   (1)求 M 点的运动方程

取直角坐标系 Oxy 如图 12-11 所示,则动点 M 的坐标为

$$x = OE = l\cos\varphi$$
$$y = ME = l\sin\varphi - 2a\sin\varphi$$

于是得到点的运动方程

$$x = 200\cos\frac{\pi}{5}t$$

$$y = 100\sin\frac{\pi}{5}t$$

消去时间 t 得轨迹方程

$$\left(\frac{x}{200}\right)^2 + \left(\frac{y}{100}\right)^2 = 1$$

可见，M 点的轨迹是一个长半轴为 200mm，短半轴为 100mm 的椭圆。

（2）确定 B 点的运动

滑块 B 的轨迹是水平直线，B 点的运动方程为

$$x_B = 2l\cos\omega t \qquad 即 \qquad x_B = 400\cos\frac{\pi}{5}t$$

$$y_B = 0$$

这是具有余弦（或正弦）函数规律的运动，称为简谐运动或谐运动。B 点在任一瞬时的速度及加速度为

$$v_B = \frac{\mathrm{d}x_B}{\mathrm{d}t} = -80\pi\sin\frac{\pi}{5}t$$

$$a_B = \frac{\mathrm{d}v_B}{\mathrm{d}t} = -16\pi^2\cos\frac{\pi}{5}t$$

为了对点的运动有一较直观清晰的概念，可将 x,v,a 与 t 的函数关系用图形表示，分别称为 x-t，v-t，a-t 曲线或分别称为运动图、速度图、加速度图（如图 12-12 所示）。由图可见，当动点位于谐运动中心时，速度的绝对值最大，加速度为零；当动点离中心位置最远时，速度为零，而加速度的绝对值最大。

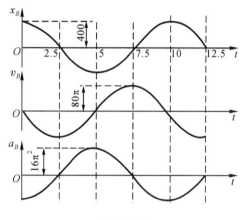

图 12-12

例 12-5　图 12-13 所示的机构中，小环 M 同时套在半径为 R 的大圆环和摇杆 OA 上，摇杆 OA 绕 O 轴按 $\varphi = \omega t$ 的规律转动，其中 ω 为常数。开始时摇杆在水平位置，求小环 M 在任一瞬时的速度和加速度。

解　取坐标系 Oxy 如图。将小环 M 放在任意瞬时 t 的一般位置上，由几何关系得其运动方程

$$x = R + R\cos\theta = R + R\cos2\omega t$$

$$y = R\sin\theta = R\sin2\omega t$$

将上式对时间求导，得小环速度 v 在 x,y 轴上的投影为

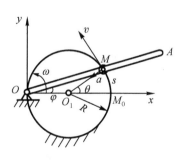

图 12-13

$$v_x = \frac{dx}{dt} = -2R\omega\sin 2\omega t$$

$$v_y = \frac{dy}{dt} = 2R\omega\cos 2\omega t$$

于是速度的大小和方向分别为

$$v = \sqrt{v_x^2 + v_y^2} = 2R\omega$$

$$\tan\alpha = \frac{|v_y|}{|v_x|} = \cot\theta$$

$$\alpha = \frac{\pi}{2} + \theta$$

显然 v 与 MO_1 垂直,并指向转动方向。

再将速度投影式对时间求一阶导数,得小环 M 的加速度 a 在 x,y 轴上的投影为

$$a_x = \frac{dv_x}{dt} = -4R\omega^2\cos 2\omega t$$

$$a_y = \frac{dv_y}{dt} = -4R\omega^2\sin\omega t$$

于是加速度的大小和方向为

$$a_x = \sqrt{a_x^2 + a_y^2} = 4R\omega^2$$

$$\tan\beta = \frac{|a_y|}{|a_x|} = \cot\theta$$

$$\beta = \theta$$

由图 12-13 可以看出,加速度 a 沿 MO_1 且指向 O_1 点。

3.用矢径法求点的速度和加速度

设动点 M 的位置在瞬时 t 由矢径 $\boldsymbol{r} = \overrightarrow{OM}$ 来决定。而在瞬时 $t + \Delta t$ 由矢径 $\boldsymbol{r}_1 = \overrightarrow{OM_1}$ 决定(如图 12-14 所示),连接点 M 和 M_1 得矢量 $\overrightarrow{MM_1} = \Delta\boldsymbol{r}$,称为点在 Δt 时间间隔内的位移

$$\Delta\boldsymbol{r} = \boldsymbol{r}_1 - \boldsymbol{r}$$

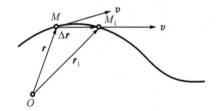

图 12-14

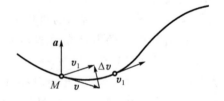

图 12-15

点的位移与对应的时间间隔的比值称为点 M 在此时间间隔内的平均速度,以 v^* 表示,即

$$v^* = \frac{\Delta\boldsymbol{r}}{\Delta t}$$

时间间隔 Δt 取得愈短,则平均速度 v^* 愈接近点的瞬时 t 的真实速度。因此,当 Δt 趋近于零时,$\frac{\Delta\boldsymbol{r}}{\Delta t}$ 的极限值就称为点 M 的瞬时 t 的速度。以 v 表示,即

$$v = \lim_{\Delta t \to 0}\frac{\Delta\boldsymbol{r}}{\Delta t} = \frac{d\boldsymbol{r}}{dt}$$

点的速度就等于点的位置矢径对时间的矢导数,它是描述点的运动的快慢和方向的物理量。由极限的定义可知,速度的方向沿着轨迹的切线且和该点运动的指向一致。

速度的大小和方向随着时间而变化,速度矢量随时间的变化率称为加速度。

设点 M 在瞬时 t 的速度为 v ,在瞬时 $t+\Delta t$ 的速度为 v_1(如图 12-15 所示),由矢量合成,有 $\Delta v = v_1 - v$ 称为速度增量。速度增量 Δv 与对应时间间隔 Δt 的比值称为点 M 在该时间间隔内的平均加速度。以 a^* 表示

$$a^* = \frac{\Delta v}{\Delta t}$$

当 Δt 趋近于零时,$\frac{\Delta v}{\Delta t}$ 的极限值称为点 M 在瞬时 t 的加速度,以 a 表示,即

$$a = \lim_{\Delta t \to 0} a^* = \lim_{\Delta t \to 0} \frac{\Delta v}{\Delta t} = \frac{\mathrm{d} v}{\mathrm{d} t}$$

加速度的方向应与 Δv 的极限方向相同。因为 $v = \dfrac{\mathrm{d} r}{\mathrm{d} t}$,所以

$$a = \frac{\mathrm{d} v}{\mathrm{d} t} = \frac{\mathrm{d}^2 r}{\mathrm{d} t^2}$$

点的加速度等于点的速度对时间的矢导数,又等于矢径对时间的二阶矢导数。

12.1.3　刚体的平行移动和定轴转动

刚体的平行移动和定轴转动是刚体最简单的两种运动形式,也是研究复杂运动的基础。下面,我们首先研究刚体的平行移动,然后,再讨论刚体的定轴转动。

1. 刚体的平行移动

定义　刚体运动时,若刚体上的任意一条直线始终保持与初始位置平行(即任一直线始终保持方向不变),则这种运动称为刚体的平行移动(简称平动)。

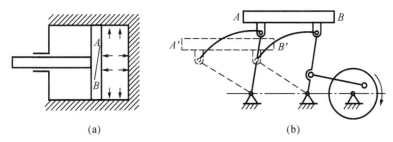

(a)　　　　　　　　　　(b)

图 12-16　刚体的平动

刚体作平动时,刚体上各点的运动轨迹可以是直线,也可以是曲线。例如,内燃机汽缸中活塞的运动是平动,且其上各点的运动轨迹均为直线(如图 12-16(a)所示);摆式送料机送料槽的运动也是平动,而其上各点的运动轨迹则为半径相同的圆弧(如图 12-16(b)所示)。

现在研究刚体作平动时,刚体上各点的运动轨迹、速度、加速度的关系。如图 12-17 所示,设一刚体作平动,任取刚体上的两点 A 和 B ,则这两点以矢径表示的运动方程为

$$r_A = r_A(t)$$

$$\boldsymbol{r}_B = \boldsymbol{r}_B(t)$$

连接 B,A 得矢量 $\overrightarrow{BA}$，由图中易见

$$\boldsymbol{r}_A = \boldsymbol{r}_B + \overrightarrow{BA}$$

将上式两边对时间求导，并注意到：由于 A,B 为刚体上的两点，且刚体作平动，所以，矢量 $\overrightarrow{BA}$ 的大小和方向始终保持不变，即 $\overrightarrow{BA}$ 为常矢量，其导数为零，故有

$$\frac{\mathrm{d}\boldsymbol{r}_A}{\mathrm{d}t} = \frac{\mathrm{d}\boldsymbol{r}_B}{\mathrm{d}t}$$

即

$$v_A = v_B \quad (12\text{-}7)$$

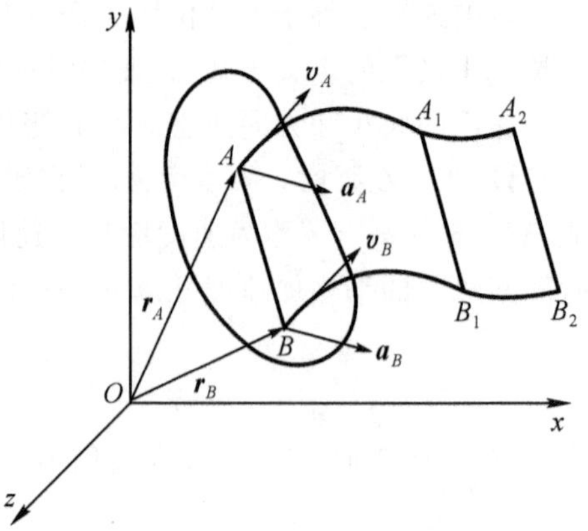

将上式两边再对时间求导，可得

$$\frac{\mathrm{d}v_A}{\mathrm{d}t} = \frac{\mathrm{d}v_B}{\mathrm{d}t}$$

即

$$\boldsymbol{a}_A = \boldsymbol{a}_B \quad\quad\quad (12\text{-}8)$$

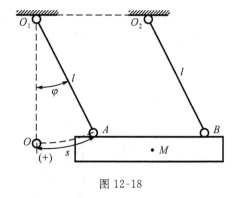

图 12-17

由式(12-7)和式(12-8)可得结论：刚体平动时，在同一瞬时，刚体上各点的速度相同，各点的加速度也相同。因此，研究刚体的平动时，只需分析刚体上任意一点的运动，即可确定刚体上其余各点的运动状态。

例 12-6 荡木用两条等长的钢索平行吊起，如图 12-18 所示。钢索长为 l，$O_1O_2 = AB$，荡木摆动规律为 $\varphi = \varphi_0 \sin \frac{\pi}{4} t$，其中 t 为时间。试求荡木中点 M 的速度、加速度的表达式。

解 由于钢索 O_1A 和 O_2B 等长且 $O_1O_2 = AB$，于是 O_1ABO_2 为平行四边形。AB 在运动过程中始终与 O_1O_2 平行，也就是始终平行于它自身原来的位置，所以，荡木的运动为平动。

由于平动刚体上各点的速度、加速度相同，因此，只需求出 A 点(或 B 点)的速度和加速度即可。

显然，A 点的运动是以为 O_1 为圆心、l 为半径的圆周运动。取最低点 O 为原点，并规定弧坐标 s 向右为正，则 A 点沿轨迹的运动方程为

$$s = l\varphi_0 \sin \frac{\pi}{4} t$$

A 点的速度

$$v = \frac{\mathrm{d}s}{\mathrm{d}t} = \frac{\pi}{4} l\varphi_0 \cos \frac{\pi}{4} t$$

A 点的切向加速度

$$a_\tau = \frac{\mathrm{d}v}{\mathrm{d}t} = -\frac{\pi^2}{16} l\varphi_0 \sin \frac{\pi}{4} t$$

图 12-18

A 点的法向加速度

$$a_n = \frac{v^2}{l} = \frac{\pi^2}{16} l\varphi_0^2 \cos^2 \frac{\pi}{4}t$$

以上 A 点的速度、切向加速度和法向加速度亦即荡木中点 M 的速度、切向加速度和法向加速度。

2. 刚体的定轴转动

定义:刚体运动时,若刚体上(或其延伸部分)有一条直线始终保持不动,则这种运动称为刚体的定轴转动。这条固定的直线称为转轴。如电机的转子、传动轴、吊扇的叶片等的运动都属于定轴转动。

(1)转动方程、角速度和角加速度

1)转动方程

为了描述作定轴转动的刚体的位置,需引入转角的概念,如图 12-19 所示,过转轴作两个平面,其中平面 I 固定不动(相当于固定的参考系),另一平面 II 则固连在刚体上并随之转动。这两个平面之间的夹角称为刚体的转角,用 φ 表示。显然,只要规定从平面 I 到平面 II 的某一转向为正,相反转向为负,即可根据 φ 的值完全确定刚体的位置。因此,转角应为代数量。当刚体转动时,转角随时间变化,即 φ 是时间 t 的单值连续函数,即

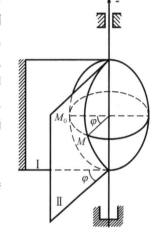

$$\varphi = f(t)$$

此即刚体定轴转动的运动方程,简称刚体的转动方程。转角 φ 的单位为弧度(rad)。

图 12-19

2)角速度

参照点的速度的定义,设在时间间隔 Δt 内,刚体转角的变化量为 $\Delta \varphi$,则刚体的瞬时角速度定义为

$$\omega = \lim_{\Delta t \to 0} \frac{\Delta \varphi}{\Delta t} = \frac{\mathrm{d}\varphi}{\mathrm{d}t}$$

即刚体的角速度等于其转角对时间的一阶导数。

角速度的单位为弧度/秒(rad/s)。工程应用中也常用转速 n 来表示刚体转动的快慢,转速的单位通常为转/分(r/min),设刚体的转速为 $n\mathrm{r/min}$,则它在 60s 的时间内转过的转角为 $2\pi n(\mathrm{rad})$,因此,其角速度为

$$\omega = \frac{2\pi n}{60} = \frac{\pi n}{30}$$

3)角加速度

同上,刚体的瞬时角加速度定义为

$$\varepsilon = \lim_{\Delta t \to 0} \frac{\Delta \omega}{\Delta t} = \frac{\mathrm{d}\omega}{\mathrm{d}t} = \frac{\mathrm{d}^2 \varphi}{\mathrm{d}t^2}$$

即刚体的角加速度等于其角速度对时间的一阶导数,也等于其转角对时间的二阶导数。角加速度反映了角速度的变化情况,当 ε 与 ω 同号时,角速度的绝对值增加,表明刚体作加速转动,反之,当 ε 与 ω 异号时,角速度的绝对值减小,表明刚体作减速转动。角加速的单位为

弧度/秒²（rad/s²）。

由上述讨论可知,当刚体的转动方程已知时,将其对时间求导得出其角速度和角加速度。反之,若已知的是刚体的角速度或角加速度的变化规律,则必须通过积分,并结合初始条件确定积分常数,才能求出其转动方程。

例 12-7 物块 B 以匀速 v_0 沿水平直线移动。杆 OA 且可绕 O 轴转动,杆保持紧靠在物块的侧棱 b 上,如图 12-20 所示。已知物块高度为 h,试求杆 OA 的转动方程、角速度和角加速度。

解 取坐标如图 12-20 所示,x 以水平向右为正,转角 φ 自 y 轴起顺时针为正,并以 $x=0$ 的瞬时作为时间的计算起点。则依题意可知,在任一瞬时 t,b 点的 x 坐标为 $x=v_0 t$。

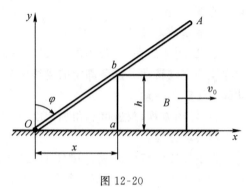

图 12-20

由三角形 Oab 得

$$\tan\varphi = \frac{x}{h} = \frac{v_0 t}{h}$$

故杆 OA 的转角方程为

$$\varphi = \arctan\left(\frac{v_0 t}{h}\right)$$

杆 OA 的角速度为

$$\omega = \frac{d\varphi}{dt} = \frac{\dfrac{v_0}{h}}{1+\left(\dfrac{v_0 t}{h}\right)^2} = \frac{h v_0}{h^2 + (v_0 t)^2}$$

杆 OA 的角加速度为

$$\varepsilon = \frac{d\omega}{dt} = \frac{-2h v_0^3 t}{(h^2 + v_0^2 t^2)^2}$$

（2）转动刚体内各点的速度和加速度

当刚体作定轴转动时,其转动方程、角速度、角加速度反映的仅仅是刚体整体的运动状况,要了解刚体内各点的运动情况,必须进行更进一步的分析。

如图 12-21(a)所示,可知刚体作定轴转动时,刚体内各点始终都在各自特定的、垂直于转轴的平面内作圆周运动。在刚体上任取一点 M,设该点到转轴的垂直距离为 r（称为转动半径）,显然,M 点的运动轨迹就是以 r 为半径的圆,若刚体的转角为 φ,则以弧坐标形式表示的 M 点的运动方程为

$$s = \overparen{M_0 M} = r\varphi$$

M 点的速度大小为

$$v = \frac{ds}{dt} = r\frac{d\varphi}{dt} = r\omega$$

即转动刚体上任一点的速度的大小等于其转动半径与刚体角速度的乘积,速度方向沿圆周的切线（即垂直于半径）,且指向转动的一方（即角速度的转向）。

M 点切向加速度的大小为

$$a_\tau = \frac{\mathrm{d}v}{\mathrm{d}t} = r\frac{\mathrm{d}\omega}{\mathrm{d}t} = r\varepsilon$$

即转动刚体上任一点切向加速度的大小
等于其转动半径与角加速度的乘积,其
方向垂直于转动半径,指向与角加速度
的转向一致。

M 点法向加速度的大小为

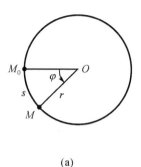
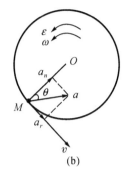

$$a_n = \frac{v^2}{r} = \frac{(r\omega)^2}{r} = r\omega^2$$

图 12-21

即转动刚体上任一点法向加速度的大小等于其转动半径与角速度平方的乘积,其方向沿转
动半径指向转轴。

由此可确定 M 点加速度的大小和方向(如图 12-21(b)所示):

$$a = \sqrt{a_\tau^2 + a_n^2} = \sqrt{(r\varepsilon)^2 + (r\omega^2)^2} = r\sqrt{\varepsilon^2 + \omega^4}$$

$$\tan\theta = \frac{a_\tau}{a_n} = \frac{r\varepsilon}{r\omega^2} = \frac{\varepsilon}{\omega^2}$$

通过以上讨论可知,转动刚体上各点的速度和加速度的大小均与转动半径成正比。由
于在给定的任一瞬时,刚体的角速度和角加速度对刚体上的每一点都是一样的,因此,刚体
上具有相同转动半径的所有点具有相同的速度值和相同的加速度值,同一转动半径上的各
点速度方向相同(均垂直于转动半径),加速度的方向也一致(与转动半径具有同样的夹角),
如图 12-22 所示。

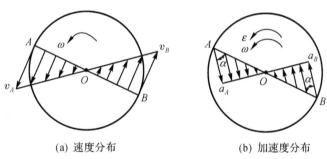

(a) 速度分布　　　　　　(b) 加速度分布

图 12-22

例 12-8　圆轮绕定轴 O 转动,并在此轮缘上绕一柔软而不可伸长的绳子,绳子下端悬
一物体 A(如图 12-23 所示)。设该轮的半径为 $R = 0.2\text{m}$,其转动方程为 $\varphi = -t^2 + 4t$,φ 的
单位为 rad,t 的单位为 s。求当 $t = 1\text{s}$ 时轮缘上任一点 M 的速度和加速度及物体 A 的速度
和加速度。

解　首先,根据转动方程求出任一瞬时的角速度和角加速度

$$\omega = \frac{\mathrm{d}\varphi}{\mathrm{d}t} = -2t + 4$$

$$\varepsilon = \frac{\mathrm{d}\omega}{\mathrm{d}t} = -2$$

则 $t=1\text{s}$ 时,

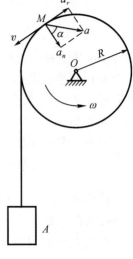

$$\omega=-2+4=2(\text{rad/s})$$
$$\varepsilon=-2(\text{rad/s}^2)$$

轮缘上任一点 M 的速度和加速度为

$$v=R\omega=0.2\times2=0.4(\text{m/s})$$
$$a_\tau=R\varepsilon=0.2\times(-2)=-0.4(\text{m/s}^2)$$
$$a_n=R\omega^2=0.2\times2^2=0.8(\text{m/s}^2)$$

由于 $\omega>0$,而 $a_\tau<0$,且为常数,可知此时圆轮作匀减速转动,全加速度 a 指向与转动方向相反的一侧。

对于物体 A,其运动轨迹为直线,且任一瞬时其速度的大小与轮缘上任一点的速度大小相同(因为绳子不可伸长),其加速度值亦与轮缘上任一点的切向加速度值相等。因此

$$v_A=0.4\text{m/s}$$
$$a_A=-0.4\text{m/s}^2$$

图 12-23

结果表明,物体 A 此时作向下匀减速直线运动。

(3)定轴轮系

在机械传动中,为了实现构件变速或转向的目的,常常使用齿轮、带轮或其组合装置,这种传动装置称为定轴轮系。图 12-24 所示分别为两个圆柱齿轮外啮合和内啮合传动的结构简图。

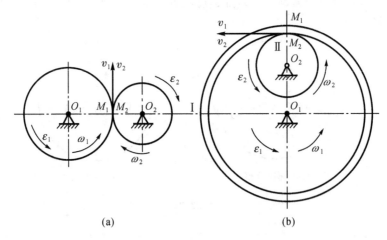

(a)   (b)

图 12-24

设两齿轮分别绕定轴 O_1 和 O_2 转动。齿轮Ⅰ,Ⅱ的角速度、角加速度、节圆半径分别为 $\omega_1,\varepsilon_1,r_1$ 和 $\omega_2,\varepsilon_2,r_2$。当齿轮啮合传动时,两齿轮的节圆相切,且两切点之间瞬时无相对运动,这样的运动,我们称之为无滑动滚动。显然,在相同的时间内,节圆上各点转过的弧长相等,所以这些点的速度和切向加速度的大小相等。

现假设 M_1,M_2 分别是两圆上的切点,则有

$$v_1=v_2$$
$$a_{1\tau}=a_{2\tau}$$

即

$$r_1\omega_1=r_2\omega_2$$

$$r_1 \varepsilon_1 = r_2 \varepsilon_2$$

亦即

$$\frac{\omega_1}{\omega_2} = \frac{\varepsilon_1}{\varepsilon_2} = \frac{r_2}{r_1}$$

因为一对齿轮啮合时两齿轮的齿数与它们的节圆半径成正比。若设 z_1, z_2 分别为两齿轮的齿数,则上式可以写为

$$\frac{\omega_1}{\omega_2} = \frac{\varepsilon_1}{\varepsilon_2} = \frac{r_2}{r_1} = \frac{z_2}{z_1} \tag{12-9}$$

式(12-9)表明:两齿轮啮合传动时,其角速度、角加速度均与两齿轮的齿数成反比,亦与两齿轮的节圆半径成反比。

在机械传动中,通常将主动轮 I 与从动轮 II 的角速度之比称为传动比,记为 i_{12},即

$$i_{12} = \frac{\omega_1}{\omega_2} \tag{12-10}$$

将式(12-9)代入式(12-10),得

$$i_{12} = \frac{\omega_1}{\omega_2} = \frac{\varepsilon_1}{\varepsilon_2} = \frac{r_2}{r_1} = \frac{z_2}{z_1}$$

以上各式亦适用于带轮、摩擦轮等各类定轴轮系,但在传动过程中,各轮系之间应为无滑动转动。

例 12-9　绕于半径为 r 的鼓轮上的绳子下挂一重物 B,该重物由静止开始以等加速度 a 向下作直线运动,如图 12-25 所示。该鼓轮固连一节圆半径为 r_1 的齿轮 1,齿轮 1 与节圆半径为 r_2 的齿轮 2 啮合,求齿轮 2 的转动方程。

解　鼓轮边缘上任一点的切向加速度和重物 B 的加速度大小相等,因此鼓轮的角加速度为

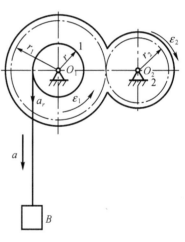

$$\varepsilon = \frac{a_r}{r} = \frac{a}{r}$$

由于齿轮 1 与鼓轮固连,所以两者的角加速度相等,即 $\varepsilon_1 = \varepsilon$,而齿轮 2 的角加速度为

$$\varepsilon_2 = \frac{r_1}{r_2} \varepsilon_1 = \frac{r_1 a}{r_2 r} = 常量$$

图 12-25

由此可见,齿轮 2 的运动为匀加速转动,由

$$\varepsilon_2 = \frac{\mathrm{d}\omega_2}{\mathrm{d}t}$$

积分后得

$$\omega_2 = \varepsilon_2 t + \omega_0$$

再由

$$\omega_2 = \frac{\mathrm{d}\varphi_2}{\mathrm{d}t}$$

积分后得

$$\varphi_2 = \varphi_0 + \omega_0 t + \frac{1}{2} \varepsilon_2 t^2$$

式中 φ_0, ω_0 分别为齿轮 2 的初始转角和初始角速度。设 $\varphi_0 = 0$,依题意又有 $\omega_0 = 0$,所以齿

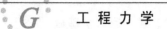

轮 2 的转动方程为

$$\varphi_2 = \frac{1}{2}\varepsilon_2 t^2$$

即

$$\varphi_2 = \frac{r_1 a}{2r_2 r}t^2$$

12.2 点的合成运动

本节主要介绍点的运动合成的方法,它是研究物体复杂运动的基础。物体相对于不同参考系的运动是不同的。在此着重研究动点相对于不同参考系的运动,并分析动点相对于不同参考系运动之间的关系,以及某一瞬时动点的速度和加速度合成的规律。

12.2.1 基本概念

在点的运动学中,我们研究了动点对于一个参考系的运动。但是在工程中,常常遇到同时用两个不同的参考系去描述同一个点的运动情况。同一个点对于不同的参考系,所表现的运动特征显然是不同但又是有关连的。例如,无风下雨时雨滴的运动,对于地面上的观察者来说,雨滴是铅垂向下的,但是对于正在行驶的车上的观察者来说,雨滴是倾斜向后的(如图 12-26 所示)。

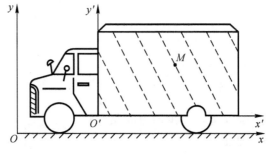

图 12-26

产生这种差别是由于观察者所在的参考系不一样。但是,两者得出的结论都是正确的,都反映了雨滴 M 的运动这一客观存在。

为了便于研究,将所研究的点 M 称为动点。将固结在地球表面上的参考系称为定参考系,并以 $Oxyz$ 表示。把相对于地球运动的参考系(如固结在行驶的车上的参考系)称为动参考系,并以 $O'x'y'z'$ 表示。

为了区别动点对于不同参考系的运动,规定动点对于定参考系的运动称为绝对运动,动点对于动参考系的运动称为相对运动,而把动参考系对于定参考系的运动称为牵连运动。如上面所举的例子中,如果把行驶的车取为动参考系,则雨滴相对于车沿着与铅直线成 α 角的直线运动是相对运动,相对于地面的铅直线运动是绝对运动,而车对地面的直线平动则是牵连运动。

又如图 12-27 所示 AO 管绕 O 轴作逆时针转动,管内有一动点 M 同时沿管向外运动。若选取与地面相固结的参考系为定参考系,与 AO 管相固结的参考系为动参考系,则动点 M 相对于地面所作的平面曲线运动(沿 $\overrightarrow{MM'}$)为绝对运动,动点 M 相对于管所作的直线运动(沿 $\overrightarrow{M_1M'}$)为相对运动,AO 杆相对于地面的定轴转动为牵连运动。

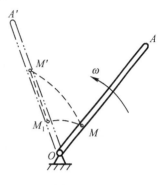

显然,如果没有牵连运动,则动点的相对运动就是它的绝对运动;如果没有相对运动,则动点随着参考系所作的牵连运动就是它的绝对运动。由此可见,动点的绝对运动可看成是动点的相对运动与动点随着参考物体的牵连运动的合成。因此,这类运动就称为点的合成运动或复合运动。

研究点的合成运动,就是要研究绝对、相对、牵连这三种运动之间的关系。也就是如何由已知动点的相对运动和牵连运动求出绝对运动;或者将已知的绝对运动分解为相对运动与牵连运动。

图 12-27

还应当指出:动点的相对运动、绝对运动是点的运动,它可以是直线运动或者是曲线运动;而牵连运动是指动参考系的运动,也就是设想的与动参考系相固结的刚体的运动,它可能是平动、转动或其他运动。

下面是动点和动参考系的选择必须遵循的原则:

(1)动点和动参考系不能选在同一物体上,即动点和动参考系必须有相对运动。

(2)动点、动系的选择应以相对运动轨迹易于辨认为准。机械中两构件在传递运动时,常以点相接触,其中有的点始终处于接触位置,称为常接触点,有的点则为瞬时接触点,一般以瞬时接触点所在的物体固连动系,常接触点则为动点。

12.2.2　点的速度合成定理

下面研究点的相对速度、牵连速度和绝对速度三者之间的关系。因为点的速度是根据位移概念导出的,所以我们仍从分析动点的位移着手。

设动点 M 按某一规律沿曲线 AB 运动,如图 12-28 所示。为便于理解,设想 AB 为一金属线,动参考系即固连在此线上,而将动点看成是沿金属线滑动的一极小圆环。

在瞬时 t,动点位于曲线 AB 的点 M,经过极短的时间间隔 Δt 后,动参考系 AB 运动到新位置 $A'B'$;同时,动点沿弧 MM_1 运动到点 M',弧 MM' 为动点的绝对轨迹。如果在动参考系上观察动点 M 的运动,则它

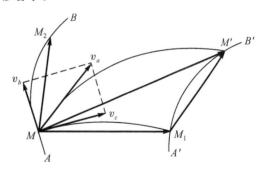

图 12-28

沿曲线 AB 运动到点 M_2,弧 MM_2 是动点的相对轨迹。而瞬时 t 曲线 AB 上与动点 M 重合的那一点,则沿弧 MM_1 运动到点 M_1。矢量 $\overrightarrow{MM'}$,$\overrightarrow{MM_2}$,$\overrightarrow{MM_1}$ 分别为动点的绝对位移、相对位移和牵连位移。

根据速度的定义,动点 M 在瞬时 t 的绝对速度

$$v_a = \lim_{\Delta t \to 0} \frac{\overrightarrow{MM'}}{\Delta t}$$

它的方向沿绝对轨迹 MM' 的切线。

相对速度

$$v_r = \lim_{\Delta t \to 0} \frac{\overrightarrow{MM_2}}{\Delta t}$$

它的方向沿相对轨迹 MM_2 的切线。

牵连速度为曲线 AB 上与动点 M 重合的那一点在瞬时 t 的速度,即

$$v_e = \lim_{\Delta t \to 0} \frac{\overrightarrow{MM_1}}{\Delta t}$$

它的方向沿曲线的切线。

连接 M_1 和 M' 两点,由矢量三角形 MM_1M' 可得

$$\overrightarrow{MM'} = \overrightarrow{MM_1} + \overrightarrow{M_1M'}$$

将上式除以 Δt,并令 $\Delta t \to 0$,取极限,得

$$\lim_{\Delta t \to 0} \frac{\overrightarrow{MM'}}{\Delta t} = \lim_{\Delta t \to 0} \frac{\overrightarrow{MM_1}}{\Delta t} + \lim_{\Delta t \to 0} \frac{\overrightarrow{M_1M'}}{\Delta t}$$

由上式可见:等号左端是动点在瞬时 t 的绝对速度 v_a;右端第一项为动点在瞬时 t 的牵连速度 v_e,第二项是动点在瞬时 t 的相对速度 v_r。因为当 $\Delta t \to 0$ 时,曲线 $A'B'$ 趋近于曲线 AB,故有

$$\lim_{\Delta t \to 0} \frac{\overrightarrow{M_1M'}}{\Delta t} = \lim_{\Delta t \to 0} \frac{\overrightarrow{MM_2}}{\Delta t} = v_r$$

于是,上面的等式可写成

$$v_a = v_e + v_r \tag{12-11}$$

式(12-11)就是点的速度合成定理。即动点在某瞬时的绝对速度等于它在该瞬时的牵连速度和相对速度的矢量和。换言之,动点的绝对速度可用牵连速度和相对速度为边所构成的平行四边形的对角线表示。此平行四边形称为速度平行四边形。根据此定理可知,v_a,v_e,v_r 构成一矢量三角形,其中一个矢量包含大小和方向两个量,因此式(12-11)总共包含六个量。若已知其中任意四个即可求出其余两个。

应该指出,在推导速度合成定理时,并没有限定动参考系为何种运动,因此,该定理适用于牵连运动为任何运动的形式,即动系可以作平动,也可以作定轴转动或其他复杂的运动。

例 12-10 如图 12-29 所示,正弦机构的曲柄 OA 绕固定轴 O 匀速转动,通过滑块带动槽杆 BC 作水平往复平动。已知曲柄 $OA = r = 100\text{mm}$,角速度 $\omega = 2\text{rad/s}$。求当 $\varphi = 30°$ 时,BC 杆的速度。

解 槽杆 BC 作水平方向的平动,所以,只要求得其上任一点的速度,即为 BC 杆的速度。

(1)取滑块 A 为动点,槽杆 BC 为动系,地面为静系。

(2)运动分析

绝对运动——滑块 A 以 OA 为半径的圆周运动;

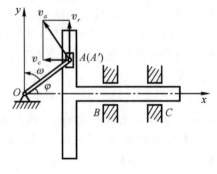

图 12-29

相对运动——滑块 A 沿滑槽的上下直线运动；

牵连运动——滑槽杆 BC 的水平平动。

（3）速度分析

	v_a	v_e	v_r
大小	$r\omega$	未知	未知
方向	$\perp \overline{OA}$	水平	沿滑槽

（4）根据速度合成定理求解

在矢量 $v_a = v_e + v_r$ 中，仅有两个未知量，方程可解。作速度平行四边形，如图12-29所示，根据速度矢量图，可得槽杆 BC 的速度大小为

$$v_{BC} = v_e = v_a \sin\varphi = r\omega \sin\varphi$$
$$= 100 \times 2 \times 0.5 = 100 \text{(mm/s)}（水平向左）$$

12.2.3　牵连运动为平动时点的加速度合成定理

由上一节速度合成定理可知，不管牵连运动作平动、转动，还是作其他刚体运动，恒有动点的绝对速度等于牵连速度与相对速度的矢量和。至于点的加速度，由于牵连运动的形式不同，因此点的三种加速度间的关系也不同。在这里仅研究当牵连运动为平动时点的加速度合成定理。关于牵连运动为转动时点的加速度合成定理，读者可参看有关书籍。

如图 12-30 所示，设有一动点 M 沿某曲线槽 AB 运动，而曲线槽 AB 又相对地面作平动。

现取静系 Oxy 固连于地面上，动系 $O'x'y'$ 固连于曲线槽 AB 上。

在瞬时 t，动点位置在 M，动点的绝对速度、相对速度和牵连速度分别为 v_a，v_r 和 v_e。由速度合成定理有

$$v_a = v_e + v_r \qquad \text{(a)}$$

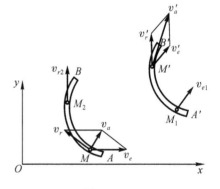

图 12-30

在瞬时 $t + \Delta t$，曲线槽 AB 随同动系运动到位置 $A'B'$，同时动点 M 又沿曲线槽运动到 M'，此时动点的绝对速度、相对速度和牵连速度分别为 v_a'，v_r' 和 v_e'，由速度合成定理有

$$v_a' = v_e' + v_r' \qquad \text{(b)}$$

动点的绝对速度对时间的变化率称为动点的绝对加速度，用符号 $\boldsymbol{a}_a$ 表示，即

$$\boldsymbol{a}_a = \lim_{\Delta t \to 0} \frac{v_a' - v_a}{\Delta t} = \lim_{\Delta t \to 0} \frac{(v_e' + v_r') - (v_e + v_r)}{\Delta t}$$
$$= \lim_{\Delta t \to 0} \frac{v_e' - v_e}{\Delta t} + \lim_{\Delta t \to 0} \frac{v_r' - v_r}{\Delta t} \qquad \text{(c)}$$

现在来分析等式（c）右边各项的意义。

（1）右边第一项的意义

若只考虑动系牵连运动，而不考虑 M 点相对运动，则经过 Δt 时间间隔后曲线槽 AB 平

动到 $A'B'$，动点 M 将随曲线槽一起运动到 M' 点。曲线槽上对应 M_1 点的重合点速度为 v_{e1}，由于曲线槽作平动，在瞬时 $(t+\Delta t)$，其上各点速度都相同，所以曲线槽 $A'B'$ 上对应 M' 点的重合点与对应 M_1 点的重合点的速度应该相等，即

$$v_e' = v_{e1}$$

于是得

$$\lim_{\Delta t \to 0} \frac{v_e' - v_e}{\Delta t} = \lim_{\Delta t \to 0} \frac{v_{e1} - v_e}{\Delta t} \qquad (d)$$

而 v_d 与 v_e 是曲线槽上同一点分别在瞬时 $(t+\Delta t)$ 和瞬时 t 的速度，所以式(d)为在瞬时 t，曲线槽 AB 上与动点 M 相重合的那一点(牵连点)的加速度，称为动点 M 的牵连加速度，用符号 $\boldsymbol{a}_e$ 表示，即

$$\boldsymbol{a}_e = \lim_{\Delta t \to 0} \frac{v_{e1} - v_e}{\Delta t} = \lim_{\Delta t \to 0} \frac{v_e' - v_e}{\Delta t} \qquad (e)$$

（2）等式(c)右边第二项的意义

若只考虑动点 M 的相对运动，而不考虑动系的牵连运动，则经过 Δt 时间间隔后动点 M 沿曲线槽 AB 运动到 M_2 点。此时相对速度为 v_{r2}，由于曲线槽作平动，所以在 $(t+\Delta t)$ 瞬时，有

$$v_{r2} = v_r'$$

于是得

$$\lim_{\Delta t \to 0} \frac{v_r' - v_r}{\Delta t} = \lim_{\Delta t \to 0} \frac{v_{r2} - v_r}{\Delta t} \qquad (f)$$

而 v_{r2} 与 v_r 是动点 M 分别在瞬时 $(t+\Delta t)$ 和瞬时 t 的相对于曲线槽 AB 的相对速度，所以式(f)为在瞬时 t 动点 M 相对于曲线槽 AB 的加速度，称为动点 M 的相对加速度，用符号表示，即

$$\boldsymbol{a}_r = \lim_{\Delta t \to 0} \frac{v_{r2} - v_r}{\Delta t} = \lim_{\Delta t \to 0} \frac{v_r' - v_r}{\Delta t} \qquad (g)$$

将式(e)和式(g)代入式(c)，得

$$\boldsymbol{a}_a = \boldsymbol{a}_e + \boldsymbol{a}_r$$

上式表明：当牵连运动为平动时，动点在任一瞬时的绝对加速度等于它的牵连加速度和相对加速度的矢量和。这称为牵连运动为平动时点的加速度合成定理。

现举例说明牵连运动为平动时点的加速度合成定理的应用。

例 12-11 在图 12-31 所示的曲柄滑道机构中，曲柄长 $OA=0.1\text{m}$，绕 O 轴转动。当 $\varphi=30°$ 时，其角速度 $\omega=1\text{rad/s}$，角加速度 $\varepsilon=1\text{rad/s}^2$，求导杆 AB 的加速度和滑块 A 在滑道中的相对加速度。

解 （1）选取动点和动参考系 OA 上的 A 点为动点，导杆 BC 为动参考系，定参考系固连在地面上。

（2）分析三种运动和三种速度

1）绝对运动

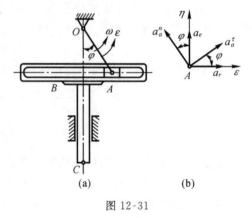

图 12-31

动点 A 的绝对运动是圆周运动,绝对加速度分解为切向加速度 a_a^τ 和法向加速度 a_a^n:

$$a_a^\tau = OA\varepsilon = 0.1\text{m/s}^2$$

$$a_a^n = OA\omega^2 = 0.1\text{m/s}^2$$

方向如图 12-31(b)所示。

2)相对运动

沿滑道的往复直线运动为相对运动,故相对加速度 a_r 的方向为水平,大小未知。

3)牵连运动

导杆的直线平动为牵连运动,动点 A 的牵连加速度 a_e 为铅垂方向,大小待求。由牵连运动为平动的加速度合成定理

$$a_a = a_a^\tau + a_a^n = a_e + a_r$$

将上式分别沿 ξ, η 投影,得

$$a_a^\tau \cos 30° - a_a^n \sin 30° = a_r$$

$$a_a^\tau \sin 30° + a_a^n \cos 30° = a_e$$

解得

$$a_r = 0.0366 \ \text{m/s}^2$$

$$a_e = 0.1366 \ \text{m/s}^2$$

求出的 a_e 和 a_r 为正值,说明假设的指向是正确的,而 a_e 即为导杆在此瞬时的平动加速度。

12.3　刚体的平面运动

刚体的平面运动是一种比较复杂的运动形式。本节将通过运动分解的方法把平面运动分解为两种基本的运动——平动和转动,且应用点的合成运动的概念来阐明平面运动刚体上各点速度和加速度的求法。

12.3.1　运动方程及平面运动的分解

1.刚体平面运动的概念

在工程实际中有许多物件的运动,例如沿直线轨道滚动的车轮、柱体在平面上的滚动、内燃机连杆的运动(如图 12-32 所示)等。这些刚体的运动既不是平动,又不是绕定轴的转动,但它们有一个共同的特点。即在运动中,刚体上的任意一点与某一固定平面始终保持相等的距离。这种运动称为平面运动。作平面运动的刚体上的各点都在平行于某一固定平面

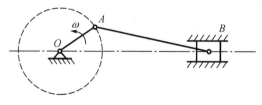

图 12-32

的平面内运动。

研究平面运动的基本途径是,先将复杂的平面运动分解为简单的平动和转动,然后应用合成运动的概念,求得平面运动刚体上各点的速度和加速度。

2. 刚体平面运动的运动方程

根据刚体平面运动的特点,可以作一个平面 P 与固定平面 P_0 平行,P 从刚体上截得一个平面图形 S(如图 12-33 所示)。刚体运动时,平面图形 S 将始终在平面 P 内运动。于是刚体上任一条垂直于平面图形 S 的线段 A_1A_2 始终保持与自身平行,即 A_1A_2 线段作平动,故线段上各点的运动完全相同。这样,线段与平面图形交点 A 的运动就可以代替整个线段的运动,而平面图形 S 的运动就可以代表整个刚体的运动。换句话说,刚体的平面运动可以简化为平面图形 S 在其自身平面内的运动。

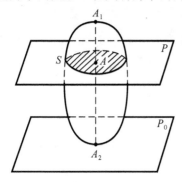 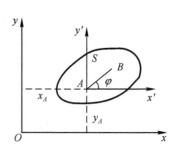

图 12-33   图 12-34

设平面图形 S 在固定平面 P 内运动,在平面上作静坐标系 Oxy(如图 12-34 所示)。图形 S 的位置可用其上的任一线段 AB 的位置来确定,而线段 AB 的位置则由 A 点的坐标 x_A,y_A 和 AB 对于 x 轴的转角 φ 来确定。图形 S 运动时,x_A,y_A 和 φ 均随时间 t 变化,它们都是 t 的单值连续函数,即

$$\begin{cases} x_A = f_1(t) \\ y_A = f_2(t) \\ \varphi = \varphi(t) \end{cases} \qquad (12-12)$$

上式完全确定了每一瞬时平面图形的运动,故式(12-12)称为刚体平面运动的运动方程。

3. 刚体平面运动分解为平动和转动

刚体平面运动可以用平面图形 S 在其自身平面内的运动来研究,而平面图形 S 在其自身平面内的位置,可以由图形 S 内任意一线段 AB 的位置来确定。(参见图 12-35)。

设在瞬时 t,直线 AB 在位置 Ⅰ,经过时间间隔 Δt 后到达位置 Ⅱ。直线 AB 由位置 Ⅰ 运

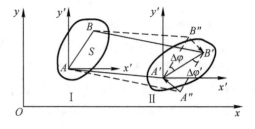

图 12-35

动到位置 Ⅱ,可认为是先随固定在 A 点的平动动坐标 $Ax'y'$ 平动到 A' 点,然后再绕 A' 点转过角度 $\Delta\varphi$,则直线 AB 最后到达位置 Ⅱ。把 A 点称为基点。如果以 B 点为基点,则 AB 直线先随固定在 B 点的平动动坐标系平动到 B',直线 $A''B'$ 再绕点 B' 转过角度 $\Delta\varphi'$,直线 AB 也最终到达位置 Ⅱ。

由此可得出结论:平面图形在其自身平面内的运动,可以分解为随同基点的平动(牵连运动)和绕基点的转动(相对运动)。

这里应该特别强调指出,平面图形内基点的选取是任意的。但选取不同的基点,则平动的位移是不同的,当然,图形随基点平动的速度和加速度也就不同,因为,平面图形上各点的速度和加速度亦不同(已知平动刚体上各点的轨迹、速度、加速度完全相同)。因此,图形的平动与基点的选择有关。但是,对于绕不同的基点转过的转角 $\Delta\varphi$ 和 $\Delta\varphi'$ 的大小相同,且转向完全相同,即

$$\Delta\varphi = \Delta\varphi'$$

而

$$\omega = \frac{\mathrm{d}\varphi}{\mathrm{d}t} \qquad \omega' = \frac{\mathrm{d}\varphi'}{\mathrm{d}t}$$

$$\varepsilon = \frac{\mathrm{d}\omega}{\mathrm{d}t} \qquad \varepsilon' = \frac{\mathrm{d}\omega'}{\mathrm{d}t}$$

所以

$$\omega = \omega' \qquad \varepsilon = \varepsilon'$$

即在任一瞬时,图形绕其平面内任何点转动的角速度和角加速度都是相同的。也就是说,图形的转动与基点的选择无关。

12.3.2　平面图形内各点的速度

1. 基点法(速度合成法)

设已知在某一瞬时平面图形 S 内某一点的速度 v_A 和图形的角速度 ω,如图 12-36 所示,现求平面图形上任一点 B 的速度。为此,取点 A 为基点。由前节可知,平面图形 S 的运动可以看成随基点 A 的平动(牵连运动)和绕基点 A 的转动(相对运动)的合成。因此,可用速度合成定理求点 B 的速度,即

$$v_B = v_e + v_r \qquad \text{(a)}$$

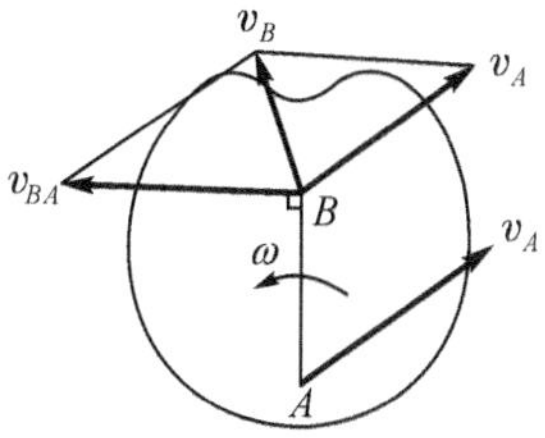

因为 B 点的牵连运动为随基点 A 的平动,故点 B 的牵连速度 v_e 就等于基点 A 的速度 v_A,即

图 12-36

$$v_e = v_A \qquad \text{(e)}$$

又因为点 B 的相对运动是绕基点 A 的转动,所以点 B 的相对速度 v_r 就是点 B 绕基点 A 转动的速度,用 v_{BA} 表示,即

$$v_r = v_{BA} \qquad \text{(c)}$$

的大小为。AB 为点 B 绕点 A 的转动半径。的方向与 AB 垂直且指向转动的方向。

将式(b)和式(c)代入式(a),得

$$v_B = v_A + v_{BA} \qquad (12\text{-}13)$$

这就是说:平面图形上任一点的速度等于基点的速度与该点绕基点转动速度的矢量和,这就是基点法,或称平面运动的速度合成法,是求平面运动图形上任一点速度的基本方法。

例 12-12　发动机的曲柄连杆机构如图 12-37 所示。曲柄 OA 长为 $r = 200\mathrm{mm}$,以等角速 $\omega = 2\mathrm{rad/s}$ 绕点 O 转动,连杆 AB 长为 $l = 990\mathrm{mm}$。试求当 $\angle OAB = 90°$ 时,滑块 B 的速

度及连杆 AB 的角速度。

解 连杆 AB 作平面运动,选 AB 杆
为研究对象。由于连杆上点 A 速度已
知,所以选点 A 为基点。这样,点 B 的
运动,可以视为随基点 A 的平动与绕基
点 A 的转动的合成运动。

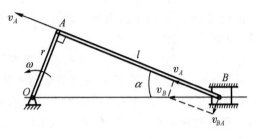

图 12-37

由基点法,有

$$v_B = v_A + v_{BA}$$

式中,$v_A = r\omega = 200 \times 2 = 400 \text{mm/s}$,方向垂直 OA。B 点相对 A 点的转动速度 v_{BA} 垂直 AB,
指向和大小未知。B 点的绝对速度 v_B 沿水平方向。这样即可作出速度平行四边形。最后
由几何关系得

$$v_B = \frac{v_A}{\cos\alpha} = 400 \times \frac{\sqrt{990^2 + 200^2}}{990} = 408 (\text{mm/s})$$

其方向为水平方向。

$$v_{BA} = v_A \tan\alpha = 400 \times \frac{200}{990} = 80.8 (\text{mm/s})$$

方向如图 12-37 所示。求出了 v_{BA} 以后,就可求出连杆 AB 的角速度为

$$\omega_{AB} = \frac{v_{AB}}{AB} = \frac{80.8}{890} = 0.08 (\text{rad/s})$$

其转向为顺时针方向。

注意:在式(12-13)中有 6 个要素,必须知道 4 个才能求出其余 2 个。在作速度平行四
边形时,绝对速度应为其对角线。因已知 v_A 的指向,故作出速度平行四边形后,即可确定
v_B 和 v_{BA} 的指向。

例 12-13 车轮沿直线轨道作纯滚动,即无滑动地滚动。已知轮心 A 的速度 v_A 及车
轮半径 R,求轮缘上 P,B,C,D 各点的速度(见图 12-38)。

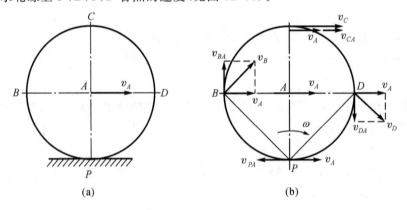

(a)　　　　　　　　(b)

图 12-38

解 车轮作平面运动,轮心 A 的速度已知,可选点 A 为基点,用基点法分析各点速度。
P 点的速度为

$$v_P = v_A + v_{PA}$$

式中,v_A,v_{PA} 均垂直于 AP,且方向相反(如图 12-38(b)所示),相对速度 v_{PA} 的大小为

$$v_{PA} = \omega R$$

其中 ω 是未知数, 它可以利用车轮作纯滚动时, 轮缘与地面接触点 P 的速度为零的条件来确定, 即

$$v_P = v_A - \omega R = 0$$

求得

$$\omega = \frac{v_A}{R}$$

方向为顺时针方向。

同理, 可求出点 B, C, D 的速度

$$v_B = v_A + v_{BA}$$

$$v_B = \sqrt{v_A^2 + v_{BA}^2} = \sqrt{v_A^2 + (\frac{v_A}{R}R)^2} = \sqrt{2}\,v_A$$

$$v_C = v_A + v_{CA}$$

$$v_C = v_A + v_{CA} = v_A + (\frac{v_A}{R}R) = 2v_A$$

$$v_D = v_A + v_{DA}$$

$$v_D = \sqrt{v_A^2 + v_{DA}^2} = \sqrt{v_A^2 + (\frac{v_A}{R}R)^2} = \sqrt{2}\,v_A$$

各速度方向如图 12-38(b) 所示。

2. 速度投影法

由基点法可知, 同一平面图形上任意两点的速度间总存着如下关系(如图 12-39 所示)

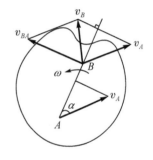

$$v_B = v_A + v_{BA}$$

按照矢量投影定理, 将上式投影到直线 AB 上, 得

$$(v_B)_{AB} = (v_A)_{AB} + (v_{BA})_{AB}$$

因为 v_{BA} 垂直于 AB, 故 $(v_{BA})_{AB} = 0$, 因而

$$(v_B)_{AB} = (v_A)_{AB}$$

图 12-39

这就是速度投影定理:同一平面图形上任意两点的速度在其连线上的投影相等。它反映了刚体上任意两点间距离保持不变的特征。应用这个定理求平面图形上任一点的速度, 有时非常方便。

例 12-14 用速度投影法求解例 12-12 滑块 B 的速度。

解 如图 12-40 所示, 因为 A 点速度 v_A 的大小及方向已知, 而 B 点速度的方向已知, 沿水平方向。根据速度投影定理, 即

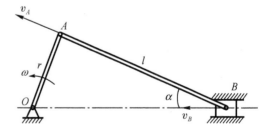

图 12-40

$$(v_B)_{AB} = (v_A)_{AB}$$

即 $$v_B\cos\alpha = v_A\cos0°$$

故 $$v_B = \frac{1010}{990}\times400 = 408(\text{mm/s})$$

由于速度投影法无法求得 B 相对于基点 A 的速度 v_{BA}，因此也无法求得连杆 AB 的角速度。

3.速度瞬心法

从前面的分析可知,平面运动分解时其平动部分与基点的选择有关。同一瞬时,如果选取不同的基点,牵连速度就不同。假如在平面图形上(或平面图形的延伸部分)能找到某瞬时速度为零的一个点(如上例中,滚轮上与地面接触点 C 的速度等于零),并取它为基点,则刚体上任一点 M 的速度就等于该点绕基点 C 相对转动的速度(如图 12-41 所示),即 $v_M = v_{MC} = \overline{MC}\cdot\omega$。这样就可避免矢量合成的麻烦。我们把刚体上某瞬时速度为零的那个点称为平面图形在该瞬时的瞬时速度中心,简称速度瞬心。

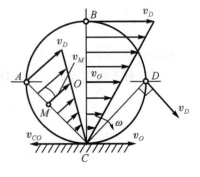

图 12-41

由此可见,以瞬心为基点,平面运动的问题就可以看成平面图形绕速度瞬心的转动问题。如滚轮上各点的速度分布如图 12-41 所示。所以,平面图形内各点速度的大小与该点至瞬心的距离成正比,方向与该点同速度瞬心的连线垂直。图形上各点速度的分布情况与图形在该瞬时以角速度 ω 绕速度瞬心 C 转动时一样。这种情形称为瞬时转动。

据上所述,速度瞬心的位置必在通过图形上一点并与该点的速度相垂直的直线上。所以只要知道图形上任意两点的速度方向,通过这两点作垂直于其速度的两条直线,则这两条直线的交点就是速度瞬心。

应该指出:速度瞬心确实存在,而且是惟一的(证明略)。它可以在平面图形的内部,也可以在平面图形的外部。不同瞬时,速度瞬心的位置不同,也就是说,速度瞬心的位置是随时间而发生变化的,滚轮在不同瞬时轮缘上的点逐个相继与地面接触而成为各瞬时滚轮的速度瞬心。瞬心的速度等于零,但加速度不等于零。

已知图形的角速度和瞬心的位置,利用公式 $v_M = v_{MC} = \overline{MC}\cdot\omega$ 求出图形上任一点速度的方法称为瞬时速度中心法,简称瞬心法。

应用瞬心法求平面图形上任一点的速度,必须首先知道速度瞬心的位置。下面介绍几种确定瞬心位置的方法。

(1)若已知某瞬时平面图形上任意两点的速度方向,且这两点的速度方向不平行,如图 12-42 所示,根据平面图形内各点速度应垂直于该点和瞬心的连线,可过 A,B 两点分别作 v_A,v_B 的垂线,其两垂线的交点就是图形的瞬心。图形的角速度为

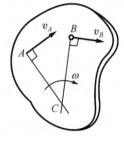

$$\omega = \frac{v_A}{AC} = \frac{v_B}{BC}$$

图 12-42

ω 的转向与速度的指向一致。

(2)若已知某瞬时平面图形上 A,B 两点速度 v_A,v_B 的大小,且这两点的速度方向同时

垂直 AB 连线,如图 12-43 所示,从图中可见,瞬心必在 AB 连线与速度矢量v_A 和v_B 端点连线的交点上。该瞬时的角速度为

$$\omega = \frac{v_A}{AC} = \frac{v_B}{BC} = \frac{v_A - v_B}{AB}$$

当 A,B 两点速度方向相同时(如图 12-44 所示),速度的垂线互相平行,此时 AC 和 BC 变成无穷大,显然速度瞬心在无穷远处,从上式可知图形的角速度 ω 等于零。此瞬时图形上各点的都相同,图形作瞬时平动。刚体作瞬时平动时,各点的速度相等,但各点的加速度不等。

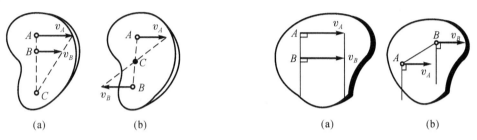

图 12-43   图 12-44

（3）已知图形沿某一固定平面作无滑动滚动,如齿轮在固定齿条上滚动或滚轮在地面上作纯滚动时,则图形与固定面的接触点 C 就是速度瞬心,如图 12-45 所示。

在机构运动分析中,常应用速度瞬心法求图形上各点的速度,现举例说明

例 12-15 行星传动机构中曲柄 OA 绕 O 轴转动,并借连杆 AB 带动曲柄 O_1B,齿轮 I 与曲柄 O_1B 都是活动地套在 O_1 轴上,齿轮 II 与连杆 AB 固连在一起,装在杆的 B 端如图 12-46(a)所示。现已知齿轮节圆半径 $r_1 = r_2 =$

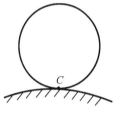

图 12-45

$30\sqrt{3}$ cm,摆杆长 $OA = 75$ cm,$AB = 150$ cm,位置角 $\alpha = 60°$,$\beta = 90°$,曲柄 OA 的角速度 $\omega_0 = 6$ rad/s。试求曲柄 O_1B 的角速度 ω_B 与齿轮 I 的角速度。

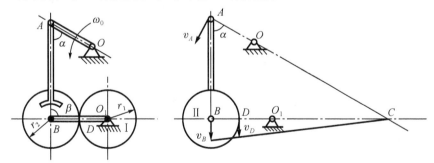

图 12-46

解 行星传动机构运动的主要部件可视为一四杆机构。由于曲柄 OA 的转动,带动连杆 AB 的运动,从而产生了曲柄 O_1B 和齿轮 I 的转动。因此,只要求出连杆 AB 上 B 点的速度v_B,则可求得曲柄 O_1B 的角速度 $\boldsymbol{\omega}_B$,只要求出齿轮 II 上 D 点的速度v_D,则可求得齿轮 I 的角速度 $\boldsymbol{\omega}_1$。

通过分析可知,该机构中只有连杆 AB 作平面运动,其余各部分都作定轴转动。取 AB 为研究对象,进行速度分析(如图 12-46(b)所示)。

已知 OA 作定轴转动,即 $v_A = \overline{OA}\omega_0 = 4.5\text{m/s}$,方向垂直于 OA(如图 12-46(b)所示)。B 点即在连杆 AB 上,又在曲柄 O_1B 上,所以速度 v_B 应该垂直于 O_1B,如图12-46(b)所示。

根据速度投影定理,有

$$v_B = v_A \sin\alpha = 4.5 \times \frac{\sqrt{3}}{2} = 3.9(\text{m/s})$$

则

$$\omega_B = \frac{v_B}{O_1B} = \frac{3.9 \times 10^2}{2 \times 30\sqrt{3}} = 3.75(\text{rad/s})$$

因为连杆 AB(连同齿轮 Ⅱ)作平面运动,为了确定平面运动刚体上各点的速度,可通过找速度瞬心。该平面运动刚体的速度瞬心 C 点在 OA 与 O_1B 两延长线的交点上,则速度 v_D 的方向如图 12-46(b)所示。

根据瞬心法可得

$$\frac{v_D}{\overline{DC}} = \frac{v_A}{\overline{AC}}$$

或

$$v_D = \frac{\overline{DC}}{\overline{AC}} v_A$$

其中

$$\overline{AC} = 2\overline{AB} = 2 \times 150 = 300(\text{cm})$$

$$\overline{DC} = \overline{AB}\tan\alpha - r_1 = (150 \times \sqrt{3} - 30\sqrt{3}) = 208(\text{cm})$$

$$v_A = 450(\text{cm/s})$$

所以

$$v_D = \frac{208}{300} \times 450 = 312(\text{cm/s})$$

$$\omega_1 = \frac{v_D}{r_2} = \frac{312}{30\sqrt{3}} = 6(\text{rad/s})$$

例 12-16 曲柄 OA 以角速度 $\omega = 2\text{rad/s}$ 绕轴 O 转动(如图 12-47 所示),带动等边三角形板作平面运动,板上点 B 与杆 O_1B 铰接,点 C 与套筒铰接,而套筒可在绕轴 O_2 转动的杆 O_2D 上滑动。已知 $\overline{OA} = \overline{AB} = \overline{BC} = \overline{CA} = \overline{O_2C} = 1\text{m}$,当 OA 水平时,AB,O_2D 铅直,且 O_1B 与 BC 在同一直线上时,求杆 O_2D 的角速度的大小。

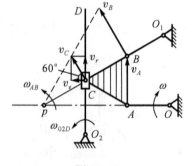

图 12-47

解 运动分析。杆 OA,O_1B 作定轴转动,故可画出速度 v_A,v_B 如图 12-47 所示。

三角形 ABC 作平面运动,通过 v_A,v_B 的垂线相交于 p 点,即为速度瞬心,从而画出三角形上 C 点的速度 v_C,如图 12-47 所示。

套筒作点的复合运动,取 C 为动点,动系为 O_2D 杆,故可画出 v_e 及 v_r 如图 12-47 所示。只要求出 v_e,即可得到 ω_2。

由上述分析可知

$$v_A = \overline{OA}\,\omega = 1 \times 2 = 2(\text{m/s})$$

应用速度投影定理,有

$$v_C \cos 30° = v_A \cos 60°$$

$$v_C = \frac{\cos 60°}{\cos 30°} v_A = \frac{2}{\sqrt{3}} \times \frac{1}{2} \times 2 = \frac{2}{\sqrt{3}}(\text{m/s})$$

根据动点 C 的速度图,有

$$v_e = v_C \cos 60° = \frac{1}{\sqrt{3}}(\text{m/s})$$

所以

$$\omega_2 = \frac{v_C}{\overline{O_2 C}} = \frac{1}{\sqrt{3}} = 0.577(\text{rad/s})$$

通过上述例题,可得求解平面运动刚体上各点速度的步骤大致如下:

(1)运动分析,分析各运动部件的运动形式,注意找出作平面运动的刚体。正确画出各刚体上各点的速度方向。一般情况下,平面运动刚体与作平动或定轴转动刚体的连接处的速度方向为已知。

(2)根据已知速度的情况,再确定应用哪种方法求解。

1)一般情况下,均可应用基点法来解。应取平面运动刚体上速度为已知的点为基点,则可求得刚体上任意一点的速度和刚体转动的角速度。可列投影方程求解,也可用三角形解法求解。

2)如果已知平面运动刚体上一点 A 的速度大小和方向。又知道另一点 B 的速度的方向,则可应用速度投影定理求来 B 点的速度大小。注意:速度投影定理不能求平面运动刚体的角速度。

3)如果已知平面运动刚体上任意两点的速度方位,则可通过作两速度方位的垂线相交于一点 C,点 C 即为该平面运动刚体的速度瞬心,又若知道其中一点的速度大小,则可求得刚体转动的角速度。找到了速度瞬心后,刚体上任何点的速度方向很容易确定,可再根据题目中所给的几何条件来求刚体上其他各点的速度大小。

另外,在分析运动的过程中,注意判断瞬时平动的刚体。

12.3.3　平面图形内各点的加速度

平面运动的加速度分析与速度分析类似。平面图形的运动可分解为随基点 A 的平动(牵连运动)和绕基点 A 的转动(相对运动),于是,平面图形内任一点 B 的运动也由两个运动合成,它的加速度可以用加速度合成定理求出。因为牵连运动为平动,点 B 的绝对加速度等于牵连加速度与相对加速度的矢量和,即

$$\boldsymbol{a}_B = \boldsymbol{a}_e + \boldsymbol{a}_r$$

其中点 B 的牵连加速度等于基点 A 的加速度,$\boldsymbol{a}_e = \boldsymbol{a}_A$;$B$ 点的相对加速度是该点随图形绕基点 A 转动的加速度,可分为切向加速度与法向加速度两部分,即

$$\boldsymbol{a}_r = \boldsymbol{a}_{BA} = \boldsymbol{a}_{BA}^n + \boldsymbol{a}_{BA}^\tau$$

于是用基点法求 B 点的加速度公式为

$$\boldsymbol{a}_B = \boldsymbol{a}_A + \boldsymbol{a}_{BA}^n + \boldsymbol{a}_{BA}^\tau \qquad (12\text{-}14)$$

即平面图形内任一点的加速度等于基点的加速度与该点随图形绕基点转动的切向加速度和法向加速度的矢量和(如图 12-48 所示)。

式(12-14)中，a_{BA}^n 为点 B 绕基点 A 转动的法向加速度，大小为

$$a_{BA}^n = \overline{AB} \cdot \omega^2$$

方向沿着直线 AB，并总是指向基点 A。ω 为平面图形的角速度。a_{BA}^τ 为点 B 绕基点 A 转动的切向加速度，大小为

$$a_{BA}^\tau = \overline{AB} \cdot \varepsilon$$

方位与直线 AB 垂直，指向顺着角加速度 ε 转向的一方。ε 为平面图形的角加速度。

具体计算时，往往需将矢量式(12-14)向恰当选取的两坐标轴投影，然后求解。

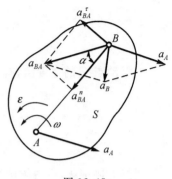

图 12-48

例 12-17 如图 12-49 所示半径为 R 的车轮，在水平面上作纯滚动，其轮心速度为 v_O，加速度为 a_O，试求轮上 A,C 两点的加速度。

解 (1)速度分析

车轮作纯滚动，C 点为车轮的速度瞬心，所以车轮的角速度为

$$\omega = \frac{v_O}{R}$$

(2)加速度分析

车轮的角加速度等于轮心加速度与车轮半径的比值，即

$$\varepsilon = \frac{a_O}{R}$$

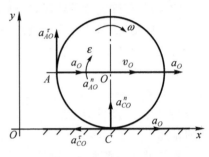

图 10-49

1)A 点的加速度

取 O 为基点，则 A 点的加速度

$$\boldsymbol{a}_A = \boldsymbol{a}_O + \boldsymbol{a}_{AO}^n + \boldsymbol{a}_{AO}^\tau$$

$$\boldsymbol{a}_{AO}^n = R\omega^2 = \frac{R v_O^2}{R^2} = \frac{v_O^2}{R} \tag{a}$$

$$\boldsymbol{a}_{AO}^\tau = R\varepsilon = R \frac{a_O}{R} = a_O$$

将式(a)分别沿 x,y 方向投影得

$$a_{Ax} = a_O + a_{AO}^n = a_O + \frac{v_O^2}{R}$$

$$a_{Ay} = a_{AO}^\tau = a_O$$

$$a_A = \sqrt{a_{Ax}^2 + a_{Ay}^2} = \sqrt{(a_O + \frac{v_O^2}{R})^2 + a_O^2}$$

2)C 点的加速度

任取 O 点为基点，则 C 点加速度

$$\boldsymbol{a}_c = \boldsymbol{a}_O + \boldsymbol{a}_{CO}^n + \boldsymbol{a}_{CO}^\tau$$

$$a_{CO}^n = R\omega^2 = \frac{v_O^2}{R}$$

$$a_{C0}^\tau = R\varepsilon = R\frac{a_O}{R} = a_O$$

$$a_{Cx} = a_O - a_{C0}^\tau = 0, a_{Cy} = \frac{v_O^2}{R}$$

$$a_C = \sqrt{a_{Cx}^2 + a_{Cy}^2} = \frac{v_O^2}{R}$$

由此题可知,C 为速度瞬心,$v_C = 0$,但 $a_C \neq 0$,速度瞬心 C 的加速度不为零。当车轮沿水平面作纯滚动时,速度瞬心 C 的加速度指向轮心 O。

例 12-18　如图 12-50 所示,曲柄 $OA = 0.2\text{m}$,绕 O 轴以等角速度 $\omega_O = 10\text{rad/s}$ 转动。曲柄带动连杆 AB,使连轩端点的滑块 B 沿铅垂方向运动。如连杆 $AB = 1\text{m}$,求当曲柄与水平线夹角 α 为 $45°$,且与连杆 AB 垂直时,连杆的角速度、角加速度和滑块 B 的加速度。

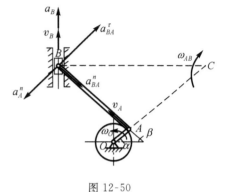

图 12-50

解　运动分析:机构中曲柄 OA 作定轴转支,滑块 B 作直线运动,连杆 AB 作平面运动。

(1)AB 杆的速度分析。

过 A 与 B 点分别作 v_A, v_B 的垂线交于一点 C,则 C 为 AB 的速度瞬心

$$v_A = \overline{OA}\omega_O = 2\text{m/s}$$

根据几何关系有 $\overline{AC} = \overline{AB} = 1\text{m}$,所以 AB 杆的角速度为

$$\omega_{AB} = \frac{v_A}{AC} = \frac{2}{1} = 2(\text{rad/s})$$

注意 ω_{AB} 值是瞬时值,而不是随时间 t 变化的量,所以不能由 ω_{AB} 对时间 t 求导来求 AB 的角加速度 ε_{AB}。

(2)AB 杆的加速度分析

以 A 为基点,则 B 点的加速度为

$$\boldsymbol{a}_B = \boldsymbol{a}_A + \boldsymbol{a}_{BA}^n + \boldsymbol{a}_{BA}^\tau \qquad\qquad (\text{a})$$

其中

$$a_A = a_A^n = \overline{OA}\omega^2 = 0.2 \times 10^2 = 20(\text{m/s})^2$$

$$a_{BA}^n = \overline{AB}\omega_{AB}^2 = 1 \times 2^2 = 4(\text{m/s})^2$$

将式(a)沿与 AB 连线投影

$$a_B\cos45° = -a_{BA}^n$$

$$a_B = -\frac{a_{BA}^n}{\cos45°} = -5.66\text{m/s}^2$$

将式(a)沿 AB 垂直的直线投影

$$a_B\sin45° = a_{BA}^\tau - a_A$$

$$a_{BA}^\tau = a_B\sin45° + a_A = 16(\text{m/s})^2$$

又

$$a_{BA}^\tau = \overline{AB}\varepsilon$$

故
$$a_{AB} = \frac{a_{BA}^{\tau}}{AB} = 16(\text{rad/s}^2)$$

a_B 方向为负的,说明图示方向与实际加速度方向相反。

习　题

12-1　两平行曲柄 AB,DF,分别绕垂直于图平面的水平轴 A,D 摆动,并带动托架 BEF 运动,从而可使重物升降,重物相对托架无运动。已知某瞬时曲柄的角速度 $\omega=4\text{rad/s}$,角加速度 $\varepsilon=2\text{rad/s}^2$,转向如图 12-51 所示,两曲柄长均为 20cm,求重物重心 C 的速度和加速度。

12-2　定滑轮上用不可伸长的绳索系两重物,滑轮的半径分别为 $R=0.5\text{mm}$ 和 $r=0.3\text{m}$,如图 12-52 所示,已知重物 A 的加速度为常量 1m/s^2,初速度为 1.5m/s,二者方向均向上。求滑轮在 3s 内转过的转数;当 $t=3\text{s}$ 时重物 B 的速度和走过的路程;以及初瞬时滑轮边缘上一点 M 的加速度。

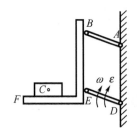

图 12-51

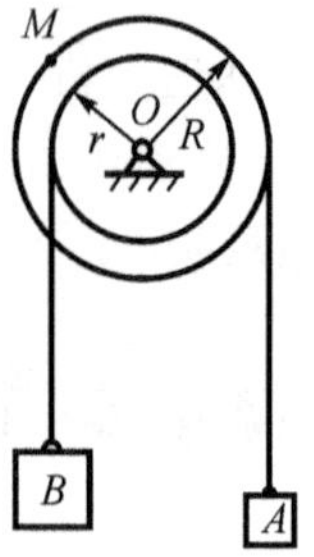

图 12-52

12-3　图 12-53 所示搅拌机的传动机构,已知轴 O_1O_2 的转速 $n_1=200\text{r/min}$,胶带轮的直径 $D_1=400\text{mm},D_2=500\text{mm}$,圆锥齿轮的齿数 $z_2=20,z_3=40$,桨叶轴的直径 $D=3500\text{mm}$。求桨叶轴的转速以及桨叶的速度。

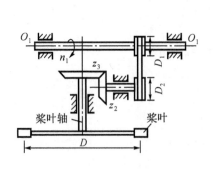

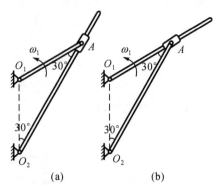

图 12-53

图 12-54

12-4　在图 12-54 所示两种滑道机构中,已知 $O_1O_2=20\text{cm}$,某瞬时杆 O_1A 的角速度 $\omega_1=3\text{rad/s}$,试求在图示位置时,杆 O_2A 的角速度 ω_2 的大小和转向。

12-5　如图 12-55 所示一曲柄滑道机构,长 $OA=r$ 的曲柄以匀角速度 ω 绕 O 轴转动。

装在水平杆 BC 上的滑槽 DE 与水平线成 $60°$ 角。求当曲柄与水平线的夹角 φ 分别为 $0°$，$30°$，$60°$ 时，杆 BC 的速度。

12-6　如图 12-56 所示直角杆绕垂直于图平面的 O 轴转动，从而带动顶杆 CD 在铅直导轨中运动。设 $OA=10\sqrt{3}$ cm。在图示位置时，$\theta=30°$，$\omega=1.5$rad/s，试求此时顶杆 CD 的速度。

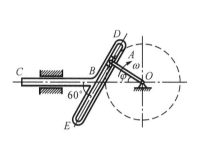 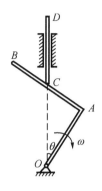

图 12-55　　　　　　　　　　　　　　　图 12-56

12-9　在图 12-57 所示筛动机构中，筛子的摆动是由曲柄连杆机构带动的。已知曲柄 OA 的转速 $n=40$r/min，$OA=300$mm。当筛子 BC 运动到与点 O 在同一水平线上时，$\angle OAB=90°$。试求该瞬时筛子 BC 的速度。

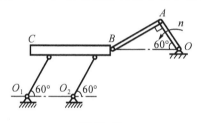 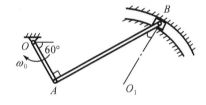

图 12-57　　　　　　　　　　　　　　　图 12-58

12-8　在图 12-58 所示曲柄连杆机构中，曲柄 OA 绕 O 轴转动，通过连杆 AB 带动滑块 B 在圆弧形导槽内运动，某瞬时，曲柄与水平线成 $60°$ 角，而连杆与曲柄相互垂直，此时，连杆与圆弧形导槽的半径 O_1B 成 $30°$ 角。已知图示瞬时，曲柄的角速度为 ω_0，$OA=r$，$AB=2\sqrt{3}$ r，试求该瞬时滑块 B 的速度以及连杆 AB 的角速度。

12-9　图 12-59 所示四连杆机构 $OABO_1$ 中，$OA=O_1B-\dfrac{1}{2}AB$，曲柄 OA 的角速度 $\omega=3$rad/s。求当 $\varphi=90°$、曲柄 O_1B 与 OO_1 的延长线相重合时，连杆 AB 和曲柄 O_1B 各自的角速度。

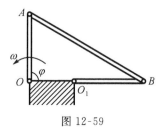

图 12-59

12-10 在图 12-60 所示机构中,当曲柄 OA 以转速 $n=60\text{r/min}$ 逆时针方向转动时,连杆 AC 带动齿轮在固定齿条 EF 上来回滚动。已知 $OA=12\text{cm}$,$AC=20\text{cm}$,齿轮 C 的半径 $r=6\text{cm}$,又 OB 平行于齿条,求当 $\varphi=30°$ 时齿轮轮心的移动速度和杆 GH 的速度。

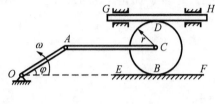

图 12-60

第 13 章　动力学基础

13.1　概　述

　　静力分析主要研究的是物体的受力,其基础是力系的简化和平衡。在静力分析中,并不涉及物体的运动。

　　运动分析是从几何学的角度来研究物体的运动,但没有涉及产生运动的原因,即没有研究作用在物体上的力与物体运动之间的关系。本章研究的动力学问题是关于物体的"动力分析",不仅研究物体的运动,而且研究产生运动的原因,即研究物体的运动与作用在物体上力之间的关系。

　　在动力学中,首先应明确以下四个基本概念。

　　1. 质点与质点系

　　动力分析中,将会涉及到两种力学模型——质点和质点系。

　　质点是具有一定质量而几何形状和外形尺寸都可以忽略不计的物体的一种抽象。

　　在运动学中已提到,当忽略物体的几何形状和几何尺寸,而不影响研究问题的结果时,这物体即可被抽象为质点。例如,研究人造地球卫星的运行轨道时,可将卫星抽象为质点。又如,刚体平动时,由于刚体上各点的运动完全相同,故可以不考虑刚体的几何形状和几何尺寸,而将刚体简化为一质点。

　　由有限或无限个质点所组成的系统,称为"质点系",简称"质系"。

　　质点系既可以是刚体,也可以是变形固体,甚至流体;既可以代表单个物体,也可以代表若干物体的组合。因此,质点系的动力分析可以概括机械运动的最一般规律。

　　刚体则是一种特殊的质点系,其中任意两个质点间的距离保持不变。

　　对质点系进行动力分析,往往无需揭示组成质点系的所有点的运动状态,而只需阐明质点系整体的运动特征。例如,对于刚体,只需确定刚体质心的平动和绕质心转动,而无需对刚体上每一点的运动逐一加以分析。

　　2. 动力分析所涉及的两类量

　　动力分析中,将要涉及两类量:一类是与运动有关的量,例如,动量、动量矩和动能等均属于此,这些量与质量、速度或加速度有关;另一类是与力有关的量,如冲量、冲量矩以及功等等,这些量则与力、力作用的时间或力移动的距离有关。

　　揭示这两类量之间的关系产生了动量定理、动量矩定理和动能定理等等。这些定理统称为"动力学普遍定理"。

3. 质点系的内力和外力

对质点系作动力分析时,通常需要将作用在质点系上的力按两种不同方法加以分类。

一种方法是将质点系上的力分为内力和外力;质点系以外的物体施加在质点系各质点上的力,称为"外力";质点系各质点间的相互作用力,称为"内力"。外力与内力的区分是相对的。例如,当研究由机车和车厢组成的列车运动时,这列车可视为由机车和车厢这些质点组成的质点系,这时,机车与车厢之间的相互作用力为内力;但当分析机车或单节车厢的运动时,则机车与车厢,以及车厢与车厢之间的作用力,对于所研究的对象便变成为外力。

另一种方法是将作用在质点系上的力分为主动力和约束力。作为约束的物体施加于被约束物体上的力,称为"约束力"。因为被约束物体的运动状态是变化着的,故约束力随着运动状态的变化而改变。所以,这种约束力不同于静力分析中的约束力,有时又称为"动约束力"或"动反力"。除约束力以外的力,称为"主动力"。

4. 动力分析的两类问题

动力分析所涉及的问题比较广泛,一般可归纳为两大类。

第一类问题是,已知物体的运动,求作用在物体上的力。例如,已知机器的运动规律,求其各零件、部件上受的力,或求地基的约束力,等等即属此类。

第二类问题是,已知作用在物体上的力,确定物体的运动规律,包括位移、速度和加速等。例如,已知作用在炮弹、导弹上的推动力,求炮弹、导弹的弹道等即属此类。

13.2 动量定理、质心运动定理

13.2.1 质心、动量的概念

1. 质心的概念

在第三章中,有关于连续均匀物体的重心公式为

$$x_C = \frac{\sum \Delta W_i x_i}{W}, \quad y_C = \frac{\sum \Delta W_i y_i}{p}, \quad z_C = \frac{\sum \Delta W_i z_i}{p}$$

式中 W 为物体的总重量,用物体的质量来表示其重量,即 $W = Mg$,g 为重力加速度,于是成为

$$x_C = \frac{\sum m_i x_i}{M}, \quad y_C = \frac{\sum m_i y_i}{M}, \quad z_C = \frac{\sum m_i z_i}{M} \tag{13-1}$$

这是连续均匀物体的质量中心,简称质心。

可见对于连续均匀物体来说质心公式与重心公式完全一致,质心的概念比重心的概念具有更广的应用范围。例如,航天飞机升入太空后,重力即地球的引力消失,再讨论重心失去了意义,但质量总是存在,讨论质心是有意义的。

2. 动量的概念

高速运动的子弹,虽然质量不大,但当遇到障碍物时,会产生很大的穿透力;质量很大汽

锤,虽然速度远比子弹飞行速度小得多,但对被打击物也会产生很大的打击力。可见,质量和速度是决定物体机械运动强度的因素。动量正是概括了这两种因素,它是物体机械运动强度的度量。

质点的质量与质点速度的乘积,称为"质点的动量",用 mv 表示。动量为矢量,其方向与速度 v 方向一致。

动量的量纲为[质量][长度][时间]$^{-1}$,或[力][时间]。国际单位用 kg·m/s(千克·米/秒或 N·s(牛顿·秒)。

若将速度 v 表示成其投影形式,则质点的动量可以写成

$$mv = mv_x \boldsymbol{i} + mv_y \boldsymbol{j} + mv_z \boldsymbol{k} \tag{13-2}$$

其中 mv_x, mv_y, mv_z 分别为动量 mv 在 x, y, z 轴上的投影。

质点系中所有质点动量的矢量和称为"质点系的动量",简称"质系动量",用 $\boldsymbol{K}$ 表示。

$$\boldsymbol{K} = \sum m_i v_i \tag{13-3}$$

上式也可以写成投影的形式:

$$\boldsymbol{K} = K_x \boldsymbol{i} + K_y \boldsymbol{j} + K_z \boldsymbol{k} \tag{13-4}$$

其中

$$\begin{cases} K_x = \sum m_i v_{ix} \\ K_y = \sum m_i v_{iy} \\ K_z = \sum m_i v_{iz} \end{cases} \tag{13-5}$$

K_x, K_y, K_z 分别为质系动量 $\boldsymbol{K}$ 在 x, y, z 轴上的投影,它们分别等于质点系所有质点动量在 x, y, z 轴上投影的代数和。

应用质心公式(13-1),得

$$Mv_{Cx} = \sum m_i v_{ix}$$
$$Mv_{Cy} = \sum m_i v_{iy}$$
$$Mv_{Cz} = \sum m_i v_{iz} \tag{13-6}$$

将其代入式(13-2),得

$$\boldsymbol{K} = Mv_{Cx} \boldsymbol{i} + Mv_{Cy} \boldsymbol{j} + Mv_{Cz} \boldsymbol{k} = Mv_C \tag{13-7}$$

或写成

$$Mv_C = (\sum m_i v_{ix}) \boldsymbol{i} + (\sum m_i v_{iy}) \boldsymbol{j} + (\sum m_i v_{iz}) \boldsymbol{k} \tag{13-8}$$

上式表明:质系动量等于质系总质量与质心速度的乘积。

例题 13-1 椭圆规尺由均质曲柄 OA、规尺 BD 以及滑块 B 和 D 组成,如图 13-1 所示。规尺长度为 $2l$,质量为 $2m_1$,曲柄长为 l,质量为 m_1,两滑块质量均为 m_2,图中 $BA = AD = l$。求当曲柄 OA 与水平线夹角为 φ 角的瞬时,曲柄 OA 的动量和机构的总动量。

解 (1)计算曲柄动量

均质曲柄 OA 的质心在长度中点 E 处。曲柄动量的

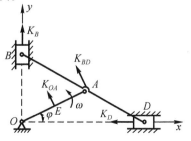

图 13-1

大小为

$$K_{OA} = m_1 v_E = \frac{1}{2} m_1 l \omega$$

K_{OA} 方向与质心 E 的速度方向一致。

(2)确定机构的总动量

机构的总动量等于曲柄、规尺以及两滑块四者动量的矢量和,即

$$K = K_{OA} + K_{BD} + K_B + K_D$$

将其中各动量求出后,计算其矢量和。后三项之和为

$$K' = M' v_A = (2m_2 + 2m_1) l \omega$$

方向与 v_A 一致,垂直于 OA。

机构的总动量为

$$K = \frac{1}{2} m_1 l \omega + (2m_1 + 2m_2) l \omega = \frac{1}{2}(5m_1 + 4m_2) l \omega$$

13.2.2 动量定理

动量定理研究运动过程中作用在质点或质点系上的力与质点或质点系动量变化率之间的关系。

对于质量为 m,加速度为 a 的质点,其受的作用力为 F,则

$$ma = F$$

由于质量为常量,可以写成

$$m \frac{\mathrm{d} v}{\mathrm{d} t} = \frac{\mathrm{d}(mv)}{\mathrm{d} t} = F \qquad (13-9)$$

这表明:质点动量对时间的一阶导数,等于作用在质点上的力。这称为"质点动量定理"。

对于质点系,可对其中每一个质点应用动量定理,即 $\mathrm{d}(m_i v_i)/\mathrm{d}t = F_i$,然后应用矢量合成的方法,即可得到质点系的动量对时间的一阶导数与作用在质点系上力之间的关系。

由于质点系中的质点,除受外力作用外,还受质点间相互作用的内力,因此将作用在每个质点的力分为外力和内力,分别用 $F_i^{(e)}$ 和 $F_i^{(i)}$。上标 (e),(i) 分别表示"外"和"内"。即作用在质点上的力

$$F_i = F_i^{(e)} + F_i^{(i)}$$

等号两边求和,得

$$\frac{\mathrm{d}}{\mathrm{d} t}\left(\sum m_i v_i \right) = \sum F_i^{(e)} + \sum F_i^{(i)} \qquad (13-10)$$

其中 $\sum m v_i = K$,$\sum F_i^{(e)} = R^e$ 分别表示质点系的总动量或动量主矢和作用在质点系上的外力主矢,而 $\sum F_i^{(i)} = 0$

因此

$$\frac{\mathrm{d} K}{\mathrm{d} t} = \sum F_i^{(e)} = R^{(e)}$$

$$(13-11)$$

这表明:质点系的动量对时间的一阶导数,等于作用在质点系上的所有外力的矢量和或外力主矢。这称为"质点系的动量定理"。

实际计算过程中,通常将其写成投影形式:

$$\begin{cases} \dfrac{\mathrm{d}\boldsymbol{K}_x}{\mathrm{d}t} = \sum \boldsymbol{F}_x^{(e)} = \boldsymbol{R}_x^{(e)} \\[2mm] \dfrac{\mathrm{d}\boldsymbol{K}_y}{\mathrm{d}t} = \sum \boldsymbol{F}_y^{(e)} = \boldsymbol{R}_y^{(e)} \\[2mm] \dfrac{\mathrm{d}\boldsymbol{K}_z}{\mathrm{d}t} = \sum \boldsymbol{F}_z^{(e)} = \boldsymbol{R}_z^{(e)} \end{cases} \tag{13-12}$$

这表明:质点系的动量对时间的一阶导数,等于作用在质点系上所有外力在同一坐标轴上投影的代数和,这是质点系动量定理的投影形式。

在质点系的动量定理中,都不包含质点系的内力,说明质点间的内力不能改变质点系的总动量,只能引起质点系内各质点的动量交换。这为分析和解题过程带来极大方便。

讨论两种特殊的情况。

当外力主矢为零,即 $\boldsymbol{R}^{(e)} = 0$ 时,得

$$\frac{\mathrm{d}\boldsymbol{K}}{\mathrm{d}t} = 0, \quad \boldsymbol{K} = \boldsymbol{K}_0 = 常矢量$$

其中 $\boldsymbol{K}_0$ 为运动开始时质点系的动量。表明:在运动过程上,当作用于质点系的外力矢量和(主矢)等于零时,质点系的动量对时间的变化率为零,即质点系动量保持不变。这称为质点系的动量守恒定理。

外力主矢在某一坐标轴的投影代数和等于零,即 $R_x = 0$(或 $\boldsymbol{R}_y = 0, \boldsymbol{R}_z = 0$)时,得

$$\boldsymbol{K}_x = \boldsymbol{K}_{0x} = 常量(对应于 \sum \boldsymbol{F}_x^{(e)} = 0)$$

$$\boldsymbol{K}_y = \boldsymbol{K}_{0y} = 常量(对应于 \sum \boldsymbol{F}_y^{(e)} = 0)$$

$$\boldsymbol{K}_z = \boldsymbol{K}_{0z} = 常量(对应于 \sum \boldsymbol{F}_z^{(e)} = 0)$$

这表明:在运动过程中,当作用于质点系的所有外力在某坐标轴投影的代数等于零时,即质点系动量在这一坐标轴上保持不变。这是某一轴的质点系的动量守恒定理。

例 13-2 质量为 m_1 的机车,以速度 v_1 挂接一节质量为 m_2 的静止车厢。若轨道平直且不计摩擦,求挂接后列车的速度,并分析挂接后动量的变化。

解 以挂接后的机车和车厢组成的质点系为研究对象,作用在其上的外力有:机车和车厢的重力;轨道对机车和车厢的约束力。方向均沿铅垂方向,所以在水平轴上的投影的代数和等于零。根据动量守恒定理,质点系的动量在水平轴上的投影,在挂接前后保持不变。

挂接前的动量为

$$\boldsymbol{K}_x(机车) = m_1 v_1$$

挂接后的动量为

$$\boldsymbol{K}_x(机车和车厢) = (m_1 + m_2)v$$

其中,v 为挂接后机车和车厢的速度。

由动量守恒得

$$m_1 v_1 = (m_1 + m_2)v$$

解之得

$$v = \frac{m_1}{m_1 + m_2} v_1$$

机车在挂接后的动量损失为($m_1 v_1 - m_1 v$)。进一步分析得

$$m_1 v_1 - m_1 v = \frac{m_1 m_2}{m_1 + m_2} v_1 = m_2 v$$

这表明,机车挂接后的动量损失等于车厢在挂接后的动量增加。这种动量的交换完成了机车和车厢之间机械运动的传递。

13.2.3 质心运动定理

应用动量定理可以简洁地描述质点系质心的运动规律。将质点系的动量表示成总质量与质心速度的乘积形式,即 $\boldsymbol{K} = m \boldsymbol{v}$ 代入式(13-11)得

$$\frac{\mathrm{d}}{\mathrm{d}t}(M v_C) = \sum F_i^{(e)} = \boldsymbol{R}^{(e)}$$

引入质心加速度 $\mathrm{d} v_C / \mathrm{d}t = \boldsymbol{a}_C$,则

$$M \boldsymbol{a}_C = \sum \boldsymbol{F}_i^{(e)} = \boldsymbol{R}^{(e)} \qquad (13\text{-}13)$$

这表明质点系的总质量与质心加速度乘积,等于作用在质点系上所有外的矢量和或外力主矢。这称为"质心运动定理"。

它与牛顿第二定律形式上相似。因此研究质心运动时,可以假想地将质点系的总质量与作用在质点系上所有的外力都集中于质心。

为了方便,实际计算时,常写成投影形式

$$\begin{cases} M \dfrac{\mathrm{d}^2 \boldsymbol{x_C}}{\mathrm{d}t^2} = \sum \boldsymbol{F}_x^{(e)} = \boldsymbol{R}_x^{(e)} \\[2mm] M \dfrac{\mathrm{d}^2 \boldsymbol{y_C}}{\mathrm{d}t^2} = \sum \boldsymbol{F}_y^{(e)} = \boldsymbol{R}_y^{(e)} \\[2mm] M \dfrac{\mathrm{d}^2 \boldsymbol{z_C}}{\mathrm{d}t^2} = \sum \boldsymbol{F}_z^{(e)} = \boldsymbol{R}_z^{(e)} \end{cases} \qquad (13\text{-}14)$$

这称为"质心运动微分方程"。

下面讨论质心运动定理的两种特殊情况。

外力矢量或外力主矢等于零,即 $\boldsymbol{R}^{(e)} = \sum \boldsymbol{F}_i^{(e)} = 0$,得

$$\boldsymbol{a}_C = 0, \ v_C = \text{常量}$$

这表明:当作用于质点系上的所外力的矢量或主矢等于零,质心作惯性运动,即质心处于静止或作匀速直线运动状态。

外力矢量或外力主矢不等于零,但在某一轴上的投影的代数和等于零时,即

$$\sum \boldsymbol{F}_x^{(e)} = \boldsymbol{R}_x^{(e)} = 0, \ \text{得} \ \frac{\mathrm{d} x_C}{\mathrm{d}t} = v_{cx} = \text{常量}$$

这表明:当作用于质点系上的所外力在某一轴上的投影的代数式和等于零,则质心速度在这一坐标方向作惯性运动(静止或作匀速直线运动状态)。

上述两种情形,统称为"质心运动守恒",而质心运动守恒的条件,称为"质心运动守恒定理"。

质心运动定理表明:质心运动取决于作用在质点系的外力,而与质点系的内力无关。

例 13-3 电动机的底座用螺栓固定在水平基础上,如图 13-2 所示。电机定子与外壳的总质量为 m_1,质心与轴 O_1 重合;电机转子质量 m_2,转子轴线通过 O_1,由于制造和装配的原因质心偏离轴线位于 O_2 处,偏心距为 b。求:当电动机以匀角速度 ω 逆时针转动时,电动机的水平和铅垂两个方向的约束力。

解 以电动机整体为研究对象,建立坐标系。

根据式(13-1),得系统的质心 C 的坐标

$$x_C = \frac{m_1 x_1 + m_2 x_2}{m_1 + m_2} = \frac{m_2 x_2}{m_1 + m_2} = b\cos\omega t$$

$$y_C = \frac{m_1 y_1 + m_2 y_2}{m_1 + m_2} = \frac{m_2 y_2}{m_1 + m_2} = b\sin\omega t$$

求导得质心加速度在 x, y 轴上的投影为

$$\frac{d^2 x_C}{dt^2} = -\frac{m_2}{m_1 + m_2} b\omega^2 \cos\omega t$$

$$\frac{d^2 y_C}{dt^2} = -\frac{m_2}{m_1 + m_2} b\omega^2 \sin\omega t$$

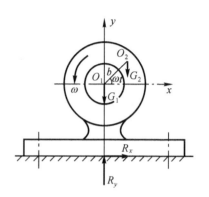

图 13-2

电动机受到的外力有:电机定子与外壳的重力,电机转子的重力,地基作用于电机的总约束力。

根据质心运动微分方程式(13-14),得

$$(m_1 + m_2)\frac{d^2 x_C}{dt^2} = R_x$$

$$(m_1 + m_2)\frac{d^2 y_C}{dt^2} = R_y - m_1 g - m_2 g$$

分别代入解得

$$R_x = -m_2 b\omega^2 \cos\omega t$$

$$R_y = -m_2 b\omega^2 \sin\omega t + (m_1 + m_2)g$$

例 13-4 码头使用的浮动起重船,其质量 $m_1 = 2.0 \times 10^4\,\text{kg}$,质心在 C_1 处;起吊重物的质量 $m_2 = 2.0 \times 10^3\,\text{kg}$,质心为 C_2。已知:吊杆长 $AB = 8\text{m}$,C_1 与过 A 点之间的垂直距离为 d。若不计吊杆的重力和起吊时水对船的阻力,且原为静止状态,如图 13-3 所示,求:当吊杆 AB 由与铅垂线成 $60°$ 角的位置开始,到起吊重物后转到与铅垂线成 $30°$ 角的位置时,起重船的水平位移。

解 以重物和起重船组成的质点系为研究对象。

分析质点系所受的外力:重力 $m_1 g$ 和 $m_2 g$,作用点分别为 C_1 和 C_2;水的浮力 F,作用在系统的质心 C,方向均为铅垂。

由于水平方向的力投影均为零,根据质心守恒定理,质点系的质心 C 在水平方向保持不动。

当 AB 杆转动时,由于重物向右移动,质点系质心相应右移,为保证行质点系质心在水平方向静止不动,起重船必须向左移动。图中的 s 即为起重船向左水平移动的距离。

以起重船初始位置时的 A 铰的水面作为坐标原点,分别写出 AB 杆与铅垂线成 $60°$ 和 $30°$ 角时的质点系的质心坐标

$$x_{c0} = \frac{m_1 d - m_2 AB\sin60°}{m_1 + m_2}$$

$$x_c = \frac{m_1(d-s) - m_2(AB\sin30°+s)}{m_1 + m_2}$$

因质点系质心 C 在水平方向保持静止,所以 $x_{c0} = x_c$,解得

$$s = \frac{m_2}{m_1 + m_2} AB(\sin60° - \sin30°) = 0.266(\text{m})$$

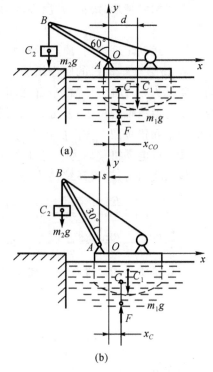

图 13-3

13.3 动量矩定理

13.3.1 动量矩

动量定理建立了质点系的总动量(动量主矢)的变化与外力之间的关系,而质心运动定理建立了质点系质心的运动规律。但是动量和质心运动只描述了质点系运动的一个方面特征,即对刚体而言,动量与质心运动只能描述刚体随质心的平动。

对于质点系运动的另一方面特征,如刚体绕通过质心的固定轴转动,动量和质心运动定理都无法描述。为此引入动量矩的概念。

1. 质点的动量矩

质点动量矩是度量质点绕确定点或轴转动强度的物理量。动量矩不仅与质点的动量有关,而且与质点的速度矢量到确定点或轴的垂直距离有关。与力对点之矩相类似,质点的动量对点之矩,称为"动量矩"。动量矩的大小等于质点的动量大小与质点速度矢量到点的垂直距离的乘积,用 h_O 表示,O 称为动量矩的矩心,简称"矩心"。

$$h_O = m_O(mv) = (mv)d \tag{13-15}$$

其中 d 为质点速度矢量至矩心的垂直距离。

与力矩的量相似,动量矩也是矢量,方向由右手螺旋法则确定:右手四指握拳与动量绕矩心转动方向一致,拇指指向即为动量矩的方向。

与一切矢量表示相似,动量矩矢量也可以表示成投影的形式。即质点动量对 x,y,z 轴的动量矩。

$$\begin{cases} h_x = m_x(mv) \\ h_y = m_y(mv) \\ h_z = m_z(mv) \end{cases} \tag{13-16}$$

动量矩的单位是:$\text{kg} \cdot \text{m}^2/\text{s}$(公斤。米^2/秒)或 $\text{N} \cdot \text{m} \cdot \text{s}$(牛顿·米·秒)

2.质点系的动量矩

质点系对一点的动量主矩,简称动量矩,等于质点系中所有质点的动量对同一点之矩的矢量和。它是一个矢量,用 H_O 表示,O 为矩心

$$H_O = \sum h_O \tag{13-17}$$

将质点系的动量矩写成投影的形式,有

$$\begin{cases} H_x = \sum m_x(mv) \\ H_y = \sum m_y(mv) \\ H_z = \sum m_z(mv) \end{cases} \tag{13-18}$$

分别为质点系动量对 x,y,z 轴之矩,等于质点系中所有质点的动量对于同一轴之矩的代数和。

13.3.2　转动惯量

刚体的转动惯量是转动时惯性的度量。刚体对任一轴 z 的转动惯量为

$$I_z = \sum m_i r_i^2 \tag{13-19}$$

其中 m_i 刚体内任一点的质量;r_i 为该质点的转动半径(该质点到转轴的距离)。

这表明:转动惯量不仅与刚体的形状及刚体上质量的分布有关,而且与转轴的位置有关。因此,同一刚体对于不同转轴的转动惯量各不相同。但是同一刚体对确定轴的转动惯量则是恒定值。

转动惯量是一个恒正的标量,单位是 kg·m²。

如果刚体的质量是连续分布的,转动惯量可以用积分的形式表示,即

$$I_z = \int_M r^2 dm \tag{13-20}$$

1.简单物体转动惯量的计算

(1)均质等截面细直杆对于通过杆端且垂直轴的转动惯量

杆长度为 l、质量为 M 的均质杆,如图 13-4 所示。沿杆轴方向建立坐标系,在距 z 轴任意远处截取微段 dr。该段的质量为 $dm = \dfrac{M}{l}dr$。则

$$I_z = \int_0^l r^2 \frac{M}{l}dr = \frac{M}{l}\frac{1}{3}l^3 = \frac{1}{3}Ml^2 \tag{13-21}$$

(2)均质等截面细圆环对于通过中心 O 且垂直于圆环平面轴(z)的转动惯量

圆环质量为 M,圆环的内外半径相差很小,用平均半径 R 表示,如图 13-5 所示,沿圆弧方向截取微段 $ds = Rd\theta$,其质量为 $dm = (M/2\pi R)Rd\theta = (M/2\pi)d\theta$,则

$$I_z = \int_0^{2\pi} R^2 \frac{M}{2\pi}d\theta = MR^2 \tag{13-22}$$

(3)均质等厚截薄圆盘对于通过圆心 O 且垂直于圆盘平面轴(z)的转动惯量

设圆盘半径为 R,总质量为 M,如图 13-6 所示,在距圆心任意远 r 处,取一径向宽度为 dr 的环形微元,其质量为 $dm = (M/\pi R^2)2\pi rdr = (2M/R^2)rdr$。则

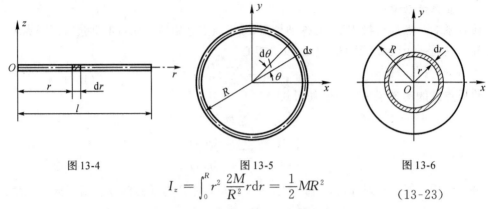

图 13-4　　　　　　　　　图 13-5　　　　　　　　图 13-6

$$I_z = \int_0^R r^2 \frac{2M}{R^2} r \mathrm{d}r = \frac{1}{2}MR^2 \qquad (13\text{-}23)$$

其他形状简单物体的转动惯量可在有关的工程手册中查得。

2. 转动惯量的平行移轴定理

在工程手册中通常只给出物体对于通过物体质心轴的转动惯量。但在实际中有些物体的转动轴并不通过质心,而物体对于不通过质心轴的转动惯量,可利用物体对质心轴的转动惯量,通过平行移轴定理求得。它揭示了物体对不同的、但互相平行轴的转动惯量之间的关系。

设刚体的质量为 M,对质心轴 z 的转动惯量是 I_x,如图 13-7 所示,而对另一与质心轴相距为 d 且与 z 平行的 z' 轴的转动惯量是 I_z',则有

$$I_z' = I_{zC} + Md^2 \qquad (13\text{-}24)$$

这表明:刚体对于任意轴的转动惯量,等于刚体对通过质心且与该轴平行的轴的转动惯量,加上刚体的质量与这两轴之间的距离平方的乘积。

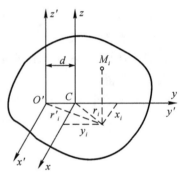

图 13-7

例题 13-5　如图 13-8 所示为钟摆的结构简图,已知均质杆和摆盘(圆盘)的质量分别为 M_1 和 M_2,摆杆长度为 l,摆盘的直径为 d,摆盘悬挂于通过 O 点垂直于图平面的轴上。求摆对 O 轴的转动惯量。

解　钟摆可视为由均质杆和均质圆盘组成的刚体,其对于 O 轴的转动惯量等于均质杆和圆盘对于 O 轴的转动惯量之和。

杆对 O 轴的转动惯量是

$$I_{z1} = \frac{1}{3}M_1 l^2$$

圆盘对 O 轴的转动惯量,利用平行移轴

$$I_{z2} = I_C + M_2(l+d/2)^2$$
$$= \frac{1}{2}M_2(d/2)^2 + M_2(l+d/2)^2$$

摆的转动惯量是

$$I_z = \frac{1}{3}M_1 l^2 + \frac{1}{2}M_2(d/2)^2 + M_2(l+d/2)^2$$

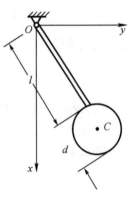

图 13-8

13.3.3 动量矩定理

根据质点动量矩定理或质心运动定理,所有外力的主矢将引起质点系动量或质心运动的变化,那么外力的主矩对质点系的运动会产生什么作用呢?

首先考察质点动量矩对时间的一阶导数,即对式(13-15)求一次导数,利用 $\dfrac{\mathrm{d}v}{\mathrm{d}t}=a$,即 $m\dfrac{\mathrm{d}v}{\mathrm{d}t}=ma=F$ 得

$$
\begin{cases}
\dfrac{\mathrm{d}h_x}{\mathrm{d}t}=m_x(F) \\[2mm]
\dfrac{\mathrm{d}h_y}{\mathrm{d}t}=m_y(F) \\[2mm]
\dfrac{\mathrm{d}h_z}{\mathrm{d}t}=m_z(F)
\end{cases}
\tag{13-25}
$$

这表明:质点动量对坐标轴的动量矩对时间的一阶导数,等于作用在质点上的力对相应坐标轴之矩。这称为**质点的动量矩定理**。

同样,对质点系的动量矩求导一次,得

$$
\begin{cases}
\dfrac{\mathrm{d}H_x}{\mathrm{d}t}=\sum m_x(F) \\[2mm]
\dfrac{\mathrm{d}H_y}{\mathrm{d}t}=\sum m_y(F) \\[2mm]
\dfrac{\mathrm{d}H_z}{\mathrm{d}t}=\sum m_z(F)
\end{cases}
\tag{13-26}
$$

这表明:质点系对坐标轴的动量矩对于时间的一阶导数,等到于作用在质点系上的外力对相应的坐标轴之矩的代数和。

可见,内力不能改变质点系的动量矩,只有外力才能改变质点系的动量矩。

在式(13-26)中,当 $\sum m_x(F)=0$ 时,$H_{x0}=$ 常量。

这表明:在运动过程中,如果作用在质点系上的所有外力对某一轴之矩的代数和等于零,则质点系对这轴的动量矩保持不变。这称为**动量矩守恒定理**。

例题 13-6 半径为 r、重量为 Q 的滑轮可绕固定轴 O 转动。滑轮上缠绕一柔索,其两端各悬挂重量分别为 P_a 和 P_b 的重物 A 和 B,如图 13-9 所示,已知 $P_a>P_b$,并设滑轮质量均匀分布在轮缘上,将滑轮简化为均质圆环,求重物 A 和 B 的加速度以及滑轮的角加速度。

解 (1)计算质点系的动量矩

以重物 A,B 和滑轮组成的质点系作为研究对象。重物 A、B 的速度大小相等、方向相反,设为 v,二者对 O 轴的动量矩大小分别为 $\dfrac{P_a}{g}vr$ 和 $\dfrac{P_b}{g}vr$,方向均为逆时针方向。

由于滑轮简化成均质圆环,则滑轮的动量矩为 $\dfrac{Q}{g}vr$。

质点系对 O 轴动量矩是

$$H_O = \frac{P_a}{g}vr + \frac{P_b}{g}vr + \frac{Q}{g}vr = \frac{vr}{g}(P_a + P_b + Q)$$

（2）作用在质点系上的外力对 O 轴的力矩

作用在质系上的外力有：重力 P_a，P_b 和 Q，轮心处轴承的约束反力 N。其中 Q，N 均通过轴心 O，二者对 O 轴之矩为零，所有外力对 O 轴之矩的代数和为

$$\sum m_O(F) = P_a r - P_b r = (P_a - P_b)r$$

（3）应用动量矩定理求加速度

根据质点系的动量矩定理，得

$$\frac{r}{g}(P_a + P_b + Q)\frac{dv}{dt} = (P_a - P_b)r$$

其中：$dv/dt = a$，即重物的加速度，其值为

$$a = \frac{P_a - P_b}{P_a + P_b + Q}g$$

因为 $P_a > P_b$，故 $a > 0$，这说明重物加速度的方向与它的速度方向一致。

滑轮的角加速度为

$$\varepsilon = \frac{a_\tau}{r} = \frac{a}{r} = \frac{P_a - P_b}{P_a + P_b + Q r} = \frac{q}{r}$$

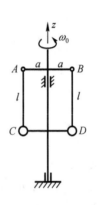

图 13-9

例题 13-7 转速调节器节器的结构简图如图 13-10 所示。AB 杆与转动轴固连，CA 和 DB 杆通过铰链 A 和 B 与 AB 杆连接，并可分别绕 A 和 B 点转动，二杆下端分别与重物 C 和 D 固结，并由细线相连。正常运行时，转速调节器以匀角速度 ω_0 绕 z 轴转动。已知：AB 杆长度为 $2a$；CA 和 DB 杆长度均为 l；重物 C，D 重量均为 P；某一瞬时细线被拉断，这时 CA 和 DB 杆均与铅垂线成 α 角。若不计各杆的质量，求细线拉断后调节器的角速度。

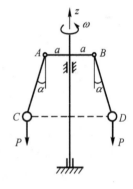

图 13-10

解 以调节器为研究对象，因不计各杆的质量，这是由两个质点组成的质点系。

系统受到的外力有重物 C 和 D 的重力 P 和轴承的约束反力。重力与 z 轴平行，轴承的约束反力与 z 轴相交。因此，所有外力对 z 轴之矩的代数和等于零。根据动量矩守恒定理，系统对 z 轴的动量矩在细线拉断前后保持不变。即

$$H_z = H_{z0}$$

其中，断线前系统的动量矩

$$H_{z0} = \sum m_z(mv_0) = 2(ma\omega_0)a$$

断线后系统的动量矩

$$H_z = \sum m_z(mv) = 2[m(a + l\sin\alpha)\omega](a + l\sin\alpha)$$

则

$$2a^2\omega_0 m = 2m(a + l\sin\alpha)^2\omega$$

解之,有
$$\omega = \frac{a^2}{(a+l\sin\alpha)^2}\omega_0$$

显然,$\omega < \omega_0$,从而可以起到调速作用。

13.4　刚体定轴转动微分方程

本节主要应用动量矩定理分析刚体绕定轴转动时的动力学问题。

如图 13-11 所示,刚体绕固定轴转动,在某瞬时转动的角速度为 ω。设 M_i 为刚体上的任意点,质量为 m_i,质点到转轴的垂直距离为 r_i,则质点在该瞬时的速度大小为 $v_i = r_i\omega$,方向与半径垂直。

质点 m_i 的动量对转轴的矩为
$$h = (m_i v_i)r_i = m_i r_i^2 \omega$$

将刚体上所有质点对于转动轴的动量矩相加,则得到刚体对于转轴的动量矩
$$H = \sum(m_i r_i \omega)r_i = (\sum m_i r_i^2)\omega = I_z \omega \qquad (13\text{-}27)$$

这是计算绕这轴转动刚体对转动轴动量矩的一般表达式,它表明,定轴转动刚体对转轴的动量矩等于刚体对转轴的转动惯量与转动角速度的乘积。

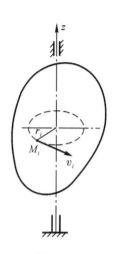

图 13-11

将其代入式(13-26)得到 $\dfrac{\mathrm{d}\omega}{\mathrm{d}t} = \sum m_z(F)$ 　　(13-28A)

或写成
$$I_z \varepsilon = \sum m_z(F) \qquad (13\text{-}28B)$$

也可写成
$$I_z \frac{\mathrm{d}^2\varphi}{\mathrm{d}t^2} = \sum m_z(F) \qquad (13\text{-}28C)$$

这称为刚体绕定轴转动时的运动微分方程。它表明,刚体对转轴的转动惯量与刚体转动角加速度的乘积,等于作用在刚体上的所有外力对转轴之矩的代数和。

转动微分方程还表明,外力矩是使转动刚体获得角加速度的原因,而且角加速度大小与作用在刚体上的外力对转轴之矩的代数和成正比。

当 $\sum m_z(F) = 0$ 时 ,$\varepsilon = 0$,此时刚体以匀角速度绕定轴转动。

下面用实例说明运动微分方程的应用。

例 13-8　机器飞轮由直流电机带动,正常运转状态下电机的转动力矩与其角速度之间的关系为 $M = M_0(1 - \dfrac{\omega}{\omega_1})$。式中 M_0 为启动($t=0$,$\omega=0$)时作用在电机轴上的力矩;ω_1 是空转($M=0$)时的角速度。若用 M_F 表示轴承摩擦力矩对转轴的力矩,其转向与相反。求飞轮的角速度。

解　以飞轮为研究对象。

作用在飞轮上的力有:电机施加于飞轮上的主动力矩 M;轴承对飞轮轴的摩擦力矩 M_F。轴承约束力,由于与转轴相交,故对转轴之矩等于零。

对飞轮,应用运动微分方程

$$I_z \frac{d\omega}{dt} = M - M_F = M_0(1 - \frac{\omega}{\omega_1}) - M_F$$

引入记号 a 和 b，并令 $a = M_0 - M_F$，$b = \dfrac{M_0}{\omega_1}$，

则

$$I_z \frac{d\omega}{dt} = a - b\omega$$

或写成直接积分形式

$$\frac{d\omega}{a - b\omega} = \frac{dt}{I_z}$$

积分得

$$ln(a - b\omega) = -\frac{b}{I_z}t + C$$

其中 C 为积分常数。

应用初始条件：$t = 0$ 时，$\omega = 0$，代入得 $C = \ln a$。所以

$$\omega = \frac{a}{b}(1 - e^{-\frac{b}{I_z}t}) = \frac{M_0 - M_F}{M_0}\omega_1(1 - e^{-\frac{b}{I_z}t})$$

这一结果表明，当 t 值较大时，$e^{-\frac{b}{I_z}t} \ll 1$，故可略去，这时

$$\omega = \frac{M_0 - M_F}{M_0}\omega_1 = 常量$$

这表明，电机启动一定时间后，飞轮即以匀角速度转动。

例 13-9 有提升设备如图 13-12 所示，一根绳子跨过滑轮吊一质量为 m 的物体，滑轮质量 m_2，并假定质量分布在圆周上（将滑轮视作圆环）。滑轮的半径为 r，由电动机传来的转动力矩为 M_0，绳子的质量不计。求挂在绳上重物的加速度。

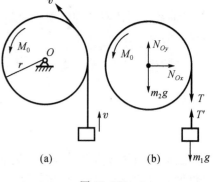

图 13-12

解 （1）以滑轮为研究对象，画出其受力图如图 13-12 所示。

（2）由式（13-28C）得

$$I_0 \frac{d^2\varphi}{dt^2} = M_0 - Tr$$

即

$$m_2 r^2 \varepsilon = M_0 - Tr$$

（3）以重物为研究对象，画出其受力图如 13-12 所示。列质点运动微分方程，得

$$m_1 \frac{d^2 y}{dt^2} = T' - m_1 g$$

即

$$m_1 a = T' - m_1 g$$

（4）求解未知量。解方程得

$$a = \frac{M_0 - m_1 g r}{(m_1 + m_2) r}$$

13.5 动能定理

能量是自然界各种形式的运动的度量，而功是能量从一种形式转化为另一种形式的过

程中所表现出来的量。例如,自由落体时重力的功表现为势能转化为动能等。本节研究动能定理,它是通过动能与功之间的关系来表达机械运动与其他形式的能量之间的传递和转化的规律。

13.5.1 动能

物体由于运动而具有的能量称为动能。

质点的动能等于质点的质量与质点的速度的平方乘积的一半,即 $\frac{1}{2}mv^2$。

质点系的动能等于系统内所有的质点动能的总和,用 T 表示,即

$$T = \sum \frac{1}{2}mv^2 \tag{13-29}$$

动能是一个恒正的标量,单位是焦耳(J),与功的单位相同。

刚体是不变的质点系,它有不同的运动形式,所以刚体的动能应按其所作的运动形式的不同分别进行计算。

1.平动刚体的动能

刚体作平动时,各点的速度相同,都等于质心的速度,平动刚体的动能为

$$T = \sum \frac{1}{2}mv^2 = \frac{1}{2}(\sum m)v_C^2 = \frac{1}{2}Mv_C^2 \tag{13-30}$$

其中 M 是刚体的质量,v_C 是刚体质心的速度。

这表明,平动刚体的动能,等于刚体的质量和质心速度平方乘积的一半。

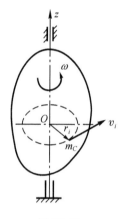

图 13-13

2.定轴转动刚体的动能

刚体绕定轴转动时,如图 13-13 所示,转动的角速度是 ω,m_i 为刚体内任一点的质量,r_i 是点到转轴的距离,则转动刚体的动能可表示为

$$T = \sum \frac{1}{2}m_iv_i^2 = \frac{1}{2}(\sum m_ir_i^2)\omega^2 = \frac{1}{2}I_z\omega^2 \tag{13-31}$$

这表明,定轴转动刚体的动能等于刚体对转轴的转动惯量和角速度的平方乘积的一半。

3.平面运动刚体的动能

刚体平面运动时,如图 13-14 所示,可视为绕过速度瞬心并与运动平面垂直的瞬心轴转动,其动能为

$$T = \sum \frac{1}{2}m_iv_i^2 = \frac{1}{2}(\sum m_ir_i^2)\omega^2 = \frac{1}{2}I_C{}'\omega^2$$

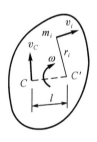

图 13-14

式中:$I_C{}'$ 刚体对瞬心轴(C')的转动惯量,ω 是刚体的角速度,由于瞬心的不断变化,为了便于计算,常进行改写。利用移轴定理则可得

$$T = \frac{1}{2}(I_C + Ml^2)\omega^2 = \frac{1}{2}I_C\omega^2 + \frac{1}{2}M(l\omega)^2$$

$$= \frac{1}{2}Mv_C^2 + \frac{1}{2}I_C\omega^2 \qquad (13\text{-}32)$$

这表明:平面运动刚体的动能,等于刚体随质心平动的动能与绕质心转动的动能之和。

13.5.2 力的功

在力的作用下,物体运动的速度一般将发生改变,且经过的路程越长,其速度的改变越大。为此我们用功的概念来度量力沿路程积累的效应。

1.常力的功

设一质点在常力 F 的作用下沿直线运动,如图 13-15 所示,力的作用线与运动方向的夹角是 α,从质点 M_1 运动到 M_2 的位移是 S,则常力 F 在位移方向上的投影与位移的乘积称为常力在此位移上对质点所作的功。用 W 表示,即

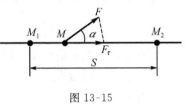

图 13-15

$$W = F\cos\alpha \cdot S = F_\tau S \qquad (13\text{-}33)$$

由式(15-33)可知,当 $\alpha < 90°$ 时,力作正功;$\alpha > 90°$ 时,力作负功;$\alpha = 90°$ 时,力不作功。功是代数量,其符号规定是:若力的投影正方向与位移方向一致,则力在这一位移上所作的功为正;反之为负。

功的国际单位是焦耳(J),1 焦耳(J)= 1 牛顿·米(N·M)。

2.变力的功

设有质点 M 在变力的作用下沿曲线 AB 运动,如图 13-16,现要求该质点由 M_1 运动到 M_2 时变力 F 所作的功。将运动轨迹分成无限多个微小段 dS,在 dS 上 F 可视为常力,其所作的功称为"微元功",简称"元功",用 $d'W$ 表示

$$d'W = F\cos\alpha \cdot dS = F_\tau \cdot dS \qquad (13\text{-}34)$$

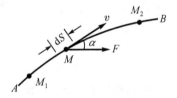

图 13-16

变力在曲线 AB 上所作的功等于在此段位移中所有元功的总和。

$$W = \int_{S_1}^{S_2} d'W = \int_{S_1}^{S_2} F\cos\alpha dS = \int_{S_1}^{S_2} F_\tau dS \qquad (13\text{-}35)$$

其中 S_1 和 S_2 是质点起止位置时的弧坐标。

如果以 F_x, F_y, F_z 表示力 F 在 x, y, z 上的投影;dx, dy, dz 表示 dS 在 x, y, z 上的投影,则力的功的解析式为

$$W = \int_{S_1}^{S_2} d'W = \int_{S_1}^{S_2} F\cos\alpha dS = \int_{S_1}^{S_2} (F_x dx + F_y dy + F_z dz) \qquad (13\text{-}36)$$

3.合力的功

设质点 M 同时受 n 个 $F_1, \cdots, F_n$ 的作用,这些力的合力为 R,则 M 在合力 R 的作用下沿轨迹从 M_1 移至 M_2 所作的功是

$$d'W_R = d'W_1 + d'W_2 + \cdots + d'W_n$$

$$W_R = \int d'W_R = \sum \int d'W = \sum W \qquad (13\text{-}37)$$

这表明：作用于质点上的合力在任意位移上所作的功等于各个分力在同一位移上所作的功的代数和。这称为**合力功定理**。

4. 常见力的功

工程中经常需要计算重力、弹性力的功，以及刚体绕定轴转动时力对轴之矩所作的功等，现分述如下。

(1) 重力的功

设质点在重力 G 的作用下沿曲线轨迹从 M_1 运动到 M_2，前后位置的高度差为 h，如图 13-17 所示。

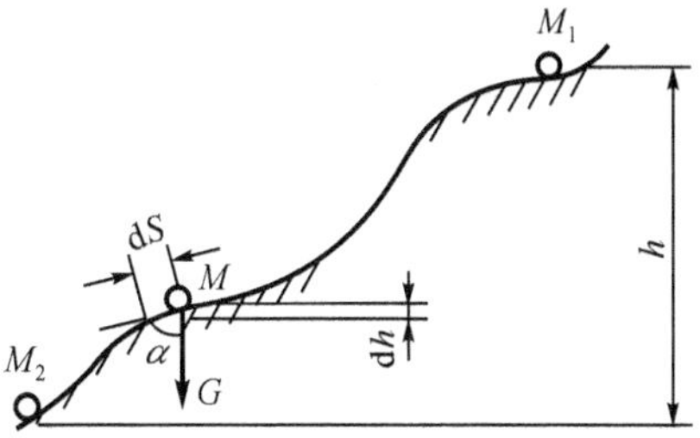

因为 G 沿铅垂方向，故它在三个坐标上的投影分别为

$$X = 0, Y = 0, Z = -G$$

将其代入式 (13-36) 得到重力在此位移中所作的功是

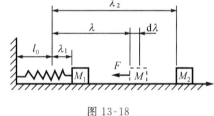

图 13-17

$$W = \int_{z_1}^{z_2} -G\mathrm{d}z = G(z_1 - z_2) \quad (13\text{-}38)$$

这表明，重力的功等于质点的重力与始末位置的高度差的乘积，与运动的路径无关。

当质点的位置由高处向低处运动时重力作正功，当质点的位置由低处向高处运动时重力作负功，重力功的表达式可写成

$$W = \pm Gh \tag{13-39}$$

(2) 弹性力的功

设一弹簧一端固定，另一端与质点相联，如图 13-18 所示，弹簧的自然长度为 l_0，弹簧未伸长时质点 M 在 0 点处。将弹簧拉长时，在弹性范围内，弹性力 F 的大小与弹簧的变形成正比，即

其中：c 是刚性系数，负号表示弹性力与拉伸方向相反。在质点从 M_1 到 M_2 的过程中，变形从 λ_1 到 λ_2，此时弹性力 F 的变力由式 (13-35) 得可弹性力 F 所作的功为

图 13-18

$$W = \int_{\lambda_1}^{\lambda_2} F\mathrm{d}\lambda = \int_{\lambda_1}^{\lambda_2}(-c\lambda)\mathrm{d}\lambda = \frac{1}{2}c(\lambda_1^2 - \lambda_2^2) \tag{13-40}$$

当质点的运动轨迹为曲线时，上式依然成立。

这表明，弹性力的功等于弹簧始末位置的变形量的平方差与刚性系数乘积的一半。

(3) 力对轴之矩所作的功

设作用在绕定轴转动的刚体上的力 F，刚体在转动过程中所作的功如何来计算呢？

由于刚体转动的微元角 $\mathrm{d}\varphi$，力的作用点移动的长度为微元弧长 $\mathrm{d}S$，则所作之功为

$$\mathrm{d}'W = F_\tau \mathrm{d}S = F_\tau r\mathrm{d}\varphi = m_z(F)\mathrm{d}\varphi \tag{13-41}$$

其中 r 是力 F 的作用点到转轴的距离，F_τ 是 F 在作用点处运动轨迹的切线方向投影。

当刚体转过 φ 时，力 F 所作的功是

$$W = \int_{\varphi_1}^{\varphi_2} m_z(F)\mathrm{d}\varphi \tag{13-42}$$

上式表明,作用在绕定轴转动的刚体上的力所作的功等于该力对转轴之矩对刚体转角的积分。

当力矩为常量时,或是一个力偶矩 $M=$ 常量时,则

$$W = \int_{\varphi_1}^{\varphi_2} m_z(F)\mathrm{d}\varphi = m_z(F)(\varphi_2 - \varphi_1)$$

$$(13\text{-}43)$$

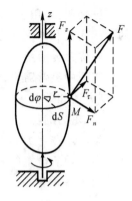

图 13-19

13.5.3　动能定理

1.质点的动能定理

设质量为 m 的质点 M,在合力 F 的作用下,沿曲线运动,如图 13-20 所示,根据牛顿定律有 $ma=F$

$$F_\tau = ma_\tau = m\frac{\mathrm{d}v}{\mathrm{d}t}$$

两边同乘以微小路程 dS,得

$$\boldsymbol{F} \cdot \mathrm{d}S = m\frac{\mathrm{d}v}{\mathrm{d}t} \cdot \mathrm{d}S$$

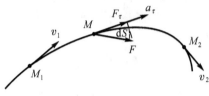

图 13-20

由于 $\dfrac{\mathrm{d}S}{\mathrm{d}t} = v$ 得 $F_\tau \mathrm{d}S = m\mathrm{d}v\dfrac{\mathrm{d}S}{\mathrm{d}t} = mv\mathrm{d}v = \mathrm{d}\left(\dfrac{1}{2}mv^2\right)$,即

$$\mathrm{d}\left(\frac{1}{2}mv^2\right) = \mathrm{d}'W \qquad (13\text{-}45)$$

这是质点动能定理的微分形式,它表明:质点动能的微分等于作用在质点上的力的元功。

如果质点经过有限的位移,自 M_1 到 M_2,速度分别为 v_1 和 v_2,则积分得

$$\int_{v_1}^{v_2} \mathrm{d}\left(\frac{1}{2}mv^2\right) = \int_{M_1}^{M_2} \mathrm{d}'W$$

$$\frac{1}{2}mv_2^2 - \frac{1}{2}mv_1^2 = W \qquad (13\text{-}46)$$

这是质点动能定理的积分形式,它表明:质点在某一路程中的动能变化,等于作用在质点上的力在同一路程上所作的功。

2.质点系的动能定理

作用于质点系的力,一般可以分为外力和内力。外部物体对质点系的作用力称为外力,质点系内部各质点间的相互作用力称为内力,分别用 $\boldsymbol{F}_i^{(e)}$ 和 $\boldsymbol{F}_i^{(i)}$ 表示。

设有 N 个质点组成质点系,由位置 1 运动到位置 2,则对其中的任意一个质点应用动能定理式(13-46),得

$$\frac{1}{2}m_i v_{i2}^2 - \frac{1}{2}m_i v_{i1}^2 = W_i^{(e)} + W_i^{(i)} = W_i$$

式中:$W_i^{(e)}$,$W_i^{(i)}$ 分别代表质点上所有外力和内力在此过程中所作的功。

应用到每一个质点上,并将上述方程相加

$$\sum \frac{1}{2}mv_2^2 - \sum \frac{1}{2}mv_1^2 = \sum W_i^{(e)} + \sum W_i^{(i)} = \sum W$$

$$T_2 - T_1 = \sum W \qquad\qquad (13\text{-}47)$$

这表明,在任一段路程中,质点系动能的改变量,等于作用在质点系上所有外力和内力在同一路程上作功总和。

需要说明的是,在一般情况下内力作功之和并不一定等于零。例如,当两质点在相互引力的作用下运动时,这引力就是内力。两质点在这种内力作用下,相互间的距离发生变化。由于力与位移方向一致,故两力均作正功,二者之和不等于零。又如,车辆刹车时,刹车块与车轮之间的摩擦力也是内力,但这内力作负功,消耗车辆的动能,使车辆减速或停车。

可见,对于一般质点系,内力的功不一定等于零。因此,质点系动能的变化不仅与外力功有关,而且与内力功有关。

工程中有很多情况是刚体受到约束的作用,约束反力对刚体的作用点不移动,或作用点只沿垂直约束反力的方向运动,因而约束反力不作功或所作功之和等于零。这样的约束称为理想约束。如第 1 章所介绍的约束均属于理想约束。

将质点系的受力分为主动力和约束力,则

$$\sum W = \sum W^N + \sum W^F$$

式中:$\sum W^F$ 为作用于质点系所有主动力作的功,$\sum W^N$ 为作用于质点系所有的约束反力作的功。

当质点系所有的约束均为理想约束时,由于理想约束不作功,即 $\sum W^N = 0$

则
$$T_2 - T_1 = \sum W^F \qquad\qquad (13\text{-}48)$$

这表明,在任一段路程中,具有理想约束的质点系动能的变化,等于作用在质点系上所有主动力所作功之和。

例 13-10　均质杆 AB 和 BC 的长度同为 L,两杆和滑块质量均为 M,系统在图示位置处于静止状态,如图 13-21 所示,设不计所有接触处的摩擦,求当 AB 杆运动到铅直位置时,滑块 C 的速度。

解　(1)运动分析。

AB 杆作定轴转动,BC 杆作瞬时平动,滑块 C 作平动。

(2)计算系统初始位置(静止)和终了位置(AB 铅直)的动能。

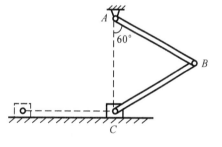

图 13-21

初动能 $T_1 = 0$

末动能 $T_2 = T_{AB} + T_{BC} + T_C = \frac{1}{2}\left(\frac{1}{3}ml^2\right)\left(\frac{v_C}{l}\right)^2 + \frac{1}{2}mv_C^2 + \frac{l}{2}mv_C^2 = \frac{7}{6}mv_C^2$

(3)计算系统从初位置运动到末位置的过程中外力的功。

由于滑块 C 的重力不作功,只有 AB 杆和 BC 杆的重力作功,故

$$\sum W = mg\left(\frac{l}{2} - \frac{l}{2}\cos 60°\right) + mg\,\frac{l}{2}\cos 60° = \frac{mgl}{2}$$

（4）应用质点系动能定理，得

$$\frac{7}{6}mv_C^2 - 0 = \frac{mgl}{2}$$

解得

$$v_C = \sqrt{\frac{3}{7}gl}$$

例 13-11 如图 13-22 所示，制动轮重 $G =$ 588N，直径 $d = 0.5$m，惯性半径 $\rho = 0.2$m，转速 $n_0 =$ 1000r/min。若制动刷与制动轮间的摩擦系数 $f = 0.$ 4，人对手柄加力 $F = 98$N，试求制动后制动轮转过多少圈才停止。

解 制动刷加给制动轮的力 Q 可由静力平衡方程求得，即

$$\sum m_A(F) = 0, \quad 200Q - 1000F = 0$$

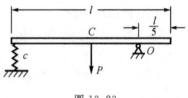

图 13-22

得 $Q = \dfrac{1000}{200}F = \dfrac{1000}{200} \times 98 = 490(\text{N})$

制动轮所受的摩擦力为 $F_{\max} = fQ = 0.4 \times 490 = 196(\text{N})$

故制动力矩为 $M = F_{\max}\dfrac{d}{2} = 196 \times \dfrac{0.5}{2} = 49(\text{N} \cdot \text{m})$

制动轮的转动惯量为 $I = m\rho^2 = \dfrac{588}{9.8} \times 0.2^2 = 2.4(\text{kg} \cdot \text{m}^2)$

初角速度 $\omega_0 = \dfrac{n_0\pi}{30} = \dfrac{1000\pi}{30} = 105(\text{rad/s})$

末角速度 $\omega = 0$

由式(13-46)得 $-M\varphi = 0 - \dfrac{1}{2}I(\omega_0^2 - \omega^2)$

故得转角 $\varphi = \dfrac{I\omega_0^2}{2M} = \dfrac{2.4 \times 105^2}{2 \times 49} = 270(\text{rad})$

于是制动轮转过的圈数为 $N = \dfrac{\varphi}{2\pi} = \dfrac{270}{2\pi} = 43(\text{圈})$

例 13-12 均质杆在 O 处与一铰链相连，使杆可绕 O 轴转动，如图 13-23 所示。杆的左端自由放置在线性弹簧上，并需要通过外加力使弹簧压缩一段长度之后，才能使杆保持在水平位置。外加力除去后，由于弹簧力的作用，杆将被弹起，并绕 O 轴顺时针转动。已知杆长 l = 2m，重量 $P = 20$N，弹簧刚性系数 $K = 80$N/mm，初始压缩变形量 = 20mm。求杆弹起后顺时针转到铅垂位置时的角速度。

解 （1）计算动能

杆在水平位置时为静止状态，杆的速度为零，故动能

$$T_1 = 0$$

当杆被弹起并顺时针转到铅垂位置时，设其角速度为 ω，则动能为

$$T_2 = \frac{1}{2} I_O \omega^2$$

式中：I_O 是杆对 O 轴的转动惯量。应用转动惯量的移轴定理，先求对质心 C 的转动惯量

$$I_C = I_z - md^2 = \frac{1}{3} ml^2 - (\frac{l}{2})^2 m = \frac{1}{12} ml^2$$

再应用移轴定理，得

$$I_O = I_C + md^2 = \frac{1}{12} ml^2 + m(\frac{l}{2} - \frac{l}{5})^2 = \frac{13}{75} ml^2$$

$$m = \frac{P}{g}$$

所以

$$T_2 = \frac{P}{2g}(\frac{13}{75}) l^2 \omega^2$$

（2）计算外力的功

作用在杆上的外力有重力 P 和弹性力 F，重力自始至终作用在杆上，而弹性力只是在杆从水平位置到弹簧恢复至原长时才作用在杆上，杆脱离弹簧之后，杆上不再有弹性力的作用。

总的功为 $\quad \sum W = -P(\frac{l}{2} - \frac{l}{5}) + \frac{1}{2} K(\lambda_1^2 - \lambda_2^2) = \frac{1}{2} K\lambda^2 - \frac{3}{10} Pl$

（3）应用动能定理

$$\frac{P}{2g}(\frac{13}{75}) l^2 \omega^2 - 0 = \frac{1}{2} K\lambda^2 - \frac{3}{10} Pl$$

将各项数据代入，解之得 $\quad \omega = 2.38 \mathrm{rad/s}$

13.5.4　动力学普遍定理的综合应用实例

动量定理、动量矩定理和动能定理统称为质点和质点系的基本定理，它可以分为两类：一类是矢量形式，动量定理和动量矩定理属此类；另一类是标量形式，动能定理即是。两者都应用于研究机械运动，而后者还可用于研究机械运动与其他运动形式有能量转化的问题。

质心运动定理是动量定理的发展与延伸，与动量定理一样也是矢量形式，它与质点系动量矩定理一起描述了质点系的机械运动。

在应用动量定理和动量矩定理求解动力学问题时，由于内力主矢和内力对任一点的主矩等于零，它们不能改变质点系的动量和动量矩，因此在分析受力情况时不必考虑内力。在应用动能定理时，因为内力所作的功之和在许多情况下不等于零，故而必须考虑内力。但在许多实际问题中，一般认为具有理想约束，即约束反力不作功，只需考虑主动力的功和摩擦力的功。

基本定理提供了解决动力学问题的基本方法，对比较复杂的问题，需要根据各定理的特点，结合牛顿第二定律，综合运用求解。

例 13-13　重 G 的邮包以速度 v_0 从运输带进入圆弧光滑滑道，升高 h 后至 B 点，然后由上层运输带送走，如图 13-24 所示。已知圆弧半径为 r，$h = 1.5r$。求：（1）v_0 的最小值；（2）邮包运动至 C 点处时，滑道的约束反力 N_C。

解 （1）以邮包为研究对象。

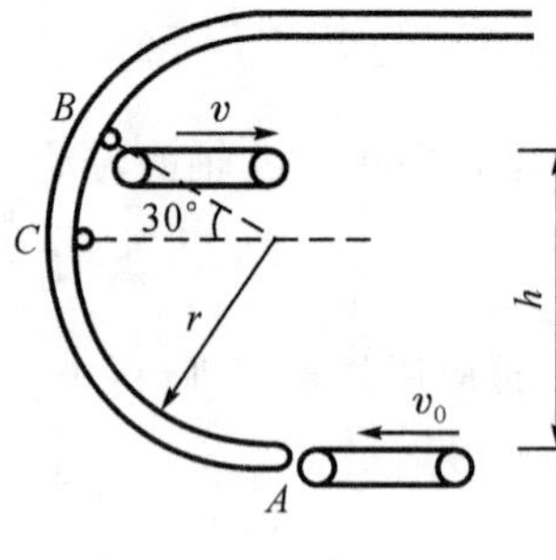

设邮包进入滑道时，在 A 点处有最小速度 v_0，滑行至 B 点处时，速度 $v_B = 0$。则初始动能和末了动能分别为 $T_1 = \frac{1}{2}\frac{G}{g}v_0^2$，$T_2 = \frac{1}{2}\frac{G}{g}v_B^2 = 0$。

在滑行过程中，滑道光滑，属理想约束，只有重力作功

应用动能定理

$$0 - \frac{1}{2}\frac{G}{g}v_0^2 = -G \times 1.5r$$

得

$$v_0 = \sqrt{3gr}$$

图 13-24

（2）求邮包运动至 C 点时的速度。

当邮包滑行至 C 点处时，重力的功是

$$W = -Gr$$

由动能定理

$$\frac{1}{2}\frac{G}{g}v_c^2 - \frac{1}{2}\frac{G}{g}v_0^2 = -Gr$$

得

$$v_c^2 = gr$$

（3）求邮包运动至 C 点时滑道的约束反力。

在 C 点处有切向加速度，方向铅垂。

有向心加速度，方向水平向右，大小为 $a_n = \dfrac{v_c^2}{r}$。

质点的受力有：重力 G 和滑道的约束反力 N_C，则由质点运动方程得

$$N_C = m\frac{v_c^2}{r} = mg = G（水平向右）$$

例 13-14 如图 13-25 所示，均质棒 AB 重 39.2N，其两端悬挂在两条平行绳上，棒处在水平位置。设其中一绳 BD 突然断掉，求此瞬时另一绳子 AC 的张力 T。

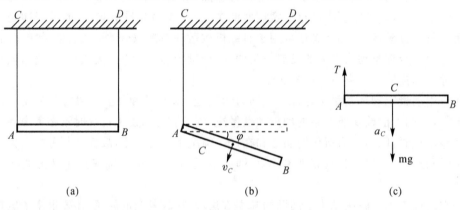

（a）　　　　　　　（b）　　　　　　　（c）

图 13-25

解 （1）求绳断瞬时 AB 杆的质心加速度。

应用动能定理研究 AB 从水平位置运动到绕 A 转动 φ 角这一过程：

初动能、末动能为　　　　$T_1 = 0, T_2 = \dfrac{1}{2}(\dfrac{1}{3}ml^2)(\dfrac{2v_C}{l})^2 = \dfrac{2}{3}mv_C^2$

重力所作的功　　　　　　$\sum W = mg \times \dfrac{l}{2}\sin\varphi$

由动能定理　　　　　　　$\dfrac{2}{3}mv_C^2 - 0 = \dfrac{l}{2}mg\sin\varphi$

两边求导　　　　　　　　$\dfrac{2}{3}m \times 2v_C a_C = \dfrac{l}{2}mg\cos\varphi \times \varphi'$

其中 $v_C = \varphi' l$。开始时 $\varphi = 0$，所以 $a_C = \dfrac{3}{4}g$。

(2)应用质心运动定理求绳子的张力。

$$mg - T = ma_C$$

$$T = mg - m(\dfrac{3}{4}g) = \dfrac{1}{4}mg$$

例 13-15　如图 13-26 所示图示弹簧两端各系以重物 A 和 B，放在光滑的水平面上，其中重物 A 重 P，重物 B 重 Q。弹簧的原长为 L_0，刚性系数为 K。若将弹簧拉长到 L 然后无初速地释放，问当弹簧回到原长时，重物 A 和 B 的速度各为多少？

解　以重物 A 和 B 及弹簧组成的质点系为研究对象。

在水平方向，无外力作用，动量守恒

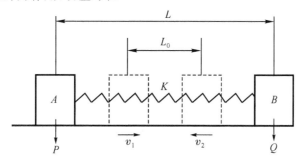

图 13-26

$$\dfrac{P}{g}v_1 - \dfrac{Q}{g}v_2 = 0 \qquad 即 \ v_1 = \dfrac{Q}{P}v_2$$

其中，v_1 是重物 A 的速度，v_2 是重物 B 的速度。

又，应用动能定理得

$$\dfrac{1}{2}\dfrac{P}{g}v_1^2 + \dfrac{1}{2}\dfrac{Q}{g}v_2^2 = \dfrac{1}{2}K(L-L_0)^2$$

联立求解，得

$$v_1 = (L-L_0)\sqrt{\dfrac{KQg}{P^2+PQ}}, \ v_2 = (L-L_0)\sqrt{\dfrac{KPg}{Q^2+PQ}}$$

习　题

13-1 图 13-27 所示各均质物体的质量均为 M，物体的尺寸、质心速度或绕定轴转动的角速度已知。试计算各物体的动量。

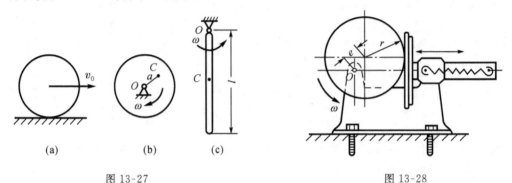

(a)　　　　　(b)　　　　(c)

图 13-27　　　　　　　　　　　　　图 13-28

13-2 图 13-28 所示凸轮机构，凸轮以匀角速度绕偏心轴 O 转动，带动弹簧压板作往复运动，半径为 r，偏心距离为 e。若已知圆盘的质量为 M_2，夹板的质量为 M_1，求任意时刻，基础作用于机构上的动约束力。

13-3 水平面上放置一均质三棱柱体 A，其上又放置另一三棱柱体 B，如图 13-29 所示，A，B 的横截面均为直角三角形。已知：A 的质量是 B 的三倍。若不计摩擦力，求当 B 沿 A 斜面下滑至与水平支承面接触时，三棱柱 A 移动的距离 S。

13-4 小球 M 系于细线的一端，细线的另一端自上而下穿过铅垂直立的管柱，如图 13-30 所示。小球绕管轴以每分钟 120 转的转速沿半径为 R 的圆周轨迹运动。现将贯穿管柱的细线往下拉，使小球到达 M_1 的位置，并在半径为 $R/2$ 的圆周上作等速转动。求此时小球每分钟的转数。

13-5 图 13-31 所示机构中，主动轮 I 上作用有不变的力矩 M，带动从动轮 II 转动以提升重物。已知 I，II 轮对各转轴的转动惯量分别为 I_1 和 I_2，重物的重量为 P；传动比 $\omega_1 / \omega_2 = i$，提升重物的缆绳绕在与 II 轮同轴、半径为 R 的鼓轮上。若忽略各处的摩擦和缆绳的质量，求重物的加速度。

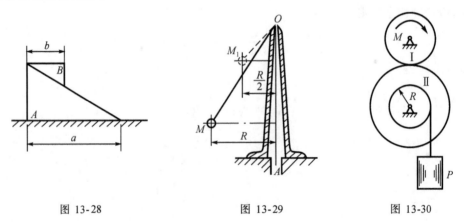

图 13-28　　　　　　　图 13-29　　　　　　　图 13-30

13-6　图 13-32 所示为由均质杆和圆盘组成的钟摆的简图。已知杆长 $l=1$m，质量 $m_1=4$kg，圆盘半径 $R=20$mm，质量 $m_2=6$kg，求摆对 O 轴的转动惯量。

13-7　物体沿倾角为 α 的粗糙斜面下滑，其初速度为零，如果滑动摩擦系数为 f，问物体下滑路程 S 需要经过多少时间？

13-8　图 13-33 所示均质杆 AB 长度为 l，质量为 m。杆的 A 端为铰链，B 端安装有质量为 m_1 的小球(小球尺寸忽略不计)。杆在距 A 铰 $l/3$ 的 D 处与一刚性系数为 C 的线性弹簧相连，使杆在水平位置保持平衡。若给小球一微小的初始位移 S_0，然后任杆自由摆动，求杆的运动方程。

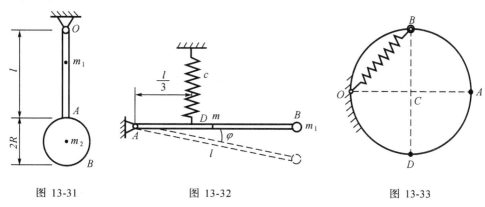

图 13-31　　　　　　　图 13-32　　　　　　　图 13-33

13-9　刚性系数为 C、原长为 L 的弹簧，一端固定于半径为 R 的圆环上的 O 点，另一端通过一小环套在圆环上，如图 13-34 所示。其中 BD 垂直于 OA，且 $L=100$mm，$C=4.9$kN/m，$R=100$mm。求：(1)小环从 B 点拉至 A 点弹簧力所作的功；(2)小环从 A 点拉至 D 点弹簧力所作的功。

13-10　一齿轮传动轴系如图 13-35 所示，其中主动轴 I 与从动轴 II 连同安装在其上的飞轮、齿轮等组成的系统对自身转轴的转动惯量分别为 I_1 和 I_2。当 I 轴上作用有转动力矩 M 时，系统从静止状态开始转动。已知 $I_1=49$kg·m^2，$I_2=39.2$kg·m^2；齿轮的传动比 $\omega_1/\omega_2=2/3$，$M=490$Nm。若不计摩擦，求当 II 轴转速达到 $n_2=120$rpm 时，需要经过多少转？

13-11　如图 13-36 所示为游乐园中简单的"过山车"装置。轨道 AB 段为一直线；BC 段为半径为 r 的圆环。质量为 m 的小车自高 h 处以初速度 $v_0=0$ 下滑。求小车到达 M 点处时对圆环的压力，以及小车能够沿圆环滚过 C 点而不脱落所需的最小高度 h。

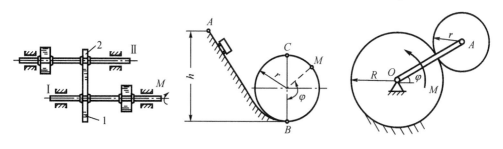

图 13-34　　　　　　　图 13-35　　　　　　　图 13-36

13-12　行星轮系的平面图形如图 13-37 所示。已知行星齿轮的半径为 r，质量为 m_1，曲柄 OA 的质量为 m_2，二者均可视为均质物体；固定齿轮半径为 R。今在曲柄上施加一不

变的力矩 M，使系统从静止开始运动，求曲柄的角速度与其转过的角度之间的关系（在水平面内运动）。

13-13　一物体重为 G，沿斜面下滑，斜面倾角为 α，物体与斜面间的滑动摩擦系数为 f，开始时物体静止，如图 13-38 所示，求下滑距离为 l 时物体的速度。

13-14　如图 13-39 所示，一小物块重为 P，开始时静止在光滑的圆柱的顶点 A，圆柱的半径为 r。由于干扰，物块沿圆弧 AB 滑下，在点 B 离开圆柱体而落到地面上，忽略摩擦，求物块离开圆柱体时 BO 与铅直线的交角 φ。

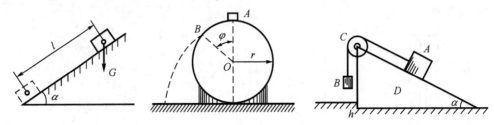

图 13-37　　　　　　　图 13-38　　　　　　　图 13-39

13-15　A 物重为 P_1，沿楔状物 D 的斜面下降，同时借绕过滑轮 C 的绳子使重 P_2 的物体 B 上升，如图 13-40 所示，斜面与水平成 α 角，滑轮和绳的质量及一切摩擦均略去不计。求楔状物 D 作用于地板凸出部分的水平压力。

参考答案

第 1 章

1-1　$F_R=1120\text{N}$，指向左下方，与 x 轴夹角 $\theta=22.5°$

1-2　$F_{AB}=7.32\text{kN}$，$F_{AC}=27.32\text{kN}$

1-3　$F_T=12.85\text{kN}$，$\theta=38.9°$

1-5　$F_N=565\text{N}$

1-6　$F_1/F_2=0.6124$

第 2 章

2-1　(a)，$F_A=F_B=\dfrac{M}{l}$，(b) $F_A=F_B=\dfrac{M}{l\cos\alpha}$

2-2　$F_A=F_C=2000\text{N}$

2-3　$M_2=3\text{N}\cdot\text{m}$　$F_{AB}=5\text{N}$

2-4　$F_B=M/l$

第 3 章

3-1　$F_{Ax}=3\text{kN}$，$F_{Ay}=3\text{kN}$，$F_D=1\text{kN}$

3-2　(a) $F_{Ax}=0$，$F_{Ay}=-\dfrac{1}{2}\left(F+\dfrac{M}{a}\right)$，$F_B=\dfrac{1}{2}\left(3F+\dfrac{M}{a}\right)$

　　(b) $F_{Ax}=0$，$F_{Ay}=-\dfrac{1}{2}\left(F+\dfrac{M}{a}-\dfrac{5}{2}qa\right)$，$F_B=\dfrac{1}{2}\left(3F+\dfrac{M}{a}-\dfrac{1}{2}qa\right)$

3-3　$F_{BA}=\dfrac{(b-a)W}{(b+a)\cos\alpha-(b-a)\sin\alpha}$，沿 AB 方向

　　$F_{Cx}=\dfrac{[2a-(b-a)\tan\alpha]}{(b+a)-(b-a)\tan\alpha}W$，　$F_{Cy}=\dfrac{(b+a)\cot\alpha}{(b+a)\cot\alpha-(b-a)}W$

3-4　$F_{Ax}=-\dfrac{F}{2}$，$F_{Ay}=\dfrac{1}{2}ql-F$，$F_B=2F+\dfrac{1}{2}ql$

3-5　$F_R=3.39\text{kN}$，$d=0.59\text{m}$

3-6　(a) $F_{Ax}=-1.4\text{kN}$，$F_{Ay}=-1.1\text{kN}$，$F_B=2.5\text{kN}$

　　(b) $F_{Ax}=0$，$F_{Ay}=17\text{kN}$，$M_A=33\text{kN}\cdot\text{m}$

　　(c) $F_{Ax}=3\text{kN}$，$F_{Ay}=5\text{kN}$，$F_B=-1\text{kN}$

3-7　$F_T=1.47\text{kN}$，　$F_{Ax}=-0.736\text{kN}$，$F_{Ay}=8.24\text{kN}$

3-8　$F_{Ax}=-7\text{kN}$，　$F_{Ay}=3\text{kN}$，　$F_{Cx}=7\text{kN}$，　$F_{Cy}=3\text{kN}$

3-9　(1) $F_{Ax}=F_{Bx}=34.6\text{kN}$，$F_{Ay}=F_{By}=60\text{kN}$，$M_A=220\text{kN}\cdot\text{m}$，$F_C=1.5\text{kN}$

　　(2) $F_{Ax}=0$，$F_{Ay}=2.5\text{kN}$，$F_B=15\text{kN}$，$F_{Cx}=0$，$F_{Cy}=2.5\text{kN}$，$F_D=2.5\text{kN}$

3-10　$x_C=90\text{mm}$，$y_C=0$

3-11 $x_C = 79.7$mm, $y_C = 34.9$mm

第 4 章

4-3 $b \leqslant 11$cm

4-4   2.37kN

4-5 $F_1 = \dfrac{\sin\alpha + f_a\cos\alpha}{\cos\alpha - f_a\sin\alpha}G$ $F_2 = \dfrac{\sin\alpha - f_a\cos\alpha}{\cos\alpha + f_a\sin\alpha}G$

第 5 章

5-3   轴力不等、应力相等

5-4 a,b,c

5-5   0

5-6   (a)150kN,50kN,−130kN (b)80kN,−40kN,−100kN

5-8 $\sigma_1 = -100$MPa $\sigma_2 = -40$MPa $\sigma_3 = 33.3$MPa

5-9 $\Delta l_1 = -0.0375$mm $\Delta l_2 = 0.02$mm $\Delta l_3 = 0.032$mm $\Delta l = 0.0145$mm

   $\varepsilon_1 = -3.75 \times 10^{-4}$ $\varepsilon_2 = 2.5 \times 10^{-4}$ $\varepsilon_3 = -4.0 \times 10^{-4}$

5-10 $\sigma_1 = 103$MPa $\sigma_2 = 93.2$MPa

5-11   25mm

5-12 $G_{max} = 21.8$kN

第 6 章

6-2 bh,bc

6-3 $2P/\pi d^2$

6-4 $\tau_{max} = 15.9$MPa

6-5 $\tau_0 = 748$MPa

6-6 $F \leqslant 420$N

第 7 章

7-1 8τ

7-2   8,16

7-5   (a) −3kN·m,3kN·m,1kN·m   (b) −5kN·m,−10kN·m,−6kN·m

7-7 $\tau_{max} = 36.7$ MPa

7-8   (1)$\tau_{max} = 51.3$MPa   (2)$D_{实} = 53$mm

7-9 $\tau_{max} = 48.9$ MPa,$\varphi_{max} = 1.22°$

7-10 $\tau_{max} = 49.4$ MPa,$\varphi_{max} = 1.77°$

7-11   66 mm

第8章

8-1

习题号	Q_1	M_1	Q_2	M_2	Q_3	M_3
(1)	3kN	6kN·m	−5kN	4kN·m	−9kN	−3kN·m
(2)	10kN	4kN·m	0	4kN·m	0	4kN·m
(3)	−2kN	0	−2kN	−4kN·m	−2kN	6kN·m
(4)	$\dfrac{1}{3}qa$	$\dfrac{5}{6}qa^2$	$-\dfrac{2}{3}qa$	$\dfrac{2}{3}qa^2$	$-\dfrac{2}{3}qa$	$\dfrac{2}{3}qa^2$
(5)	$-\dfrac{P}{2}$	$-Pa$	P	$-Pa$	P	0
(6)	$-qa$	$-\dfrac{qa^2}{2}$	$-\dfrac{qa}{4}$	$\dfrac{qa^2}{2}$	$-\dfrac{qa}{4}$	$\dfrac{qa^2}{4}$

8-2　(1)$|Q|_{\max}=qa$　$|M|_{\max}=\dfrac{3}{2}qa^2$　　(2)$|Q|_{\max}=3$kN　$|M|_{\max}=4$kN·m

　　(3)$|Q|_{\max}=\dfrac{M_0}{l}$　$|M|_{\max}=M_0$　　(4)$|Q|_{\max}=\dfrac{11}{6}qa$　$|M|_{\max}=qa^2$

　　(5)$|Q|_{\max}=\dfrac{3}{4}P$　$|M|_{\max}=\dfrac{3}{4}Pa$　　(6)$|Q|_{\max}=\dfrac{P}{2}$　$|M|_{\max}=\dfrac{1}{2}Pa$

　　(7)$|Q|_{\max}=P$　$|M|_{\max}=\dfrac{Pl}{2}$　　(8)$|Q|_{\max}=2$kN　$|M|_{\max}=6$kN·m

8-4　$\sigma_{\max}^{+}=73.7$MPa,在 C 截面下缘;$\sigma_{\max}^{-}=147$MPa,在 A 截面下缘

8-5　(1)$\sigma_{\max}=138.9$MPa$<[\sigma]$,安全　(2)$\sigma_{\max}=278$MPa$>[\sigma]$,不安全

8-6　1-1 截面:$\sigma_{\max}=64.8$MPa　2-2 截面:$\sigma_{\max}=68.7$MPa　B 截面:$\sigma_{\max}=15.87$MPa

8-7　$\sigma_{\max}=196$MPa$<[\sigma]$

8-8　No.25b 号工字钢两根

8-9　$\sigma_{\max}^{+}=60.24$MPa$>[\sigma]^{+}$　$\sigma_{\max}^{-}=45.18$MPa$<[\sigma]^{-}$

8-10　$a=1.385$m

8-11　(a)$\theta_A=\dfrac{ql^3}{6EI}$,$y_A=-\dfrac{ql^4}{8EI}$　(b)$\theta_A=-\dfrac{Ml}{6EI}$,$\theta_B=\dfrac{Ml}{3EI}$,$y_C=-\dfrac{Ml^2}{16EI}$

　　(c)$\theta_C=-\dfrac{qa^2}{6EI}(l+a)$,$y_C=-\dfrac{qa^3}{24EI}(3a+4l)$　(d)$\theta_B=-\dfrac{13qa^3}{6EI}$,$y_B=-\dfrac{71qa^4}{24EI}$

8-12　(a)$\theta_B=-\dfrac{5Fa^2}{2EI}$,$y_B=-\dfrac{7Fa^3}{2EI}$　(b)$\theta_A=-\dfrac{ql^3}{12EI}$,$y_C=-\dfrac{5ql^4}{384EI}$　(c)$\theta_A=\dfrac{Pl^2}{48EI}$,$y_C=-\dfrac{Pl^3}{48EI}$

　　(d)$\theta_C=-\dfrac{ql^2}{24EI}(5l+12a)$,$y_C=\dfrac{qal}{24EI}(5l+6a)$

8-13　No.18 槽钢两根

第 9 章

9-2

	σ_a (MPa)	τ_a (MPa)	σ_1 (MPa)	σ_2 或 σ_3 (MPa)	α_0	τ_{max} (MPa)
(a)	-20	-69.3	100	-60	$0°$	80
(b)	-24.8	-11.7	37	-27	$-70.7°$	32
(c)	50	30	66	-6	$16.85°$	36
(d)	-60	0	60	-60	$45°$	60

9-4 $\sigma_{xd_3}=120\text{MPa}, \sigma_{xd_4}=111.4\text{MPa}$

9-5 $\sigma_{xd_3}=176\text{MPa}, \sigma_{xd_4}=154\text{MPa}$

第 10 章

10-1 $\sigma_{max}^+=6.75\text{MPa}, \sigma_{max}^-=6.99\text{MPa}$

10-2 $\sigma_{max}^+=26.8\text{MPa}<[\sigma]^+$ $\sigma_{max}^-=32.2\text{MPa}<[\sigma]^-$

10-3 $\sigma_{max}=117.6\text{MPa}<[\sigma]$

10-4   (1)开槽前 $\sigma_{max}^-=-\dfrac{F}{a^2}$ 开槽后 $\sigma_{max}^-=-2.67\dfrac{F}{a^2}$ (2)$\sigma_{max}^-=-\dfrac{2F}{a^2}$

10-5 $d\geqslant 64\text{mm}$

10-6 $788N$

10-7 $d\geqslant 28.4\text{mm}$,取 $d=29\text{mm}$

第 11 章

11-1 $\lambda_a>\lambda_b>\lambda_c$,图(a)的压杆稳定性最差,图(c)压杆稳定性最好

11-2 $P_{cr}=68.2\text{kN}$

11-3 $l/d=68.2\text{kN}$

11-4   (a)$P_{cr}=16.3\text{kN}$;(6)$P_{cr}=44.4\text{N}$;(c)$P_{cr}=53.4\text{kN}$

11-5   矩形 $\sigma_{cr}=123\text{MPa}$;方形 $\sigma_{cr}=185\text{MPa}$
      圆形 $\sigma_{cr}=183\text{MPa}$;圆形 $\sigma_{cr}=217\text{MPa}$

11-6 $P_{cr}=285\text{kN}, \sigma_{cr}=67.9\text{MPa}$

11-7 $\sigma_{cr}=220\text{MPa}, P_{cr}=673\text{kN}$

11-8 $P=231\text{kN}$

第 12 章

12-1 $v_C=80\text{cm/s}, a_C=322.5\text{cm/s}^2$

12-2 $N=2.86$;$v_B=2.7\text{m/s}, s_B=5.4\text{m}$;$a_M=4.61\text{m/s}^2, \theta=12.5°$

12-3 $n_3 = 80 \text{r/min}, v = 14.66 \text{m/s}$

12-4 (a)$\omega_2 = 1.5 \text{rad/s}$,逆时针方向;(b)$\omega_2 = 2 \text{rad/s}$,逆时针方向

12-5 $v = \frac{\sqrt{3}}{3} r\omega (\leftarrow); v = 0; v = \frac{\sqrt{3}}{3} r\omega (\rightarrow)$

12-6 $v = 17.32 \text{cm/s}$

12-7 $v_{BC} = 2.51 \text{m/s}$

12-8 $v_B = 2 r\omega_O, \omega_{AB} = 0.5\omega_O$

12-9 $\omega_{AB} = 3 \text{rad/s}, \omega_{O_1 B} = 5.1 \text{rad/s}$

12-10 $v_C = 37.7 \text{cm/s}, v_{GH} = 75.4 \text{cm/s}$

第 13 章

13-1 $Mv_0, Ma\omega, \frac{1}{2} Ml\omega$

13-2 $N_x = -(m_1 + m_2) l\omega^2, N_y = -(m_1 + m_2) l\omega^2 - (M + m_1 + m_2) g$

13-3 $s = \frac{a-b}{4}$

13-4 $n = 480 \text{r/min}$

13-5 $a = \dfrac{Mi - PR}{\dfrac{P}{g} R^2 + (I_1 i + I_2)}$

13-6 $I_0 = 10.09 \text{kgm}^2$

13-7 $t = \sqrt{\dfrac{2s}{g(\sin\alpha - f'\cos\alpha)}}$

13-8 $\varphi_0 = \dfrac{\delta_0}{l} \omega s \sqrt{\dfrac{gc}{3(P + 3Q)}}$

13-9 $W_{BA} = -20.3J, W_{AD} = 20.3J$

13-10 $N = 2.34r$

13-11 $N = mg\left(\dfrac{2h}{r} - 2 + 3\cos\varphi\right), h \geqslant 2.5r$

13-12 $\omega = \dfrac{2}{R+r} \sqrt{\dfrac{3M\varphi}{9m_1 + 2m_2}}$

13-13 $v = \sqrt{2gl(\sin\alpha - f\cos\alpha)}$

13-14 $\varphi_0 = 48°12'$

13-15 $N_x = \dfrac{P_1 \sin\alpha - P_2}{P_1 + P_2} P_1 \cos\alpha$

附　录

附录 I　型钢表

热轧等边角钢(GB9787—88)

b——边宽
r——内圆弧半径
r_2——边端外弧半径
I——惯性矩
W——截面系数
d——边厚
r_1——边端内弧半径
r_0——顶端圆弧半径
i——惯性半径
Z_0——重心距离

1. 热轧等边角钢的尺寸、截面面积、理论重量及参考数值

| 角钢号数 | 尺寸(mm) | | | 截面面积 | 理论重量 | 外表面积 | 参考数值 | | | | | | | | | | | |
| | b | d | r | cm² | kg/m | m²/m | X—X | | | X_0—X_0 | | | Y_0—Y_0 | | | X_1—X_1 | Z_0 |
							I_x cm⁴	i_x cm	W_x cm³	I_{x0} cm⁴	i_{x0} cm	W_{x0} cm³	I_{y0} cm⁴	i_{y0} cm	W_{y0} cm³	I_{x1} cm⁴	cm
2	20	3	3.5	1.132	0.889	0.078	0.40	0.59	0.29	0.63	0.75	0.45	0.17	0.39	0.20	0.81	0.60
		4		1.459	1.145	0.077	0.50	0.58	0.36	0.78	0.73	0.55	0.22	0.38	0.24	1.09	0.64
2.5	25	3	3.5	1.432	1.124	0.098	0.82	0.76	0.46	1.29	0.95	0.73	0.34	0.49	0.33	1.57	0.73
		4		1.859	1.459	0.097	1.03	0.74	0.59	1.62	0.93	0.92	0.43	0.48	0.40	2.11	0.76

续表

角钢号数	尺寸(mm) b	d	r	截面面积 cm²	理论重量 kg/m	外表面积 m²/m	参考数值 X–X I_x cm⁴	i_x cm	W_x cm³	X_0–X_0 I_{x0} cm⁴	i_{x0} cm	W_{x0} cm³	Y_0–Y_0 I_{y0} cm⁴	i_{y0} cm	W_{y0} cm³	X_1–X_1 I_{x1} cm⁴	Z_0 cm
3.0	30	3	4.5	1.749	1.373	0.117	1.46	0.91	0.68	2.31	1.15	1.09	0.61	0.59	0.51	2.71	0.85
		4		2.276	1.786	0.117	1.84	0.90	0.87	2.92	1.13	1.37	0.77	0.58	0.62	3.63	0.89
3.6	36	3	4.5	2.109	1.656	0.141	2.58	1.11	0.99	4.09	1.39	1.61	1.07	0.71	0.76	4.68	1.00
		4		2.756	2.163	0.141	3.29	1.09	1.28	5.22	1.38	2.05	1.37	0.70	0.93	6.25	1.04
		5		3.382	2.654	0.141	3.95	1.08	1.56	6.24	1.36	2.45	1.65	0.70	1.09	7.84	1.07
4	40	3	5	2.359	1.852	0.157	3.59	1.23	1.23	5.69	1.55	2.01	1.49	0.79	0.96	6.41	1.09
		4		3.086	2.422	0.157	4.60	1.22	1.60	7.29	1.54	2.58	1.91	0.79	1.19	8.56	1.13
		5		3.791	2.976	0.156	5.53	1.21	1.96	8.76	1.52	3.10	2.30	0.78	1.39	10.74	1.17
4.5	45	3	5	2.659	2.088	0.177	5.17	1.40	1.58	8.20	1.76	2.58	2.14	0.89	1.24	9.12	1.22
		4		3.486	2.736	0.177	6.65	1.38	2.05	10.56	1.74	3.32	2.75	0.89	1.54	12.18	1.26
		5		4.292	3.369	0.176	8.04	1.37	2.51	12.74	1.72	4.00	3.33	0.88	1.81	15.25	1.30
		6		5.076	3.985	0.176	9.33	1.36	2.95	14.76	1.70	4.64	3.89	0.88	2.06	18.36	1.33
5	50	3	5.5	2.971	2.332	0.197	7.18	1.55	1.96	11.37	1.96	3.22	2.98	1.00	1.57	12.50	1.34
		4		3.897	3.059	0.0197	9.26	1.54	2.56	14.70	1.94	4.16	3.82	0.99	1.96	16.69	1.38
		5		4.803	3.770	0.196	11.21	1.53	3.13	17.79	1.92	5.03	4.64	0.98	2.31	20.90	1.42
		6		5.688	4.465	0.196	13.05	1.52	3.68	20.68	1.91	5.85	5.42	0.98	2.63	25.14	1.46
5.6	56	3	6	3.343	2.624	0.221	10.19	1.75	2.48	16.14	2.20	4.08	4.24	1.13	2.02	17.56	1.48
		4		4.390	3.446	0.220	13.18	1.73	3.24	20.92	2.18	5.28	5.46	1.11	2.52	23.43	1.53
		5		5.415	4.251	0.220	16.02	1.72	3.97	25.42	2.17	6.42	6.61	1.10	2.98	29.33	1.57
		8		8.367	6.568	0.219	23.63	1.68	6.03	37.37	2.11	9.44	9.89	1.09	4.16	47.24	1.68
6.3	63	4	7	4.978	3.907	0.248	19.03	1.96	4.13	30.17	2.46	6.78	7.89	1.26	3.29	33.35	1.70
		5		6.143	4.822	0.248	23.17	1.94	5.08	36.77	2.45	8.25	9.57	1.25	3.90	41.73	1.74
		6		7.288	5.721	0.247	27.12	1.93	6.00	43.03	2.43	9.66	11.20	1.24	4.46	50.14	1.78
		8		9.515	7.469	0.247	34.46	1.90	7.75	54.56	2.40	12.25	14.33	1.23	5.47	67.11	1.85
		10		11.657	9.151	0.246	41.09	1.88	9.39	64.85	2.36	14.56	17.33	1.22	6.36	84.31	1.93
7	70	4	8	5.570	4.372	0.275	26.39	2.18	5.14	41.80	2.76	8.44	10.99	1.40	4.17	45.74	1.86
		5		6.875	5.397	0.275	32.21	2.16	6.32	51.08	2.73	10.32	13.34	1.39	4.95	57.21	1.91
		6		8.160	6.406	0.275	37.77	2.15	7.48	59.93	2.71	12.11	15.61	1.38	5.67	68.73	1.95
		7		9.424	7.398	0.275	43.09	2.14	8.59	68.35	2.69	13.81	17.82	1.38	6.34	80.29	1.99
		8		10.667	8.373	0.274	48.17	2.12	9.68	76.37	2.68	15.43	19.98	1.37	6.98	91.92	2.03

续表

角钢号数	尺寸(mm) b	d	r	截面面积 cm²	理论重量 kg/m	外表面积 m²/m	X-X I_x cm⁴	X-X i_x cm	X-X W_x cm³	X₀-X₀ I_x0 cm⁴	X₀-X₀ i_x0 cm	X₀-X₀ W_x0 cm³	Y₀-Y₀ I_y0 cm⁴	Y₀-Y₀ i_y0 cm	Y₀-Y₀ W_y0 cm³	X₁-X₁ I_x1 cm⁴	Z₀ cm
(7.5)	75	5	9	7.412	5.818	0.295	39.97	2.33	7.32	63.30	2.92	11.94	16.63	1.50	5.77	70.56	2.04
		6		8.797	6.905	0.294	46.95	2.31	8.64	74.38	2.90	14.02	19.51	1.49	6.67	84.55	2.07
		7		10.160	7.976	0.294	53.57	2.30	9.93	84.96	2.89	16.02	22.18	1.48	7.44	98.71	2.11
		8		11.503	9.030	0.294	59.96	2.28	11.20	95.07	2.88	17.93	24.86	1.47	8.19	112.97	2.15
		10		14.126	11.089	0.293	71.98	2.26	13.64	113.92	2.84	21.48	30.05	1.46	9.56	141.71	2.22
8	80	5	9	7.912	6.211	0.315	48.79	2.48	8.34	77.33	3.13	13.67	20.25	1.60	6.66	85.36	2.15
		6		9.397	7.376	0.314	57.35	2.47	9.87	90.98	3.11	16.08	23.72	1.59	7.65	102.50	2.19
		7		10.860	8.525	0.314	65.58	2.46	11.37	104.07	3.10	18.40	27.09	1.58	8.58	119.70	2.23
		8		12.303	9.658	0.314	73.49	2.44	12.83	116.60	3.08	20.61	30.39	1.57	9.46	136.97	2.27
		10		15.126	11.874	0.313	88.43	2.42	15.64	140.90	3.04	24.76	36.77	1.56	11.08	171.74	2.35
9	90	6	10	10.637	8.350	0.354	82.77	2.79	12.61	131.26	3.51	20.63	34.28	1.80	9.95	145.87	2.44
		7		12.301	9.656	0.354	94.83	2.78	14.54	150.47	3.50	23.64	39.18	1.78	11.19	170.30	2.48
		8		13.944	10.946	0.353	106.47	2.76	16.42	168.97	3.48	26.55	43.97	1.78	12.35	194.80	2.52
		10		17.167	13.476	0.353	128.58	2.74	20.07	203.90	3.45	32.04	53.26	1.76	14.52	244.07	2.59
		12		20.306	15.940	0.352	149.22	2.71	23.57	236.21	3.41	37.12	62.22	1.75	16.49	293.76	2.67
10	100	6	12	11.932	9.366	0.393	114.95	3.10	15.68	181.98	3.90	25.74	47.92	2.00	12.69	200.07	2.67
		7		13.796	10.830	0.393	131.86	3.09	18.10	208.97	3.89	29.55	54.74	1.99	14.26	233.54	2.71
		8		15.638	12.276	0.393	148.24	3.08	20.47	235.07	3.88	33.24	61.41	1.98	15.75	267.09	2.76
		10		19.261	15.120	0.392	179.51	3.05	25.06	284.68	3.84	40.26	74.35	1.96	18.54	334.48	2.84
		12		22.800	17.898	0.391	208.90	3.03	29.48	330.95	3.81	46.80	86.84	1.95	21.08	402.34	2.91
		14		26.256	20.611	0.391	236.53	3.00	33.73	374.06	3.77	52.90	99.00	1.94	23.44	470.75	2.99
		16		29.627	23.257	0.390	262.53	2.98	37.82	414.16	3.74	58.57	110.89	1.94	25.63	539.80	3.06
11	110	7	12	15.196	11.928	0.433	177.16	3.41	22.05	280.94	4.30	36.12	73.38	2.20	17.51	310.64	2.96
		8		17.238	13.532	0.433	199.46	3.40	24.95	316.49	4.28	40.69	82.42	2.19	19.39	355.20	3.01
		10		21.261	16.690	0.432	242.19	3.38	30.60	384.39	4.25	49.42	99.98	2.17	22.91	444.65	3.09
		12		25.200	19.782	0.431	282.55	3.35	36.05	448.17	4.22	57.62	116.93	2.15	26.15	534.60	3.16
		14		29.056	22.809	0.431	320.71	3.32	41.31	508.01	4.18	65.31	133.40	2.14	29.14	625.16	3.24
12.5	125	8	14	19.750	15.504	0.492	297.03	3.88	32.52	470.89	4.88	53.28	123.16	2.50	25.86	521.01	9.37
		10		24.373	19.133	0.491	361.67	3.85	39.97	573.89	4.85	64.93	149.46	2.48	30.62	651.93	3.45
		12		28.912	22.696	0.491	423.16	3.83	41.17	671.44	4.82	75.96	174.88	2.46	35.03	783.42	3.53
		14		33.367	26.193	0.490	481.65	3.80	54.16	763.73	4.78	86.41	199.57	2.45	39.13	915.61	3.61

续表

角钢号数	尺寸 (mm) b	尺寸 (mm) d	尺寸 (mm) r	截面面积 cm²	理论重量 kg/m	外表面积 m²/m	X−X I_x cm⁴	X−X W_x cm³	X−X i_x cm	X_0-X_0 I_{x0} cm⁴	X_0-X_0 i_{x0} cm	X_0-X_0 W_{x0} cm³	Y_0-Y_0 I_{y0} cm⁴	Y_0-Y_0 i_{y0} cm	Y_0-Y_0 W_{y0} cm³	X_1-X_1 I_{x1} cm⁴	Z_0 cm
14	140	10	14	27.373	21.488	0.551	514.65	50.58	4.34	817.27	5.46	82.56	212.04	2.78	39.20	915.11	3.82
		12		32.512	25.522	0.551	603.68	59.80	4.31	958.79	5.43	96.85	248.57	2.76	45.02	1099.28	3.90
		14		37.567	29.490	0.550	688.81	68.75	4.28	1093.56	5.40	110.47	284.06	2.75	50.45	1284.22	3.98
		16		42.539	33.393	0.549	770.24	77.46	4.26	1221.81	5.36	123.42	318.67	2.74	55.55	1470.07	4.06
16	160	10	16	31.502	24.729	0.630	779.53	66.70	4.98	1237.30	6.27	109.36	321.76	3.20	52.76	1365.33	4.31
		12		37.441	29.391	0.630	916.58	78.98	4.95	1455.68	6.24	128.67	377.49	3.18	60.74	1639.57	4.39
		14		43.296	33.987	0.629	1048.36	9095	4.92	1665.02	6.20	147.17	431.70	3.16	68.24	1914.68	4.47
		16		49.067	38.518	0.629	1175.08	102.63	4.89	1865.57	6.17	164.89	484.59	3.14	75.31	2190.82	4.55
18	180	12	18	42.241	33.159	0.710	1321.35	100.82	5.59	2100.10	7.05	165.00	542.61	3.58	78.41	2332.80	4.89
		14		48.896	38.383	0.709	1514.48	116.25	5.56	2407.42	7.02	189.14	621.53	3.58	88.38	2723.48	4.97
		16		55.467	43.542	0.709	1700.99	131.13	5.54	2703.37	6.98	212.40	698.60	3.55	97.83	3115.29	5.05
		18		61.955	48.634	0.708	1875.12	145.64	5.50	2988.24	6.94	234.78	762.01	3.51	105.14	3502.43	5.13
20	200	14	18	54.642	42.894	0.788	2103.55	144.70	6.20	3343.26	7.82	236.40	863.83	3.98	111.82	3734.10	5.46
		16		62.013	48.680	0.788	2366.15	163.65	6.18	3760.89	7.79	265.93	971.41	3.96	123.96	4270.39	5.54
		18		69.301	54.401	0.787	2620.64	182.22	6.15	4164.54	7.75	294.48	1076.74	3.94	135.52	4808.13	5.62
		20		76.505	60.056	0.787	2867.30	200.42	6.12	4554.55	7.72	322.06	1180.04	3.93	146.55	5347.51	5.69
		24		90.661	71.168	0.785	3338.25	236.17	6.07	5294.97	7.64	374.41	1381.53	3.90	166.55	6457.16	5.87

注：截面图中的 $r_1 = \frac{1}{3}d$ 及表中 r 值的数据用于孔型设计，不做交货条件。

2. 角钢截面的边宽、边厚允许偏差

(mm)

角钢号数	边 宽 b	边 厚 d
2~5.6	±0.8	±0.4
6.3~9	±1.2	±0.6
10~14	±1.8	±0.7
16~20	±2.5	±1.0

3. 角钢通常长度

角 钢 号 数	长 度，mm
2~9	4~12
10~14	4~19
16~20	6~19

热不等边角钢(GB9788—88)

B—长边宽度　　b—短边宽度
d—边厚　　r—内圆弧半径
r_1—边端内圆弧半径　　r_2—边端外弧半径
r_0—顶端圆弧半径　　I—惯性矩
i—惯性半径　　W—截面系数
X_0—重心距离　　Y_0—重心距离

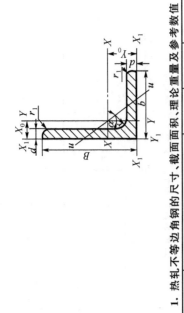

1. 热轧不等边角钢的尺寸、截面面积、理论重量及参考数值

角钢号数	尺寸 mm B	b	d	r	截面面积 cm²	理论重量 kg/m	外表面积 m²/m	X-X I_x cm⁴	i_x cm	W_x cm³	Y-Y I_y cm⁴	i_y cm	W_y cm³	X_1-X_1 I_{x1} cm⁴	Y_0 cm	Y_1-Y_1 I_{y0} cm⁴	x_0 cm	u-u I_u cm⁴	i_u cm	W_u cm³	tan$a$
2.5/1.6	25	16	3	3.5	1.162	0.912	0.080	0.70	0.78	0.43	0.22	0.44	0.19	1.56	0.86	0.43	0.42	0.14	0.34	0.16	0.392
			4		1.499	1.176	0.079	0.88	0.77	0.55	0.27	0.43	0.24	2.09	0.90	0.59	0.46	0.17	0.34	0.20	0.381
3.2/2	32	20	3	3.5	1.492	1.171	0.102	1.53	1.01	0.72	0.46	0.55	0.30	3.27	1.08	0.82	0.49	0.28	0.43	0.25	0.382
			4		1.939	1.522	0.101	1.93	1.00	0.93	0.57	0.54	0.39	4.37	1.12	1.12	0.53	0.35	0.42	0.32	0.374
4/2.5	40	25	3	4	1.890	1.484	0.127	3.08	1.28	1.15	0.93	0.70	0.49	5.39	1.32	1.59	0.59	0.56	0.54	0.40	0.386
			4		2.467	1.936	0.127	3.93	1.36	1.49	1.18	0.69	0.63	8.53	1.37	2.14	0.63	0.71	0.54	0.52	0.381
4.5/2.8	45	28	3	5	2.149	1.687	0.143	4.45	1.44	1.47	1.34	0.79	0.62	9.10	1.47	2.23	0.64	0.80	0.61	0.51	0.383
			4		2.806	2.203	0.143	5.69	1.42	1.91	1.70	0.78	0.80	12.13	1.51	3.00	0.68	1.02	0.60	0.66	0.380
5/3.2	50	32	3	5.5	2.431	1.908	0.161	6.24	1.60	1.84	2.02	0.91	0.82	12.49	1.60	3.31	0.73	1.20	0.70	0.68	0.404
			4		3.177	2.494	0.160	8.02	1.59	2.39	2.58	0.90	1.06	16.65	1.65	4.45	0.77	1.53	0.69	0.87	0.402
5.6/3.6	56	36	3	6	2.743	2.153	0.181	8.88	1.80	2.32	2.92	1.03	1.05	17.54	1.78	4.70	0.80	1.73	0.79	0.87	0.408
			4		3.590	2.818	0.180	11.45	1.79	3.03	3.76	1.02	1.37	23.39	1.82	6.33	0.85	2.23	0.79	1.13	0.408
			5		4.415	3.466	0.180	13.86	1.77	3.71	4.49	1.01	1.65	29.25	1.87	7.94	0.88	2.67	0.78	1.36	0.404
6.3/4	63	40	4	7	4.058	3.185	0.202	16.49	2.02	3.87	5.23	1.14	1.70	33.30	2.04	8.63	0.92	3.12	0.88	1.40	0.398
			5		4.993	3.920	0.202	20.02	2.00	4.74	6.31	1.12	2.71	41.63	2.08	10.86	0.95	3.76	0.87	1.71	0.396
			6		5.908	4.638	0.201	23.36	1.96	5.59	7.29	1.11	2.43	49.98	2.12	13.12	0.99	4.34	0.86	1.99	0.393
			7		6.802	5.339	0.201	26.53	1.98	6.40	8.24	1.10	2.78	58.07	2.15	15.47	1.03	4.97	0.86	2.29	0.389

续表

角钢号数	B	b	d	r	截面面积 cm²	理论重量 kg/m	外表面积 m²/m	X-X I_x cm⁴	i_x cm	W_x cm³	Y-Y I_y cm⁴	i_y cm	W_y cm³	X1-X1 I_x1 cm⁴	Y_0 cm	Y1-Y1 I_y0 cm⁴	x_0 cm	u-u I_u cm⁴	i_u cm	W_u cm³	tana
7/4.5	70	45	4	7.5	4.547	3.570	0.226	23.17	2.26	4.86	7.55	1.29	2.17	45.92	2.24	12.26	1.02	4.40	0.98	1.77	0.410
			5		5.609	4.403	0.225	27.95	2.23	5.92	9.13	1.28	2.65	57.10	2.28	15.39	1.06	5.40	0.98	2.19	0.407
			6		6.647	5.218	0.225	32.54	2.21	6.95	10.62	1.26	3.12	68.35	2.32	18.58	1.09	6.35	0.98	2.59	0.404
			7		7.657	6.011	0.225	37.22	2.20	8.03	12.01	1.25	3.57	79.99	2.36	21.84	1.13	7.16	0.97	2.94	0.402
(7.5/5)	75	50	5	8	6.125	4.808	0.245	34.86	2.39	6.83	12.61	1.44	3.30	70.00	2.40	21.04	1.17	7.41	1.10	2.74	0.435
			6		7.260	5.699	0.245	41.12	2.38	8.12	14.70	1.42	3.88	84.30	2.44	25.37	1.21	8.54	1.08	3.19	0.435
			8		8.467	7.431	0.244	52.39	2.35	10.52	18.53	1.40	4.99	112.50	2.52	34.23	1.29	10.87	1.07	4.10	0.429
			10		11.590	9.098	0.244	62.71	2.33	12.79	21.96	1.38	6.04	140.80	2.60	43.48	1.36	13.10	1.06	4.99	0.423
8/5	80	50	5	8.5	6.375	5.005	0.255	41.96	2.56	7.78	12.82	1.42	3.32	85.21	2.60	21.06	1.14	7.66	1.10	2.74	0.388
			6		7.560	5.935	0.255	49.49	2.56	9.25	14.95	1.41	3.91	102.53	2.65	25.41	1.18	8.85	1.08	3.20	0.387
			7		8.724	6.848	0.255	56.16	2.54	10.58	16.96	1.39	4.48	119.33	2.69	29.82	1.21	10.18	1.08	3.70	0.384
			8		9.867	7.745	0.254	62.83	2.52	11.92	18.85	1.38	5.03	136.41	2.73	34.32	1.25	11.38	1.07	4.16	0.381
9/5.6	90	56	5	9	7.212	5.661	0.287	60.45	2.90	9.92	18.32	1.59	4.21	121.32	2.91	29.53	1.25	10.93	1.23	3.49	0.385
			6		8.557	6.717	0.286	71.03	2.88	11.74	21.42	1.58	4.96	145.59	2.95	35.58	1.29	12.90	1.23	4.13	0.384
			7		9.880	7.756	0.286	81.01	2.86	13.49	24.36	1.57	5.70	169.60	3.00	41.71	1.33	14.67	1.22	4.72	0.382
			8		11.183	8.779	0.286	91.04	2.85	15.27	27.15	1.56	6.41	194.17	3.04	47.93	1.36	16.34	1.21	5.29	0.380
10/6.3	100	63	6	10	9.617	7.550	0.320	99.06	3.21	14.64	30.94	1.79	6.35	199.71	3.24	50.56	1.43	18.42	1.38	5.25	0.394
			7		11.111	8.722	0.320	113.45	3.20	16.88	35.26	1.78	7.29	233.00	3.28	59.14	1.47	21.00	1.38	6.02	0.393
			8		12.584	9.878	0.319	127.37	3.18	19.08	39.39	1.77	8.21	266.32	3.32	67.88	1.50	23.50	1.37	6.78	0.391
			10		15.467	12.142	0.319	153.81	3.15	23.32	47.12	1.74	9.98	333.06	3.40	85.73	1.58	28.33	1.35	8.24	0.387
10/8	100	80	6	10	10.637	8.350	0.354	107.04	3.17	15.19	61.24	2.40	10.16	199.83	2.95	102.68	1.97	31.65	1.72	8.37	0.627
			7		12.301	9.656	0.354	122.73	3.16	17.52	70.08	2.39	11.71	233.20	3.00	119.98	2.01	36.17	1.72	9.60	0.626
			8		13.944	10.946	0.353	137.92	3.14	19.81	78.58	2.37	13.21	266.61	3.04	137.32	2.05	40.58	1.71	10.80	0.625
			10		17.167	13.476	0.353	166.87	3.12	24.24	94.65	2.35	16.12	333.63	3.12	172.48	2.13	49.10	1.69	13.12	0.622
11/7	100	70	6	10	10.637	8.350	0.354	133.37	3.54	17.85	42.92	2.01	7.90	265.78	3.53	69.08	1.57	25.36	1.54	6.53	0.403
			7		12.301	9.656	0.354	153.00	3.53	20.60	49.01	2.00	9.09	310.07	3.57	80.82	1.61	28.95	1.53	7.50	0.402
			8		13.944	10.946	0.353	172.04	3.51	23.30	54.87	1.98	10.25	354.39	3.62	92.70	1.65	32.45	1.53	8.45	0.401
			10		17.167	13.476	0.353	208.39	3.48	28.54	65.88	1.96	12.48	443.13	3.70	116.83	1.72	39.20	1.51	10.29	0.397

续表

角钢号数	尺寸 mm B	b	d	r	截面面积 cm²	理论重量 kg/m	外表面积 m²/m	X-X I_x cm⁴	W_x cm³	i_x cm	Y-Y I_y cm⁴	W_y cm³	i_y cm	X1-X1 I_{x1} cm⁴	Y_0 cm	Y1-Y1 I_{y0} cm⁴	x_0 cm	u-u I_u cm⁴	i_u cm	W_u cm³	tanα
12.5/8	125	80	7	11	14.096	11.066	0.403	227.98	26.86	4.02	74.42	12.01	2.30	454.99	4.01	120.32	1.80	43.81	1.70	9.92	0.408
			8		15.989	12.551	0.403	256.72	30.41	4.01	83.49	13.56	2.28	519.90	4.06	137.85	1.84	49.15	1.75	11.18	0.407
			10		19.712	15.474	0.402	312.04	37.33	3.98	100.67	16.56	2.26	650.09	4.14	173.40	1.92	59.45	1.74	13.64	0.404
			12		23.351	18.330	0.402	364.41	44.01	3.95	116.67	19.43	2.24	780.89	4.22	209.67	2.00	69.35	1.72	16.01	0.400
14/9	140	90	8	12	18.038	14.160	0.453	365.64	38.48	4.50	120.69	17.34	2.59	730.53	4.50	195.79	2.04	70.83	1.98	14.31	0.411
			10		22.261	17.475	0.452	445.50	47.31	4.47	146.03	21.22	2.56	913.20	4.58	245.92	2.12	85.82	1.96	17.48	0.409
			12		26.400	20.724	0.451	521.59	55.87	4.44	169.79	24.95	2.54	1096.09	4.66	296.89	2.19	100.21	1.95	20.54	0.406
			14		30.456	23.908	0.451	594.10	64.18	4.42	192.10	28.54	2.51	1279.26	4.74	348.82	2.27	114.13	1.94	23.52	0.403
16/10	160	100	10	13	25.315	19.872	0.512	668.69	62.13	5.14	205.03	26.56	2.85	1362.89	5.24	336.59	2.28	121.74	2.19	21.92	0.390
			12		30.054	23.592	0.511	784.91	73.49	5.11	239.06	31.28	2.82	1635.56	5.32	405.94	2.36	142.33	2.17	25.79	0.388
			14		34.709	27.247	0.510	896.30	84.56	5.08	271.20	35.83	2.80	1908.50	5.40	476.42	2.43	162.23	2.16	29.56	0.385
			16		39.281	30.835	0.510	1003.04	95.33	5.05	301.60	40.24	2.77	2181.79	5.48	548.22	2.51	182.57	2.16	33.44	0.382
18/11	180	110	10	14	28.373	22.273	0.571	956.25	78.96	5.80	278.11	32.49	3.13	1940.40	5.89	447.22	2.44	166.50	2.42	26.88	0.376
			12		33.712	26.264	0.571	1124.72	93.53	5.78	325.03	38.32	3.10	2328.38	5.98	538.94	2.52	194.87	2.40	31.66	0.374
			14		38.967	30.589	0.570	1286.91	107.76	5.75	369.55	43.97	3.08	2716.60	6.06	631.95	2.59	222.30	2.39	36.32	0.372
			16		44.139	34.649	0.569	1443.06	121.64	5.72	411.85	49.44	3.06	3105.15	6.14	726.46	2.67	248.94	2.38	40.87	0.369
20/12.5	200	125	12	14	37.912	29.761	0.641	1570.90	116.73	6.44	483.16	49.99	3.57	3193.85	6.54	787.74	2.83	285.79	2.74	41.23	0.392
			14		43.867	34.436	0.640	1800.97	134.65	6.41	550.83	57.44	3.54	3726.17	6.62	922.47	2.91	326.58	2.73	47.34	0.390
			16		49.739	39.045	0.639	2023.35	152.18	6.38	615.44	64.69	3.52	4258.80	6.70	1058.86	2.99	366.21	2.71	53.32	0.388
			18		55.526	43.588	0.639	2238.30	169.33	6.35	677.19	71.74	3.49	4792.00	6.78	1197.13	3.06	404.83	2.70	59.18	0.385

注：1. 括号内型号不推荐使用。

2. 截面图中的 $r_1 = \frac{1}{3}d$ 及表中 r 值的数据用于孔型设计，不做交货条件。

2. 角钢截面的边宽、边厚的允许偏差（mm）

角钢号数	边宽 B,b	边厚 d
2.5/1.6~5.6/3.6	±0.8	±0.4
6.3/4~9/5.6	±0.6	±0.6
10/6.3~14/9	±0.7	±0.7
16/10~20/12.5	±1.0	±1.0

3. 角钢的供应通常长度

角钢号数	长度 m
25/1.6~9/5.6	4~12
10/6.3~14/9	4~19
16/10~20/12.5	6~19

热扎工字钢（GB706—83）

h—宽度　　　　　r₁—腿端圆弧半径
b—腿宽　　　　　I—惯性矩
d—腰厚　　　　　W—截面系数
t—平均腿厚　　　i—惯性半径
r—内圆弧半径　　S—半截面的静力矩

1. 热轧工字钢的尺寸、截面面积、理论重量及参考数值

| 型号 | 尺　寸　mm | | | | | | 截面面积 cm² | 理论重量 kg/m | 参　考　数　值 | | | | | | |
	h	b	d	t	r	r₁			I_x cm⁴	W_x cm³ (X—X)	i_x cm	$I_x : S_x$	I_y cm⁴	W_y cm³ (Y—Y)	i_y cm
10	100	68	4.5	7.6	6.5	3.3	14.345	11.261	245	49	4.14	8.59	33.0	9.72	1.52
12.6	126	74	5.0	8.4	7.0	3.5	18.118	14.223	448	77.5	5.20	10.8	46.9	12.7	1.61
14	140	80	5.5	9.1	7.5	3.8	21.516	16.890	712	102	5.76	12.0	64.4	16.1	1.73
16	160	88	6.0	9.9	8.0	4.0	26.131	20.513	1130	141	6.58	13.8	93.1	21.2	1.89
18	180	94	6.5	10.7	8.5	4.3	30.756	24.143	1660	185	7.36	15.4	122	26.0	2.00
20a	200	100	7.0	11.4	9.0	4.5	35.578	27.929	2370	237	8.15	17.2	158	31.5	2.12
20b	200	102	9.0	11.4	9.0	4.5	39.578	31.069	2500	250	7.96	16.9	169	33.1	2.06
22a	220	110	7.5	12.3	9.5	4.8	42.128	33.070	3400	309	8.99	18.9	225	40.9	2.31
22b	220	112	9.5	12.3	9.5	4.8	40.528	36.524	3570	325	8.78	18.7	239	42.7	2.27
25a	250	116	8.0	13.0	10.0	5.0	48.541	38.105	5020	402	10.2	21.6	280	48.3	2.40
25b	250	118	10.0	13.0	10.0	5.0	53.541	42.030	5280	423	9.94	21.3	309	52.4	2.40
28a	280	122	8.5	13.7	10.5	5.3	55.404	43.492	7110	508	11.3	24.6	345	56.6	2.50

斜度1:6

续表

| 型号 | 尺寸 mm | | | | | | 截面面积 cm² | 理论重量 kg/m | 参考数值 | | | | | | |
| | h | b | d | t | r | r₁ | | | X−X | | | | Y−Y | | |
									I_x cm⁴	W_x cm³	i_x cm	I_x∶S_x	I_y cm⁴	W_y cm³	i_y cm
28b	280	124	10.5	13.7	10.5	5.3	61.004	47.883	7480	534	11.1	24.2	379	61.2	2.49
32a	320	130	9.5	15.0	11.5	5.8	67.156	52.717	11100	692	12.8	27.5	460	70.3	2.62
32b	320	132	11.5	15.0	11.5	5.8	73.556	57.741	11600	726	12.6	27.1	502	76.0	2.61
32c	320	134	13.5	15.0	11.5	5.8	79.956	62.765	12200	760	12.3	26.8	544	81.2	2.61
36a	360	136	10.0	15.8	12.0	6.0	76.480	60.037	15800	875	14.4	30.7	552	31.2	2.69
36b	360	138	12.0	15.8	12.0	6.0	83.680	65.689	16500	919	14.1	30.3	582	84.3	2.64
36c	360	140	14.0	15.8	12.0	6.0	90.880	71.341	17300	962	13.8	29.9	612	87.4	2.60
40a	400	142	10.5	16.5	12.5	6.3	86.112	67.598	21700	1090	15.9	34.1	660	93.2	2.77
40b	400	144	12.5	16.5	12.5	6.3	94.112	93.878	22800	1140	15.6	33.6	692	96.2	2.71
40c	400	146	14.5	16.5	12.5	6.3	102.112	80.158	23900	1190	15.2	33.2	727	99.6	2.65
45a	450	150	11.5	18.0	13.5	6.8	102.446	80.420	32200	1430	17.7	38.6	855	114	2.89
45b	450	152	13.5	18.0	13.5	6.8	111.446	87.485	33800	1500	17.4	38.0	894	118	2.84
45c	450	154	15.5	18.0	13.5	6.8	120.446	94.550	35300	1570	17.1	37.6	938	122	2.79
50a	500	158	12.0	20.0	14.0	7.0	119.304	93.654	46500	1860	19.7	72.8	1120	142	3.07
50b	500	160	14.0	20.0	14.0	7.0	129.304	101.504	48800	1940	19.4	42.4	1170	146	3.01
50c	500	162	16.0	20.0	14.0	7.0	139.304	109.354	50600	2080	19.0	41.8	1220	151	2.96
56a	560	166	12.5	21.0	14.5	7.3	135.435	106.316	65600	2340	22.0	47.7	1370	165	3.18
56b	560	168	14.5	21.0	14.5	7.3	146.635	115.108	68500	2450	21.6	47.2	1490	174	3.16
56c	560	170	16.5	21.0	14.5	7.3	157.835	123.900	71400	2550	21.3	46.7	1565	183	3.16
63a	630	176	13.0	22.0	15.0	7.5	154.158	121.407	93900	2980	24.5	54.2	1700	193	3.31

续表

型号	尺寸 mm						截面面积 cm²	理论重量 kg/m	参考数值						
	h	b	d	t	r	r₁			I_x cm⁴	W_x cm³	i_x cm	$I_x:S_x$ cm	I_y cm⁴	W_y cm³	i_y cm
									X—X				Y—Y		
63b	630	178	15.0	22.0	15.0	7.5	167.258	131.298	98100	3160	24.2	53.5	1810	204	3.29
63c	630	180	17.0	22.0	15.0	7.5	179.858	141.189	102000	3300	23.8	52.9	1920	214	3.27
①12	120	74	5.0	8.4	7.0	3.5	17.818	13.987	436	72.7	4.95	10.3	46.9	12.7	1.60
①64a	240	116	8.0	130	10.0	5.0	47.741	37.477	4570	381	9.77	20.7	280	48.4	2.42
①24b	240	118	10.5	13.0	10.0	5.0	52.541	41.245	4800	400	9.57	20.4	297	50.4	2.38
①27a	270	122	8.5	13.7	10.5	5.3	54.554	42.825	6550	485	10.9	23.8	345	56.6	2.51
①27b	270	124	10.0	13.7	10.5	5.3	59.954	47.064	6870	509	10.7	22.9	4266	58.9	2.47
①30a	300	126	9.0	14.4	11.0	5.5	61.254	48.084	8950	597	12.1	25.7	400	63.5	2.55
①30b	300	128	11.0	14.4	11.0	5.5	17.254	52.794	9400	127	11.8	25.4	422	65.9	2.50
①30c	300	130	13.0	14.4	11.0	5.5	73.254	57.504	9850	657	11.6	25.0	445	68.5	2.46
①55a	550	168	12.5	21.0	14.5	7.3	134.185	105.335	62900	2290	21.6	46.9	1370	164	3.19
①55b	550	168	14.5	21.0	14.5	7.3	145.185	113.970	65600	2390	21.2	46.4	1420	170	3.14
①55c	550	170	16.5	21.0	14.5	7.3	1516.185	122.605	68400	2490	20.9	45.8	1480	175	3.08

①所列工字钢是经需双方协议,可以供应的型号。

2. 工字钢的截面尺寸允许偏差及通常供应长度

单位:mm

型号	8,10,12,12,6,14	16,18	20,22,24,25,27,28,30	32,36	45,50,55,56,63
高度 h	±2.0	±2.5	±3.0	40	±4.0
腿宽度 b	±2.0	±2.5	±3.0	±4.0	±4.0
腿厚度 d	±0.5	±0.5	±0.7	±0.8	±0.9
弯腰挠度	不应超过 0.15d				
通常长度	5~19m		6~19m		

热扎工字钢（GB707—88）

h—宽度　　　　　r₁—腿端圆弧半径
b—腿宽　　　　　I—惯性矩
d—腰厚　　　　　W—截面系数
t—平均腿厚　　　i—惯性半径
r—内圆弧半径　　Z₀—YY 轴与 Y₁Y₁ 轴间距离

1. 热轧槽钢的尺寸、截面积、理论重量及参考数值

| 型号 | 尺寸 mm | | | | | | 截面面积 cm² | 理论重量 kg/m | 参考数值 | | | | | | | | |
| | h | b | d | t | r | r₁ | | | X—X | | | Y—Y | | | Y₁—Y₁ | Z₀ cm |
									W_x cm³	I_x cm⁴	i_x cm	W_y cm³	I_y cm⁴	i_y cm	I_y cm⁴	
5	50	37	4.5	7.0	7.0	3.5	6.928	5.438	10.4	26.0	1.94	3.55	8.3	1.10	20.9	1.35
6.3	63	40	4.8	7.5	7.5	3.8	8.451	6.634	16.1	50.8	2.45	4.50	11.9	1.19	28.4	1.36
8	80	43	5.0	8.0	8.0	4.0	10.248	8.045	25.3	101	3.15	5.79	16.6	1.27	37.4	1.43
10	100	48	5.3	8.5	8.5	4.2	12.748	10.007	39.7	198	3.95	7.80	25.6	1.41	54.9	1.52
12.6	126	53	5.5	9.0	9.0	4.5	15.692	12.318	62.1	391	4.95	10.2	38.0	1.57	77.1	1.59
14a	140	58	6.0	9.5	9.5	4.8	18.516	14.535	80.5	564	5.52	13.0	53.2	1.70	107	1.71
14b	140	60	8.0	9.5	9.5	4.8	21.316	16.733	87.1	609	5.35	14.1	61.1	1.69	121	1.67
16a	160	63	6.5	10.0	10.0	5.0	21.962	17.240	108	866	6.28	16.3	73.3	1.83	144	1.80
16	160	65	8.5	10.0	10.0	5.0	25.162	19.752	117	935	6.10	17.6	83.4	1.82	161	1.75
18a	180	68	7.0	10.5	10.5	5.2	25.699	20.174	141	1270	7.04	20.0	98.6	1.96	190	1.88
18	180	70	9.0	10.5	10.5	5.2	29.299	23.000	152	1370	6.84	21.5	111	1.95	210	1.84
20a	200	73	7.0	11.0	11.0	5.5	28.837	22.637	178	1780	7.86	24.2	128	2.11	244	2.01

续表

| 型 号 | 尺 寸 mm | | | | | | 截面面积 cm² | 理论重量 kg/m | 参 考 数 值 | | | | | | | |
| | h | b | d | t | r | r₁ | | | X－X | | | Y－Y | | | Y₁－Y₁ | Z₀ |
									W_x cm³	I_x cm⁴	i_x cm	W_y cm³	I_y cm⁴	i_y cm	I_y cm⁴	cm
20	200	75	9.0	11.0	11.0	5.5	32.837	25.777	191	1910	7.64	25.9	144	2.09	268	1.95
22a	220	77	7.0	11.5	11.5	5.8	31.846	24.999	218	2390	8.67	28.2	158	2.23	298	2.10
22	220	79	9.0	11.5	11.5	5.8	36.246	28.453	234	2570	8.42	30.1	176	2.21	326	2.03
25a	250	78	7.0	12.0	12.0	6.0	34.917	27.410	270	3370	9.82	30.6	176	2.24	322	2.07
25b	250	80	9.0	12.0	12.0	6.0	39.917	31.335	282	3530	9.41	32.7	196	2.22	353	1.98
25c	250	82	11.0	12.0	12.0	6.0	44.917	35.260	295	3690	9.07	35.9	218	2.21	384	1.92
28a	280	82	7.5	12.5	12.5	6.2	40.034	31.427	340	4760	10.9	35.7	218	2.33	388	2.10
28b	280	84	9.5	12.5	12.5	6.2	45.634	35.823	360	5130	10.6	37.9	242	2.30	428	2.02
28c	280	86	11.5	12.5	12.5	6.2	51.234	40.219	393	5500	10.4	40.3	268	2.29	463	1.95
32a	320	88	8.0	14.0	14.0	7.0	48.513	38.083	475	7600	12.5	46.5	305	2.50	552	2.24
32b	320	90	10.0	14.0	14.0	7.0	54.913	43.107	509	8440	12.2	49.2	336	2.47	593	2.16
32c	320	92	12.0	14.0	14.0	7.0	61.313	48.131	543	8690	11.9	52.6	374	2.47	643	2.09
36a	360	96	9.0	16.0	16.0	8.0	60.916	47.814	660	11900	14.0	63.5	455	2.73	818	2.44
36b	360	98	11.0	16.0	16.0	8.0	68.110	53.466	703	12700	13.6	66.9	497	2.70	880	2.37
36c	360	100	13.0	16.0	16.0	8.0	75.310	59.118	746	13400	13.4	70.0	536	2.67	948	2.34
40a	400	100	10.5	18.0	18.0	9.0	75.068	58.928	879	17600	15.3	78.8	592	2.81	1070	2.49
40b	400	102	12.5	18.0	18.0	9.0	83.068	65.208	932	18600	15.0	82.5	640	2.78	1140	2.44
40c	400	104	14.5	18.0	18.0	9.0	91.068	71.488	986	19700	14.7	86.2	688	2.75	1220	2.42
6.5①	65	40	4.8	7.5	7.5	3.8	8.547	6.709	17.0	55.2	2.54	4.59	12.0	1.19	28.3	1.38
12①	125	53	5.5	9.0	9.0	4.5	15.362	12.059	57.7	346	4.75	10.2	37.4	1.56	77.7	1.62

续表

型号	尺 寸 mm						截面面积 cm²	理论重量 kg/m	参 考 数 值							
	h	b	d	t	r	r_1			X－X			Y－Y			Y_1-Y_1	Z_0
									W_x cm³	I_x cm⁴	i_x cm	W_y cm³	I_y cm⁴	i_y cm	I_y cm⁴	cm
24a①	240	78	7.0	12.0	12.0	6.0	34.217	26.860	254	3050	9.45	30.5	174	2.25	325	2.10
24b①	240	80	9.0	12.0	12.0	6.0	39.017	30.628	274	3280	9.17	32.5	194	2.23	355	2.03
24c①	240	82	11.0	12.0	12.0	6.0	43.817	34.396	293	3510	8.96	34.4	213	2.21	388	2.00
27a①	270	82	7.5	12.5	12.5	6.1	29.284	30.838	323	4360	10.5	35.5	216	2.34	393	2.13
27b①	270	84	9.5	12.5	12.5	6.2	44.684	35.077	347	4690	10.3	37.7	239	2.31	428	2.06
27c①	270	86	11.5	12.5	12.5	6.2	50.084	39.316	372	5020	10.1	39.8	261	2.28	467	2.03
30a①	300	85	7.5	13.5	13.5	6.8	43.902	34.463	403	6050	11.7	41.4	260	2.43	467	2.17
30b①	300	87	9.5	13.5	13.5	6.8	49.902	39.173	433	6500	11.4	44.0	289	2.41	515	2.13
30c①	300	89	11.5	13.5	13.5	6.8	55.902	43.833	463	6950	11.2	46.4	316	2.38	560	2.09

① 经供需双方协议可以供应的型号。

2. 槽钢的截面尺寸、允许偏差及通常供应长度

单位：mm

型 号	5	6.3	6.5	8	10	12	12.6	14	16	18	20	22	24	25	27	28	30	32	36	40
高度 h		±1.5				±2.0					2.0								±3.0	
腰宽 b		±1.5				±2.0				±2.5				±3.0					±3.5	
腰厚 d		±0.4				±0.5				±0.6				±0.7					±0.8	
不应超过 0.15d																				
通常长度		5~12m						5~19m								6~19m				

附录 Ⅱ　简单截面图形的几何性质表

截面图形	面　积	形心位置	惯　　矩	截面系数	惯性半径
①	bh	$y_c = \dfrac{h}{2}$	$I_z = \dfrac{bh^3}{12}$ $I_y = \dfrac{hb^3}{12}$	$W_z = \dfrac{bh^2}{6}$ $W_y = \dfrac{hb^2}{6}$	$i_z = \dfrac{h}{\sqrt{12}}$ $i_y = \dfrac{b}{\sqrt{12}}$
②	h^2	$y_c = \dfrac{h}{\sqrt{2}}$	$I_z = I_y = \dfrac{h^4}{12}$	$W_z = W_y = \dfrac{h^3}{\sqrt{72}}$	$i_z = i_y = \dfrac{h}{\sqrt{12}}$
③	$\dfrac{bh}{2}$	$y_c = \dfrac{h}{3}$	$i_z = \dfrac{bh^3}{36}$ $i_y = \dfrac{hb^3}{48}$	$W_{z1} = \dfrac{bh^2}{24}$ $W_{z2} = \dfrac{bh^2}{12}$ $W_y = \dfrac{hb^2}{24}$	$i_z = \dfrac{h}{\sqrt{18}}$ $i_y = \dfrac{b}{\sqrt{24}}$
④	$\dfrac{(B+b)h}{2}$	$y_c = \dfrac{B+2b}{3(B+b)}h$	$I_z = \dfrac{B^2+4Bb+b^2}{36(B+b)}h^3$	$W_{z1} = \dfrac{B^2+4Bb+b^2}{12(2B+b)}h^2$ $W_{z2} = \dfrac{B^2+4Bb+b^2}{12(B+2b)}h^3$	$i_z = \dfrac{\sqrt{B^2+4Bb+b^2}}{\sqrt{18}\,(B+b)}h$

截面图形	面积	形心位置	惯 矩	截面系数	惯性半径
⑤	$\pi r^2 = \dfrac{\pi d^2}{4}$	$y_c = r = \dfrac{d}{2}$	$I_z = I_y = \dfrac{\pi r^4}{4} = \dfrac{\pi d^4}{64}$	$W_z = W_y = \dfrac{\pi r^3}{4} = \dfrac{\pi d^3}{32}$	$i_z = i_y = \dfrac{r}{2} = \dfrac{d}{4}$
⑥	$\pi(R^2 - r^2)$ $= \dfrac{\pi}{4}(D^2 - d^2)$	$y_c = R = \dfrac{D}{2}$	$I_z = I_y = \dfrac{\pi}{4}(R^4 - r^4)$ $= \dfrac{\pi}{64}(D^4 - d^4)$	$W_z = W_y = \dfrac{\pi}{4R}(R^4 - r^4) = \dfrac{\pi}{32D}(D^4 - d^4)$	$i_z = i_y = \dfrac{1}{2}\sqrt{R^2 + d^2}$ $= \dfrac{1}{4}\sqrt{D^2 + d^2}$
⑦	$\dfrac{\pi r^2}{2}$	$y_c = \dfrac{4r}{3\pi}$ $\approx 0.424r$	$I_z = \left(\dfrac{1}{8} - \dfrac{8}{9\pi^2}\right)\pi r^4$ $\approx 0.110 r^4$ $J_y = \dfrac{\pi r^4}{8}$	$W_{z1} \approx 0.191 r^3$ $W_{z2} \approx 0.259 r^3$ $W_y = \dfrac{\pi r^3}{8}$	$i_z = 0.264r$ $i_y = \dfrac{r}{2}$
⑧	πab	$y_c = b$	$I_z = \dfrac{\pi ab^3}{4}$ $I_y = \dfrac{\pi ba^3}{4}$	$W_z = \dfrac{\pi ab^2}{4}$ $W_y = \dfrac{\pi ba^2}{4}$	$i_z = \dfrac{b}{2}$ $i_y = \dfrac{a}{2}$

参考文献

[1] 刘鸿文主编.材料力学.北京:高等教育出版社,1992

[2] 赵诒枢,吴胜军,尹长城编著.材料力学习题详解.武汉:华中科技大学出版社,2002

[3] 顾晓勤主编.工程力学.北京:机械工业出版社,2003

[4] 刘达,和兴锁编.工程力学.西安:西北工业大学出版社,1997

[5] 张子义主编.工程力学.西安:电子科技大学出版社,1999

[6] 张定华主编.工程力学.北京:高等教育出版社,2000

[7] 工程力学学科组编.工程力学.北京:机械工业出版社,2003

[8] 张秉荣主编.工程力学.北京:机械工业出版社,2003